有机固体废物生物处理技术

李 宁 熊晓莉 熊屿吾 等著

U0243918

化学工业出版社
·北京·

内容简介

本书结合作者多年的研究和实践经验，介绍了采用生物技术处理典型有机固体废物的方法、实际效果和需要注意的问题。主要内容包括：有机固体废物对环境的潜在威胁、研究进展及处理现状等；常见处理有机固体废物的昆虫纲及寡毛纲动物；黄粉虫、黑水虻等典型经济昆虫以及蚯蚓等典型寡毛纲动物的生物学特性、生活习性、对有机固体废物的处理研究进展、综合利用价值等。

本书以实用为宗旨，技术先进、深入浅出，主要供废物资源化从业人员、循环农业从业人员、特种养殖专业生产及营销人员、环境保护从业人员参考，也可供资源、环境、畜牧、化学、农业等方面的技术和管理人员以及高等院校相关专业的师生参考。

图书在版编目（CIP）数据

有机固体废物生物处理技术/李宁等著. —北京：化学工业出版社，2023.8
ISBN 978-7-122-43364-0

Ⅰ.①有… Ⅱ.①李… Ⅲ.①有机垃圾-固体废物-生物处理 Ⅳ.①X705

中国国家版本馆 CIP 数据核字（2023）第 072392 号

责任编辑：傅聪智　高璟卉
责任校对：宋　玮
装帧设计：王晓宇

出版发行：化学工业出版社
　　　　　（北京市东城区青年湖南街 13 号　邮政编码 100011）
印　　装：北京建宏印刷有限公司
710mm×1000mm　1/16　印张 14¼　字数 264 千字
2023 年 8 月北京第 1 版第 1 次印刷

购书咨询：010-64518888
售后服务：010-64518899
网　　址：http://www. cip. com. cn
凡购买本书，如有缺损质量问题，本社销售中心负责调换。

定　　价：98.00 元　　　　　　　　　　版权所有　违者必究

前言
PREFACE

随着经济的发展，人类面临的能源短缺、环境保护问题越来越突出。充分利用现有的资源，绿色发展、循环发展、低碳发展，是有效解决资源、环境、民生等问题的有效途径之一。畜禽粪便、秸秆、餐厨垃圾、尾菜尾果是生活中常见的典型有机固体废物。

昆虫是地球上最大的生物类群，蕴藏着极其丰富的资源，值得人类开发利用；以蚯蚓为代表的寡毛纲动物，在地球上也是一种古老的生物。人类利用昆虫、蚯蚓等已有上千年的历史，但多停留于初级利用。随着人类的技术不断进步，很多昆虫、寡毛纲动物，经过人工的干预，以及人类对其不断地研究，目前已实现较大规模的人工养殖。人工养殖这些动物，连同其上下游产业，形成了一条比较完善的产业链，提供了一大批就业岗位，创造了较为可观的经济效益。

在这些特种养殖中，需要大量的人工饲料。为了降低成本，在保证产品商品性的前提下，若能合理利用养殖场周边的有机废物作为生物饲料，是一项"一举多得"的举措，有实际意义、有经济价值，利国利民，可助力乡村振兴事业。

笔者带领科研团队，经过十余年的不断尝试，经历了无数的挫折和失败，终于在利用黄粉虫等昆虫、蚯蚓等寡毛纲动物处理有机固体废物的研究过程中，获得了一些进展，觉得十分有必要向广大读者系统介绍这些动物对有机固体废物的资源化利用现状，为促进养殖行业、环保事业相关研究和产业的发展尽一份绵薄之力。

本书的编写历时近2年，搜集整理了数百篇文献，并融合了笔者团队10余年来的研究成果。本书充分体现了笔者团队的研究理念：对目前困扰人类绿色发展的某些问题，按"大道至简"的理念，以来自于自然的昆虫、寡毛纲动物为媒介，处理来自于自然界的有机固体废物，最终让有机固体废物安全地、无污染地回到自然界，体现"一物降一物"的自然法则，实现人与自然和谐共生，符合降碳减排的目标。

本书在文字上尽量做到通俗易懂，便于面向更多的读者。本书涉及的领域较广，其中不乏很多专业术语，限于篇幅，未在文中注释，请读者自行参考相关书籍。

本书的编写分工为：前言，李宁；第一章，杨景、关伟、云雯；第二章，曾嘉；第三章，熊晓莉；第四章，第一节，曾嘉，第二节，代金杭，第三～五节，熊屿吾；第五章，李宁；后记，李宁。熊屿吾整理了书的初稿并收集整理了参考文献，张文兴、熊屿吾等参与了部分文字的采集、录入和图片绘制工作，幸俊饶、冉学文、谢春燕、李涛、李小龙、焦富颖、史锦辉、林辉等为本书提供了详实的实验数据，在此一并表示感谢。全书由云雯、熊屿吾统稿，熊晓莉校稿，李宁审稿。

在研究过程中，先后获得以下项目的资助：重庆市人力资源保障局重庆英才计划（CQYC201903189）、第四批重庆市专家服务团项目（渝人社办〔2023〕18号）；重庆市科学技术委员会（科技局）项目（cstc2021ycjh-bgzxm0242、cstc2012gg-yyjs20003、cstc2016shmszx80096、cstc2017shms-zdyfX003、cstc2016jcyjA0592、cstc2020jscx-msxmX0076）；重庆市教育委员会科技项目（KJQN201900822、KJZH17125、CY140701、CY171802、CY180801、CY200804、CY210807）；重庆市知识产权局专利管理能力建设及试点示范项目；重庆工商大学科研平台开放基金（KFJJ2019089、KFJJ2019090）、校级项目（1952024）等。同时，本书的出版得到了重庆市食品营养与健康（火锅）示范性现代产业学院经费（611215013）支持；重庆博乐农业科技发展有限公司、成都优耕生态农业科技有限公司、成都廖记蚯蚓养殖有限公司、重庆基微源生物技术有限责任公司等单位提供了技术咨询，在此一并表示感谢。

本书涉及面宽，信息量大，参考了众多前辈、学者的研究成果，在此对这些专家老师表示深深的感谢和敬意。书中报道的成果大部分基于笔者团队多年的实验得出，由于笔者水平有限，书中难免有疏漏之处，敬请广大读者不吝赐教、批评指正，共同为我国环境保护、乡村振兴做出应有的贡献！

为方便沟通联系，笔者创建了QQ群（群号：190946367），欢迎加入讨论，分享经验。

李宁　熊晓莉　熊屿吾
2023年5月于龙脊山麓

目录
CONTENTS

第一章
有机固体废物

第一节　畜禽粪便

一、畜禽粪便排放现状

畜禽粪便是畜禽养殖过程排放的粪和尿液的总称。随着经济发展，人们对畜禽产品的需求猛增，我国养殖业呈现规模化、集约化、专业化发展趋势，但在发展同时，自然环境承受了巨大的污染压力[1]。联合国粮食及农业组织将集约化畜禽养殖列为世界三大环境污染源之一[2]。我国集中排放的畜禽粪便年产可达38亿吨，是农村主要的污染源之一[3]。传统农业生产过程中，畜禽粪便是"农家肥"的主要来源，随着农村人口的迁出和集约化养殖带来的"种养分离"，畜禽粪便回田不及时、处理成本增加等问题愈发严峻。除了集约化养殖，家庭农场自2013年被写入中央一号文件以来发展迅速，逐渐成为我国新型农业的重要组成部分。来源广泛的畜禽粪便污染问题已成为制约我国养殖业可持续发展的主要因素[4]。

二、典型畜禽粪便的特点

人工养殖的畜禽中，鸡、猪、牛驯化时间久、饲养总量多、粪便产量占比大，亦是环境污染治理和处置的重点。集约化养殖的畜禽粪便养分组成如表1-1所示，鸡粪粗蛋白含量高于猪粪和牛粪。由于鸡的消化生理特点，饲料在鸡消化道中停留时间短，与猪粪和牛粪相比，鸡粪消化不完全、残留的营养物质多、理论上的利用价值更高[5]。鸡粪具有高利用价值的同时，如果不能妥善处置，潜在污染风险也更大。

表 1-1　畜禽粪便养分组成[6]　　　　单位：%（质量分数）

种类	水分	有机物	氮（N）	磷（P$_2$O$_5$）	钾（K$_2$O）
鸡粪	50.5	25.5	1.63	1.54	0.85
鸭粪	56.6	26.2	1.10	1.40	0.62
鹅粪	77.1	23.4	0.55	0.50	0.95
鸽粪	51.0	30.8	1.76	1.78	1.00
猪粪	76	20	0.5	0.5～0.6	0.35～0.45
猪尿	95	2.8	0.3	0.1	1.0
牛粪	83	14.5	0.30～0.45	0.15～0.3	0.10～0.2
牛尿	90	3.5	0.5	微量	1.5
马粪	75	21	0.4～0.5	0.2～0.3	0.35～0.45
马尿	90	6	1.2	微量	1.5
羊粪	60	31.4	0.7～0.8	0.45～0.6	0.4～0.5
羊尿	90	8.3	1.7	痕量	0.7
兔粪	65	30	1.5	1.47	1.02
兔尿	95	7	0.15	微量	1.02
一般堆肥	30	24～42	1～2	0.3～1	0.4～1.2

为了促进动物增长、预防病害，现代养殖业常在饲料中添加重金属 Cu、Zn 等药物。动物对重金属的利用率极低，约有 95% 的 Cu、Zn 通过排泄直接进入环境中去[7]。有报道表明，Zn、Cu 在猪粪中的含量较高，平均检出值分别为 1 908.6 mg/kg、472.8 mg/kg，鸡粪中 Cd、Cr、Ni 等含量超标率高于猪粪和牛粪[8,9]。

集约化生产带来的另一个问题就是可能导致抗生素兽药的滥用。抗生素兽药和重金属添加剂都有类似促进生长、防治病害的作用。养殖业常用的 4 类抗生素为四环素类、大环内酯类、喹诺酮类和磺胺类，每年有超过 8 万吨的抗生素被用于规模化畜禽养殖中，其中 30%～90% 会随粪尿排出体外[10]。长期使用抗生素会导致畜禽产生耐药性，由此产生的相应药物的耐药细菌和耐药基因（ARGS），被认为是新的污染物，畜禽粪便已成为抗生素和抗药性细菌的重要污染库[11]。施肥土壤、粪污水、畜禽粪便中抗生素平均残留浓度见表 1-2。有研究指出，四环素、恩诺沙星、磺胺甲噁唑和泰乐菌素 4 种抗生素的多重耐药污染状况排序：鸡粪＞猪粪＞牛粪[1]。

表 1-2　施肥土壤、粪污水、畜禽粪便中抗生素平均残留浓度[12]

类型	抗生素种类	平均浓度/(μg/kg)
施肥土壤	四环素类	2 683.000
	磺胺类	32.730
粪污水	四环素类	1 628.873
	磺胺类	1 129.283
	大环内酯类	1 591.673
	氟喹诺酮类	1 545.113
畜禽粪便（猪粪）	四环素类	304 003.000
	大环内酯类	24 503.000
	氟喹诺酮类	72 263.000

三、资源化利用价值

不合理排放是导致畜禽粪便成为污染物的原因，畜禽粪便经过无害化处理具有广阔的资源化利用市场前景。

根据表 1-3 数据显示，我国畜禽粪便资源化市场空间逐年增长，2020 年达到 1850 亿元。进行资源化利用多种形式并行，减少对环境直接排放，促进养殖业可持续性发展，是我们解决畜禽养殖污染的主要方针。遵循"种养平衡、循环利用"的理念，实现物质与能量的循环，已成为当前中国解决畜禽养殖污染的理想出路[13]。目前，我国实现多产业综合利用的养殖场不足 60%[14,15]。国家提出《乡村振兴战略规划（2018—2022 年）》，要将畜禽养殖产业废物全量资源化利用率提高到 75% 以上[16]。

表 1-3　2018—2020 年畜禽粪污资源化市场空间

年份	工程/亿元	设备/亿元	运营/亿元	市场空间/亿元
2018	179.82	325.15	526.48	1 031
2019	182.86	330.90	753.53	1 267
2020	272.41	475.13	1 102.11	1 850

注：数据来自立鼎产业研究网。

四、环境危害

1. 污染空气

即使只是将畜禽粪便进行短时间的堆放，粪便整体也会由于自然的发酵产生硫化氢、粪臭素（甲基吲哚）、脂肪族的醛类、硫醇、胺类和氨气等刺鼻难闻的气体，这些气体生物危害性大，且具有飘散性，无论是附近的人类还是动物，长期暴露其中，都会对自身的健康状况产生负面的影响。在过量吸入这些气体后，人类容易出现结膜炎、气管炎、肺炎等疾病，动物也会出现萎靡不振的情况，特别是若放任这些刺激性气体存在于畜禽动物的生活环境中，则会导致动物的进食减少甚至病变，会造成不可估量的经济损失。

2. 污染水源

畜禽粪便中细菌、病毒、微生物、有机质、悬浮物质、盐类及氮磷钾元素等物质，直接被雨水冲刷流入水体，经过微生分解后，将可能形成面源污染。除此之外，因人工养殖的需要，养殖人员会往这些动物体内注射一定量的抗生素，造成动物最后排泄的粪便之中还含有少量抗生素，如果对这些排泄物处理不得力，导致排放物流入湖泊、河流等地表水体和地下水体后，会对这些水体造成不同程度的影响和污染。少量的排放物，环境会通过自身修复和自然降解最大程度减少污染带来的影响；但排放物超过环境承载能力，则会破坏水体的动态平衡，将细菌、抗生素以及病原微生物和寄生虫卵引入水源，导致疾病的传播。

3. 污染土壤

畜禽的粪便含有丰富的有机物和氮、磷、钾等养分，经处理后，可用来充当肥料，解决了畜禽粪便资源化利用的问题，能满足许多作物生长过程中对多种养分的需要，但当畜禽的粪便超过一定量时，会导致土壤的正常机能被破坏，不能为植物生长提供所需的营养成分，严重影响农作物的产量与品质。某些粪便还可能存在重金属超标的情况，流入土壤后，农作物在生长时会累积于本体上，然后通过食物链，最后对人类的身体健康造成危害。

综上所述，畜禽粪便可能造成空气、水体、土壤面源污染，对养殖周围环境及居民健康构成威胁；畜禽粪便含有大量病原菌、寄生虫卵等，若施用到农田中，将危害农作物生长并对土壤环境产生不利影响。因此，对畜禽粪便的无害化处理和再生利用迫在眉睫。

五、传统处理方式

1. 直接还田

养殖户会把畜禽类动物的粪便收集起来，经适当处理后还田，因为畜禽类动物粪便有大量的未被畜禽动物完全消化的物质，因此含大量营养元素，但直接还田是一把"双刃剑"，在给田地带来丰富的营养之时还会带来严重的土壤危害，大量的畜禽粪便直接还田会破坏田地的营养结构，有的畜禽动物自身体内存有寄生虫，在排泄过程中，一些寄生虫和虫卵会随着粪便排泄出来，而且会滋生蚊蝇，造成病毒和病原体的传播，在这种环境下发育生长的农作物在被人类摄食之后会造成极大的危害。

2. 堆肥处理

为防治将畜禽粪便直接用于施肥带来的危害，可以选择在人为条件下，对收集起来的畜禽类粪便进行堆肥处理。将秸秆、杂草、树叶等植物残体和粪便进行混合，人为控制堆肥过程中的 pH、温度、酸碱度等指标，从而实现畜禽粪便更好的资源化利用，常见的方法是高温堆肥。在此种堆肥方法下，粪便里面附带的寄生虫、寄生虫卵、病毒、病原体、病菌等病原生物都会因高温氧化失活，有效提高了粪便的安全性；它还能将粪便中难以被分解吸收的部分有机物质转化为更容易被吸收的养分和营养物，最终形成腐熟度较高、营养丰富、性质稳定的有机肥。此种方法所需成本小，产生的经济价值高，操作难度不大；但它也有缺点，如在整个堆肥过程中会产生恶臭刺激性气体，影响周围的生活环境。

3. 能源化

沼气化是畜禽粪便能源化利用的一个例子。将粪便集中在沼气池中，再利用池中的各类厌氧菌对这些畜禽粪便进行分解，从而在厌氧条件下，将粪便中的有机物质降解为沼气进而被利用。沼气可用来发电、发热，很大程度上解决了目前农村地区燃料资源短缺的问题，同时在沼气的生成过程中还会形成沼渣，沼渣也可当肥料使用。

有研究表明，若在使用畜禽粪便产生沼气时，往里面添加含碳量较大的农作物秸秆，能有效调节发酵过程中的碳氢比，弱化发酵产气量较低的情况，甚至能稳定提升沼气中甲烷含量。这种工艺不但能解决畜禽类粪便堆积的问题，甚至还能减少农作物废弃秸秆的堆积，将其资源化利用的过程中，能产出更高品质的沼气，提高农户和种植户的生活质量。

除了利用粪便生产沼气之外，还有些地区（草原居多）收集所饲养牛羊群的粪便，在将其干燥之后用来充当燃料。粪便充当燃料有着源远流长的历史，比如古时的匈奴、鞑靼等游牧民族在自己的居所附近无法找到能充当燃料的木材，为抵御寒冷或加热做饭，会将畜牧动物的粪便作为燃料。因为畜牧动物数量巨大，再加上它们的成本比木材更低，因此直到现在某些不发达地区仍将畜牧动物的粪便直接燃烧供暖。也有收集大量的畜禽类动物粪便，待将其风干之后，建立规模化的燃烧发电厂，用热能产生电能的方式，实现对畜禽类动物的无害化、减量化、资源化处理。

第二节 食品废弃物

联合国粮食及农业组织（FAO）将食品废弃物定义为"在整个食品供应链中被浪费、丢弃或变质的任何健康或可食用的物质，包括从食品加工厂、家庭和商业厨房等各种来源产生的有机废物"。人类生产的食品中有三分之一在收获、生产、处理和储存阶段被浪费[17]。典型的食品废弃物包括水果和蔬菜、肉类、熟食和其他厨房废弃物。不同国家产生的食物浪费情况见表1-4。

表1-4 全球部分国家食物废弃物的数量估计[17]　　　　　单位：10^6 t/a

国家	中国	韩国	德国	英国	美国
食物废弃物量	169	4.28	4～5	15	60
国家	法国	巴西	土耳其	澳大利亚	尼日利亚
食物废弃物量	5.8～9.0	12.9	12.3	2.2	25

根据来源的不同，分为消费前和消费后的食物废物。消费前的食品废物是在生产和准备过程中产生的。蔬菜皮筋、果皮果核、骨头、蛋壳、咖啡渣等，构成了消费前的食物废物。消费后的食物废物包括加工或煮熟的剩菜及变质的食物。食品废弃物的组成因其来源、地域、气候、季节、文化和经济状况等而有所不同。通常情况下，食品废弃物的水分含量为70%～80%，总固体含量为20%～30%，挥发性固体含量为90%。食品废弃物中的有机成分通常包括蛋白质、多糖（淀粉、纤维素、半纤维素）、纤维素、油脂类和有机酸。食品废弃物中也富含氮、磷、钾等元素，但缺乏铁、锌、铜、锰等微量元素，C/N比较低。有学者通过统计分析，发现不同食品的废弃物的统计特征见表1-5[18]。

表1-5 不同食品废物的物性情况分析[18]

物性	pH	C/N	总碳水化合物	总蛋白质	总脂质
数值	5.1	18.5	36%	26%	15%
变异系数/%	13.9	31.8	57.2	62.2	52.0

比较食品废弃物中可生物降解组分的含量，可生物降解碳水化合物所占比例最高（5.7%～53%），其次是蛋白质（2.3%～28.4%）和脂类（1.3%～30.3%）。在水果和蔬菜废弃物中脂肪含量相当低，但厨房废弃物中脂肪含量很

高。水果和蔬菜的总脂含量为 11.8％，而脂肪含量占厨房垃圾总量的 21.6％。目前缺乏关于食品废物分类的国际标准，这对食品废弃物转化的研究构成了障碍。食品废弃物处理不当，会对环境造成危害。据估计，全球人类活动排放的温室气体（GHG）中有 7％来自食品废弃物。

一、餐厨垃圾

（一）餐厨垃圾的特点

餐厨垃圾泛指日常生活中，诸如公共食堂、食品加工地区、餐饮区域等场所在生产或经营过程中，甚至服务完毕后产生的食品残余、食品加工废料、一次性餐具等，是生活垃圾的重要组成部分。据统计，我国餐厨垃圾年产生量在 $6.00 \times 10^7 \sim 9.24 \times 10^7$ t 左右，而全球的数据高达 1.3×10^9 t[19]。餐厨垃圾的组成多样，其中大部分为剩余的食物或者食品边角料，这些多为各种果蔬、肉食、谷类等组成，从营养成分上来看，这种有机废物富含淀粉、纤维素、蛋白质、脂类和无机盐，具有很高的营养价值。

餐厨垃圾的组成因来源、地区、气候、时间、文化和经济状况的不同而不同。但一般来说，除具有固体含量、有机质、含水率、盐分和油分等含量较高的特点外（表 1-6），还具有产生源点多、量大、成分复杂、组成多变、易变质、具有危害性与资源性并存等特点，将其废弃则会成为环境污染源，反之将其利用则会成为一类特殊资源。

餐厨垃圾在存放、收集、转运等环节中，处理不当，极易腐烂发臭和滋生蚊蝇，污水流溢，夏季情况更为糟糕，严重污染周围的环境，可能污染地表和地下水、土壤、空气，传播疾病、影响市容。

表 1-6　餐厨垃圾组分[20]

组分	食物垃圾	纸张	金属	骨头	木头	织物	塑料	油脂
占比/%	75.1～90.1	0.8	0.1	5.2	1.0	0.1	0.7	2.0～17

笔者团队也对重庆工商大学食堂的餐厨垃圾进行取样，取样时间段为中午 12：00～13：00，每次随机收集 100 位就餐者产生的餐厨垃圾，在分选了非食物垃圾后，滤除表面的液体，测得液体重量占餐厨垃圾总量的 38.2％，其中，液体中油的体积含量为 21.3％。将得到的湿的固体餐厨垃圾进行了粗略的分类，结果见表 1-7。

表 1-7 餐厨垃圾各成分占比（湿含量）

项目	荤菜类	素菜类	主食类
滤水后的平均值/g	1 395.67	5 367.00	8 148.75
所占比例/%	9.4	36.0	54.6

从以上表中可以看出，每位就餐者平均产生的餐厨垃圾（固体＋液体）约 240.5g/（人·餐），滤除表面水后约 149.11g/（人·餐）。将滤除表面水分的餐厨垃圾干燥，得到其含水率为 77%，折合绝干物料为 34.3g 干固体/（人·餐）。

（二）餐厨垃圾的典型危害

1. 污染生活环境

餐厨垃圾因为自身成分的原因，极易发霉发臭，容易受到微生物的作用而发生腐烂变质，滋生各种有害物质，成为蝇虫、蚊子等害虫的生长繁殖场所；随着这类废弃物放置时间的推移，腐败变质现象就越发严重，甚至还会产生渗滤液体以及恶臭气体，这些高浓度污水、恶臭气体等污染物会形成城市和乡村中的黑臭水体，严重影响人们的视觉和嗅觉，造成显著的环境污染和破坏；更甚者，滋生的蚊蝇加强了一些传染病的传播，对人类有极大的潜在危害。

2. 对畜禽业带来危害

虽然全世界范围内各个国家已经出台法规严令禁止使用餐厨垃圾直接用来饲养畜禽类动物，但是因为具体实施力度以及地方监管力度有限等原因，还是有不良商家昧着良心收集餐厨垃圾中的肉类蛋白以及动物性的脂肪类物质，投喂给牲畜家禽。这些废弃物里面会含有与进食动物同源的"动物食品"，畜禽直接吃食这些未经有效处理的餐厨垃圾后，容易发生"同类相食"的同源性污染，最后流入市场，造成人畜之间疫病的交叉感染，危害人体健康，并可能促进某些致命疾病的传播。

3. 增加污水处理负荷

餐厨垃圾在堆放时产生的高浓度下渗液除了流入土壤、水体等环境之外，还有一部分会进入到城市的污水处理系统中，造成待处理的生活污水有机物含量增加，从而加重污水处理系统的负担，使得城市污水处理厂长时间超负荷运行，轻者增加运行成本，重者会对污水处理系统带来直接损害。

（三）餐厨垃圾处理技术现状简析

以前我国对餐厨垃圾的处理重视程度不够，以至于目前关于餐厨垃圾的各种违规收集、运输、处置的现象仍有存在，一些餐厨垃圾仍然以不规范的方式进行处理，甚至以违法渠道收集进行二次抛售，这对生活环境以及食品安全都带来了极大的隐患。

目前，全国各地都很重视餐厨垃圾的减量化、无害化、资源化处理技术与处置设备的研发，也出现了很多新技术和新设备。

由于行业整体发展阶段尚处于初期，不同省市对餐厨垃圾的管理水平也参差不齐。同时，由于餐厨垃圾的构成受到居民生活习惯、饮食结构、地方经济、地区差异等各种因素的影响，因此，餐厨垃圾的组成成分以及各成分的含量和比例具有明显的地域或时空差异性。为了解决餐厨垃圾处理问题，一些垃圾处理单位采用了国外的餐厨垃圾处理系统。但是由于中国传统饮食的高油、高盐等特性，以及国内目前垃圾分类体系不够完善，导致国外的经验与技术移植到国内后往往会"水土不服"，难以发挥功效。

目前，餐厨垃圾的主要处理方法有厌氧消化、厌氧发酵、好氧堆肥、蚯蚓堆肥、粉碎直排、生态饲料加工、卫生填埋、焚烧、生物产电、热解气化、提取有用化学品、制备生物燃料等[21,22]。较通用的处理方式为：混入城市生活垃圾进行焚烧或填埋、集中收集后用于堆肥等。

1. 直接填埋法

将餐厨垃圾填入设计好的密闭场地之中，利用垃圾中微生物自身代谢作用，降解有机物。此种方法的优点是造价低，处理量大，成本费用相对较低，工艺技术相对较简单；同时缺点也很明显，湿度较高的餐厨垃圾在高压和微生物的作用下会产生渗滤液。渗滤液可以看作是有机污染物的"强化体"，有害物质含量非常高同时还有高浓度的剧毒致癌物质，难以通过自然作用降解，不慎泄漏会造成垃圾的二次污染。

除了产生渗滤液，整个过程中还会产生以甲烷和二氧化碳为主体的填埋气。虽然现在已经有较为成熟的技术能利用这些填埋气，但因为填埋场在建成之后采取全封闭的处置方式，因此很难将这股填埋气充分利用起来，任其在填埋池大量聚集，有着安全隐患。更为严重的是还会产生挥发性有机化合物，从填埋池内部释放出来污染空气，直接威胁到人体健康。再加上在填埋时还要占用大量土地，服务期满后仍需新建填埋场。

在人们逐渐意识到填埋法处理餐厨垃圾"弊大于利"的时候，欧盟于20世纪90年代起就禁止了对包括餐厨垃圾在内的所有可生化降解垃圾进行填埋处置的方案。为避免填埋带来的负面影响，日本、美国等发达国家也相继出台各种法律法规对相关填埋技术进行优化整改。如今，直接填埋法也与我国现在的"垃圾资源化利用化"的发展战略相左,逐渐淡出了大家的视野。

2. 焚烧处理法

将餐厨垃圾进行高温燃烧氧化处理的优点是处理量大,操作简单,垃圾处理彻底,还可以利用那些在焚烧过程产生的能量用来发电,实现资源化。缺点则是在焚烧过程中可能产生有毒气体和可挥发性有机物,对大气环境造成影响,焚烧之后产生的固体废物无法处理,也会造成二次污染。

焚烧处理对垃圾的热值有一定要求。因餐厨垃圾的高含水率,导致直接焚烧变得困难,常不能满足垃圾发电的热值要求,需额外增加大量燃料助燃,燃料消耗大,处理成本高,燃烧不充分,易产生二噁英等有毒物质。另外加上目前全球范围的气候变暖、温室效应等现象的愈发加剧,焚烧处理法也慢慢会被其他更有效、绿色的方法所取代。

3. 好氧堆肥法

好氧堆肥是在有氧的条件下,依靠好氧微生物的作用来将餐厨垃圾中的有机废弃物降解成各种营养小分子,使得微生物获得自身生命活动所需的能量,除了微生物自身的需求,在适宜的环境条件下,它还能将剩余的餐厨废弃有机物进一步氧化,把废弃物转化为腐殖质,腐殖质的营养价值相比餐厨垃圾不减,而且整体的化学性质更加趋于稳定,可以作为十分优质的肥料。

好氧堆肥的优点是工艺简单,发展历史悠久,已经实际应用,产生的腐殖质有一定的农用价值。其缺点则是对餐厨垃圾中那些有害有机物以及重金属等有害物质不能彻底解决;所生产的有机肥料质量受到餐厨垃圾原有主要成分的影响,而且往往品质比不过市面上其他有机肥料;堆肥处理周期较长,占地面积大,堆肥的卫生环境也有限,往往容易产生大量刺激性气体,会吸引蚊蝇,加大对周围环境的潜在威胁。

4. 厌氧消化法

厌氧消化是在无氧环境下,使用厌氧微生物对有机质进行降解的一种方式,往往在处理过程中会选取多种厌氧菌进行混合降解。参与厌氧降解过程的菌种较多,不同菌种的最佳反应温度有所不同,因此在反应过程中,温度不会调整精确到某一个点,而是维持在一定范围之间。表 1-8 列出了中温工艺与高温工艺的相互比较。

表 1-8　厌氧消化工艺比较[23,24]

项目	中温工艺	高温工艺
温度范围	35～38 ℃	55～60 ℃

续表

项目	中温工艺	高温工艺
工艺优点	1.降解过程稳定 2.菌类的生物物种多样	1.降解速度较快 2.产气率较高 3.氨氮物质对厌氧降解的抑制作用小
工艺缺点	降解速度相对较慢	1.能耗较高 2.降解过程不稳定 3.氨氮物质对厌氧降解有抑制作用

此处理方法的优点是最终能够生产出能被人们充分利用的沼气，产生沼气所附带的副产物——沼渣本体没有具体用处，但是里面的有机物在经过厌氧消化后，剩下的残渣还含有大量氮元素，能够以此为原料生产出高质量的有机肥料，而且整个处理过程具有较高的有机负荷承载力，不会被外界的环境所干扰。其缺点是工程投资大，运行成本高，占地较大；方法和工艺较为复杂，需要专业的技术人员经培训后进行操作；安全隐患大，产生的沼气属于易燃易爆气体，稍有不慎则会造成巨大的安全事故和环境灾难。

从表1-8中可看出，尽管高温工艺在产气率方面明显更高，但由于温度相比中温工艺高出不少，维持这种高温所需的能源成本远远高过产气所带来的经济利润，而且在厌氧消化过程中若温度过高，分子活性会增加，整个过程的稳定性有所下降，因此在目前国外的实际工程中，中温工艺的应用更为广泛。

（四）餐厨垃圾处理的有关政策

2018年10月18日，国务院办公厅印发了《国务院办公厅关于进一步做好非洲猪瘟防控工作的通知》（国办发明电〔2018〕12号，以下简称《通知》），《通知》提出：要全面禁止餐厨剩余物饲喂生猪。不允许餐厨垃圾喂生猪，但仍有一些餐厨弃物被一些养猪户用作饲料养猪，具有同源性污染的潜在风险，极易导致疫情传播，究其原因，除了养殖户为降低养猪成本外，餐厨垃圾产生后无更好的处理方案也是原因之一。

"减量化、无害化和资源化"是餐厨垃圾处理技术的一般原则。各个地区不仅在餐厨垃圾处理的布局上呈现出不同，还在垃圾处理工艺的诉求上存在差异，很难有一种通用技术普遍适合全国的餐厨垃圾处理与处置，导致餐厨废弃物成为新的社会难题。此外，由于我国仍处于餐厨垃圾处理行业发展初期，还存在许多问题。分类处理成本高、中端收集困难以及末端资源化产品盈利难等问题仍较为突出。因此，餐厨垃圾的处理仍然有很大的研究价值和技术进步的空间。

2011年，国家启动了餐厨废弃物资源化利用和无害化处理城市试点工作，首批选出了 33 个试点城市。目前，我国餐厨垃圾资源化处理的主流技术大致分为三种，即餐厨垃圾饲料化、肥料化和厌氧产沼气。部分专家指出，餐厨垃圾处理与资源化利用技术路线的探索与选择是个发展的过程，各地应根据实际情况，因地制宜地选择适用的技术，不能搞"一刀切"，不能在各种技术尚未成熟之际，去引导和主推某种方式。多地相继出台了有关餐厨垃圾的收集、运输、处理与处置的管理办法。以重庆市为例，为保护城市环境和三峡库区水环境，消除食品安全隐患，着力提高生态文明建设水平，重庆市也先后颁布了与餐厨垃圾处理相关的一些地方性法规或管理办法，如《重庆市餐厨垃圾管理办法》（2009-07-13，重庆市人民政府令第 226 号）文件中，指出"鼓励和支持餐厨垃圾处理技术开发和设施建设，促进餐厨垃圾的资源化利用"。其他有关文件也指出，"因运距远和餐厨垃圾产量小等原因，可采用简单适用技术分别建设服务本区域的餐厨垃圾处理设施。"

对于运距远和餐厨垃圾产量小的情况，集中处理不仅增加了餐厨垃圾的收集难度，也增加了运输成本。根据先进国家对餐厨垃圾处理积累的经验，分散居住区域，餐厨垃圾以就地（近）处理和原位减量为宜，这种模式更具实效化，以覆盖餐厨垃圾的处理"盲区"。如此一来，可以大大减少投资运行成本和收集成本。

目前，餐厨垃圾的常规处理和整治，并不能产生太大的市场价值。如果一个公司的产品没有市场价值，那么公司的日常运转将会被迫停止。餐厨垃圾的集中处理，一些地方业主需向垃圾处理机构缴纳费用，一些地方则是全采用财政补贴的方式，还有些地方餐厨垃圾处理费用由业主和政府共同承担。但无论哪一种方式，无疑都是一笔不小的支出，故各地政府都支持具有"造血功能"的餐厨垃圾处理新技术与新装备。

二、废菜废果

（一）蔬菜废弃物

蔬菜是我国第二大种植业，仅次于粮食。据农业农村部统计，截至 2019 年，中国蔬菜种植面积目前已突破 3 亿亩，产量达 7.85 亿吨，产值 2 万亿元人民币，蔬菜已成为中国实施乡村振兴及扶贫攻坚的支柱产业之一。在蔬菜种植过程中会产生大量废弃物，这些废弃物占蔬菜总产量的比例甚至高达 60%；另外有 15%～30% 的蔬菜产品在流通、加工和消费环节因破损、腐败、浪费等原因遭到废弃。经估算，我国每年产生各类蔬菜废弃物约 6 亿多吨，其循环利用率低。蔬菜废弃物是指蔬菜在生长管理、收获、储存和流通过程中产生的大量无法使用的植物残体和废弃果实，植物残体包括秧蔓藤等，废果包括歪劣瓜果，病瓜果，虫咬、腐烂、老瓜果等不具有商品价值的果实，主要来自果蔬种植区和果蔬交易市场，一般将蔬菜废弃物分为：根茎类、茄果类、叶菜类、瓜菜类、调料类等。在农村及小型蔬菜集散地，蔬菜废弃物主要去向有：作畜禽饲料、直接丢弃还田、做肥料或焚烧。

蔬菜废弃物的含水率高达80%以上，总固体含量少，其中挥发性固体占80%以上，易分解。含有大量的植物必需营养物质，有机质含量在70%左右，总氮（TN）、总磷（TP）、总钾（TK）含量（烘干基）等性质见表1-9。TN＋TP＋TK含量6%～8%，这表明蔬菜废弃物具有高的营养价值，若作为肥料，按现行的有机肥料标准（NY 525—2021），有利用价值。

表 1-9　蔬菜产废系数及 TN、TP、TK 含量[25]

蔬菜种类	代表蔬菜	产废系数/%	含水率/%	TN 含量/%	TP 含量/%	TK 含量/%
叶菜类	白菜	9.7	93.2	2.70	0.67	4.39
瓜菜类	黄瓜	2.5	88.7	2.27	0.96	3.23
块根类	萝卜	4.2	91.2	4.04	0.52	2.86
茄果类	番茄	2.2	84.4	2.43	3.25	4.52
葱蒜类	大葱	1.7	91.0	2.21	0.37	3.33
菜用豆类	菜豆	7.6	89.5	2.46	1.15	3.06
水生菜类	莲藕	2.1	90.5	2.46	1.15	3.06

注：本表含量均以质量分数计。

虽然蔬菜废弃物富含植物必需的营养物质，但含水率过高，易腐烂变质，无害化处理与资源化利用有一定技术门槛。同时在蔬菜的生长期可能被病原菌污染，会导致许多蔬菜废弃物携带大量的病原菌，若随意丢弃在田间地头，这些病原可能会重新带入土壤进行传播。

由于缺少蔬菜废弃物循环利用技术，菜农不愿将蔬菜废弃物进行就地循环利用，造成大量蔬菜废弃物遗弃，被随意堆积于田间地头以及沟壑之中，也有许多蔬菜废弃物经自然堆放干燥后被直接焚烧；有时在城市生活垃圾中的蔬菜废弃物可高达50%，这部分蔬菜废弃物不易被分离进行单独处理，大多按照生活垃圾的处理方式进行后续处理。这不仅是极大的资源浪费，还会威胁当地蔬菜的安全生产，也会造成对当地的环境卫生的破坏。因此，开展适用于蔬菜废弃物无害化处理与循环利用技术研究已成为推动蔬菜产业科技进步、提高我国蔬菜产业国际竞争力、保障农民增收的重要途径。

（二）水果废弃物

随着城镇居民生活水平的日益提高，各地水果生产发展迅速，水果消费量大幅度上升，但水果皮加工利用却很低。尤其是水果市场、大型超市、校园水果铺等，由于很多消费者愿意购买鲜切水果，这样会集中产生大量的废弃水果皮。据粗略统计，仅重庆工商大学某一个小型水果店，每天产生的果皮就在50kg以上。对这些果皮的应用往往被人忽略，或者不被重视。若这些果皮被随意倾倒，腐烂变质后不仅污染环境，同时影响百姓的身体健康，成为环境污染源。利用好废弃水果皮，减少资源浪费，防止环境污染，实现废弃物的综合利用，十分必要。经笔者团队实际测定，用常规方式削皮，产生的果皮质量见表1-10。

表1-10　果皮、果核等废弃物在水果中的占比

水果种类	水果质量/g	废弃物质量/g	废弃物占比/%
苹果皮	297.8	54.6	18.33
香梨皮	155.4	58.8	37.84
猕猴桃皮	129.7	18.2	14.03
赣南脐橙皮	207.1	56.9	27.47
水仙芒果皮	445.1	134.5	30.22

从表1-10可以看出，5种常见水果的废弃物产生量较大。此外，水果的种植、采摘、运输、贮藏、销售等环节，还会产生数量不菲的坏果、劣果。若随意丢弃，不仅污染环境，增加废弃物的处理工作量，而且是资源的一种浪费。

众所周知，水果皮等废弃物中，含有大量的维生素、糖类、矿物质等营养元素，是一种难得的资源，有利用的必要。

（三）废菜废果的危害性

1. 滋生蚊蝇

果蔬的保质期往往很短，果蔬废弃物本身就是果蔬的一部分，因此该类废弃物十分容易腐烂，腐烂之后的果蔬能为各种蚊蝇提供绝佳的繁殖场所与生长环境，因此如若对之不处理而直接堆放在空地上，也会滋生大量蚊蝇。因为自身的生活特性，蚊蝇以腐烂的废弃物作为生长和繁殖的营养源之后，同时会携带多种细菌与病原体到处乱飞，增加了对人类、各种牲畜传播疾病的概率。

2. 污染水体

普通的农业有机废弃物，如粮食秸秆类，本身含水量低，故比果蔬废弃物腐烂的速度更缓慢、更平稳；而果蔬废弃物若直接进行露天堆置，在降水作用下，产生的污水会经过径流、冲刷、渗漏等多种途径污染地表水和地下水。腐烂废弃物会夹带有细菌、病原体和寄生虫卵，流入水源之后，危害人畜饮水安全。

果蔬废弃物还含有丰富的氮、磷元素，这些废弃物及其溶解物，流入湖泊、水库等封闭或半封闭水体中，会打破水体自身的输入输出动态平衡，引发水体富营养化，直接影响到水体的水质，导致水体中的藻类植物数量急剧攀升，阻挡阳光对水里的照射，进而影响水中植物的光合作用，致使水中溶解氧的含量大大降低，对许多水生动物有害，严重者造成鱼类大量死亡。同时溶解氧的减少，还会致使这些封闭、半封闭水体底层堆积的有机物质在厌氧条件下分解产生有害气体，水体急剧攀升的一些浮游生物产生的生物毒素、水中过多的硝酸盐和亚硝酸盐，也会危害其他水生动物、人畜的安全。

3. 污染土壤

某些蔬菜在生长过程中，常会受到真菌性、细菌性、病毒性、土传和生理性等病害。若将来源于这些带病蔬菜的废弃物直接堆置在土壤之中，不加以处理，这些病菌会通过种植户的一系列农事活动后，在土壤之中迅速传播、繁殖，危害下季蔬菜的品质和产量，土壤修复的技术难度大，严重的修复之后会变成无法耕耘的土壤。

（四）传统的处理方式

1. 直接还田利用

自古代以来，农民们就会将果蔬收集起来用作制备作物的肥料，果蔬废弃物不仅可以为土壤提供碳源，里面的各种营养物质还能为土壤中的微生物提供营养源，促进微生物的繁殖、生长，间接改变土壤的结构和肥力，最重要的是这类有机物能在土壤微生物的作用下缓慢分解，逐渐释放出矿物质及其他养分，能为土壤里相应的农作物提供养分。

但此方法也有明显缺点：蔬菜废弃物在没有外界干预的环境下，分解速度较慢；因为它还能为微生物提供营养，微生物在整个分解过程中，还会与农作物争夺氧气而影响到作物正常生长；而且如前文所提到的，果蔬废弃物可能会带有各种病原菌，直接将废弃物还田容易导致土壤连作障碍，以及病虫害情况进一步恶化。

2. 堆肥利用

一般情况下，堆肥分为好氧堆肥和厌氧堆肥，但对于果蔬废弃物来说，好氧堆肥的效果要远远好于厌氧堆肥，将蔬菜废弃物堆肥化，可将此类废弃物转变为稳定并且高腐熟的腐殖质，是良好的资源化有效途径，堆肥后得到的物质能作为市面上良好的肥料。

整个果蔬废弃物好氧堆肥的过程，必须是在氧气充足的条件下进行，里面的好氧菌对蔬菜废弃物进行有效的吸收、氧化以及分解。在整个堆肥进行的过程中，堆体里的温度能达到 50～65 ℃，在降低水分的同时还能有效杀灭废弃物中最令人头疼的东西——致病微生物、病原体以及寄生虫卵。到目前为止，对果蔬废弃物的堆肥处理仍是一种兼具将废弃物资源化、减量化、无害化的有效解决方法。

此方法的缺点：果蔬废弃物的含水量过高，要想持续达到高温比较困难；在整体的堆肥过程中，会产生氮气等气体造成氮元素的丢失从而降低堆肥质量等。

3. 焚烧与填埋

对于蔬菜废弃物和其他绿化废弃物还可以采取另外两种最传统的处理方式：填埋和焚烧。填埋的处理方式一旦超出环境承载能力或者时间太长，填埋的污染物会经过各种厌氧反应从而会污染到填埋场区附近的土壤和地下水；焚烧这些废弃物，需变为干物料或添加燃烧助剂。

4. 饲料化利用

在果蔬的废弃物利用上，人们尝试了多种多样的饲料化应用方法。从古代直至现在部分地区，农户会将种植、采收的各种果蔬废弃物收集起来，然后再用来直接投喂给牛、猪、羊、鸡、鸭、兔等畜禽动物。但一般用的较为新鲜的果蔬废弃物，如果废弃物有腐烂变质，则不能用于投喂上述动物。

5. 能源化利用

果蔬废弃物还可以通过厌氧反应制作成能供日常生活所使用的沼气和甲烷，但是这种将废弃物变成能源的方式需特殊的装置、成本高且整个的制作周期较长，还要保证果蔬废弃物的持续供应以及来源稳定，在整个反应过程中还会产生各种反应生成的废水废渣，若完整地进行处理，会增加整个流程工艺的成本，在处理过程中，尤其要注意可燃气体的安全存储，以及防止对其管理不当而造成环境的二次污染。

第三节　活性污泥

一、污染现状及影响

活性污泥法是一种用于处理城市污水的生物处理法，经过不断改良与升级，技术趋于成熟，被各个国家和地区所采用。此方法是以活性污泥为主体，在有氧条件下，使污泥与待处理的污水充分混合，再利用活性污泥的生物凝聚、吸附和氧化作用，处理和降解污水中的有机物，然后使活性污泥与水分离，让大部分污泥再回流到曝气池重复作用。因为活性污泥本身是大量微生物栖息凝聚形成的污泥状絮凝物、胶体与无机颗粒的混合物，这些微生物在处理了污水的同时，自身也吸收了生长发育和繁殖的必要能量，因此活性污泥的量也会增多，过多的污泥回流到曝气池之后，会影响到整体的处理效果，所以要将多余部分排出活性污泥系统。

在综合了处理效果、处理成本以及综合管理等一系列整体因素后，在未来较长的一段时间，活性污泥法仍会被我国大部分的城市污水处理厂采用，这就意味着会有源源不断的活性污泥会产生，这些污泥富含丰富的微生物，有的甚至还含有大量的重金属，除此之外，因为城市生活污水来源十分复杂，污水里面可能还含有不同的寄生虫、病毒和病原体等有害危险物质。与环境污染因素相对应的是，污泥自身含有丰富的有机质以及各种氮、磷元素（表1-11、表1-12）。

表 1-11　我国部分城市污水处理厂污泥养分含量[26]

名称	氮/%	磷/%	钾/%	有机质/%
北京高碑店污水处理厂	3.31	0.28	1.26	35.7
天津纪庄子污水处理厂	2.2~5.0	0.6~0.8	0.3~0.5	50~60
广州大坦沙污水处理厂	1.8	2.24	1.49	31.7
深圳滨河污水处理厂	6.29	0.4	0.12	68.6
西安污水处理厂	1.81	1.49	1.57	28.2
杭州四堡污水处理厂	1.1	1.15	0.74	31.8
苏州新区污水处理厂	3.26	0.69	0.57	37.9

表 1-12　一般污泥初始理化性质[27]

指标	单位	取值	指标	单位	取值
含水量	%	76.6±0.001	总磷	g/kg	15.547±0.164
总氮	g/kg	48.347±0.038	有效磷	g/kg	3.260±0.015
氨氮	g/kg	1.526±0.013	电导率	μS/cm	225±0
硝氮	g/kg	0.013±0.007	pH	—	7.003±0.021
有机质	%	55.1±0.2	水溶性有机碳	g/kg	30.997±0.062

二、传统的处理方法

1. 填埋法

此方法与普通的垃圾填埋法相似。选择合适的场址，并对其进行相关建设

（如反渗滤装置、密闭装置等），再将收集好的大量活性污泥集中起来，经过简易的处理之后，填埋进场，全封闭处理。此方法的技术要求不高，搭建场地的成本、运行成本相对较低，而且能一次性处理超大量的污泥。

该法的缺点：尽管提前准备了反渗滤的相关设施，但市面上产品的质量参差不齐，不能保证这些设备设施会一直保持良好的状态，并且随着降雨天气的出现，大量的降水会垂直渗入到场地之中，与场地填埋的污泥反应会形成一种污染系数高并且浓度极高的渗滤液，一旦这种高浓度液体由场地内部流向环境，会严重污染到附近的土壤与地下水，对周遭环境带来极大的破坏；再加上需要持续处理大量的污泥，所需要的土地面积也极大，严重侵占了土地资源，这一系列重大隐患促使世界各国政府都在逐渐禁止污泥填埋法的使用。随着我国对环保问题的愈发重视，为了预防污泥填埋对环境的二次污染，如今也很少新建污泥填埋场了。

2. 资源化利用

污泥因为自身富含的营养物质与传统农家肥不相上下，为了不浪费这些营养物质，更好将其资源化，可以将其作为肥料和改良剂在农业方面使用，这样可在一定程度上改良土壤的理化性质以及结构，不少发达国家将大量的污泥作为有机肥来使用，比如荷兰用来充当有机肥的污泥就占总比的 60%，但是此方法在我国一直没有推广开来，这与我国对污泥无害化处理以及重金属的去除相关技术起步较晚、技术不成熟有关。污泥自身所含有的重金属、病毒、病原体、有害有机物一定程度上影响和限制了污泥在我国的资源化利用。

3. 焚烧法

焚烧是大多数垃圾的最直接处理方法，活性污泥也不例外，将活性污泥脱水之后，其有机物的占比进一步提高，含水量也进一步降低，也就更容易对污泥进行焚烧处理。在高温下，以有机物为主的活性污泥会很快地就被处理干净，而里面可能附有的病毒和病原体在高温条件下也会很快地氧化失活。

比起前两种方法，此方法能很好地解决这些有害微生物的问题，可是对于某些可挥发性有机物来说，焚烧之后其会逸散在大气之中，更甚者焚烧污泥之后还会产生过量的二氧化硫、粉尘、灰分等物质污染大气环境，重金属也不会因为焚烧而消失；再以成本来说，要彻底以焚烧的方式处理污泥，整个过程需要消耗极大的能源，工艺的成本十分巨大。

<h1 style="text-align:center">第四节 秸秆</h1>

一、现状及影响

农作物在成熟收获后，剩余的茎叶藤蔓部分统称为秸秆。我国水稻、小麦、玉米、薯类等传统经济农作物的种植面积占据了极大的比重，因此秸秆的产量极大。由于秸秆的数量未有直接统计数据，不同来源的文献，报道的秸秆数量不同。笔者更倾向于毕于运[28]团队的估算方法。按照此估算，我国每年秸秆的年均产量约 9 亿吨左右，为世界上秸秆总产量最大的国家。

秸秆虽然是废弃物，但是自身有着丰富的营养价值，有高达 50% 的光合作用产物存在于秸秆之中。秸秆含有丰富的有机质，以及氮、磷、钾、钙元素，可用作燃料、肥料、饲料等。

二、典型的农作物秸秆的化学组成

笔者测定了川渝地区常见的两种农作物秸秆的化学组分，详见表 1-13。从表 1-13 可以看出，玉米秸秆和红薯秸秆的营养物质丰富，有作为饲料、肥料的潜力。从饲料的角度来说，根据我国现行的饲料卫生标准 GB 13078—2017，要求含铅、镉、铬的含量分别必须低于 30 mg/kg、1 mg/kg、5 mg/kg，表 1-13 中的两种秸秆均符合饲料卫生要求。若能根据当地的实际情况和秸秆的具体情况，采取合理的利用方式，既是对资源的充分利用，也能解决秸秆的去向问题，无疑是一举多得的事情。

表 1-13 笔者测定的典型作物秸秆的化学组成（除水分外，其余为干基含量）

成分	玉米秸秆	红薯秸秆	测试方法
水分/%	54.51	86.94	热干燥法
粗纤维/%	33.37	29.77	GB/T 6434—2006
木质素/%	14.39	14.95	硫酸法
半纤维/%	27.24	—	差重法
粗蛋白/%	5.85	13.13	GB/T 6432—2018
粗脂肪/%	4.1	2.7	GB/T 6433—2006
还原糖/%	12.6	8.83	GB 5009.7—2016

成分	玉米秸秆	红薯秸秆	测试方法
淀粉/%	25.2	10.4	GB/T 5009.9—2016
总磷/%	0.12	0.17	GB/T 6437—2018
灰分/%	10.54	18.13	GB/T 6438—2007
钾/%	0.57	0.58	
镁/%	0.123	0.095	
钙/%	0.095	0.087	
锌/(mg/kg)	13.13	49.78	GB/T 13885—2017
铁/(mg/kg)	120.55	293.55	
锰/(mg/kg)	23.85	17.01	
铜/(mg/kg)	4.09	4.63	
镉/(mg/kg)	0.42	0.42	GB/T 13082—2021
铬/(mg/kg)	1	2	GB/T 13088—2006
铅/(mg/kg)	17.82	5.28	GB/T 13080—2018

三、传统的处理方式

1. 露天燃烧

秸秆露天燃烧，是传统的处理秸秆的方式。此法成本低，操作难度小，能一次性大量地解决秸秆。但露天焚烧秸秆会产生很多问题，如燃烧形成很多的粉尘、灰分等各种颗粒，这些颗粒逸入空气之中，会对大气环境造成污染，而且这些颗粒大多为可吸入颗粒，随着这些颗粒浓度的升高，容易造成或加重周遭人群各种呼吸道疾病；燃烧的烟雾在大气环境中四处飘散，会影响空气的能见度，对民航、铁路、高速公路的正常运营造成不良影响；若在干燥季节进行焚烧，燃烧的高温和火星还会飘入附近的森林以及其他植被带，造成森林火灾，对人类自身的安全和环境都带来威胁；秸秆的不完全燃烧会产生大量氮氧化物、二氧化硫、碳氢化合物等有害气体。因此，目前全国各地都在禁止通过露天燃烧的方式处理秸秆问题。

2. 还田

秸秆含丰富的营养物质、微量元素，预示着它有成为肥料的潜质。将收集好的秸秆进行切割和捣碎，将其直接撒入农田用于还田，这样的方法一定程度上能减少田地表面水分的蒸发。有些农户在对农田的土壤进行翻耕的同时，将粉碎的秸秆和土壤进行混合，两种方法都能显著提高土壤中有机质的含量。秸秆中各种元素，在将其还田之后，会回归到大自然中。秸秆可为土壤中的生物、微生物提供营养，提高土壤的活力。直接还田也有一些明显的不足，如：如果植物本身有病菌、虫害，那么秸秆还田会将病菌埋于地下，容易诱发下茬庄稼再生病害；秸秆如果太多，那么直接还田，腐熟速度慢，易形成草堆，将会影响下茬庄稼发芽、生根等；容易传播病虫害，为病虫害提供藏身之处。

为了防治秸秆还田危害的发生，人们又不断改良还田措施，催生了几种新的还田方法，如堆沤还田，它是将秸秆进行堆肥发酵，利用堆肥产生的高温杀死秸秆附带的各类病原菌，而且因为高温的原因还能加快分解秸秆里面的养分，常见的堆沤还田有高温堆肥和自然堆肥两种方式，高温堆肥操作相对复杂，但是它可加快秸秆内半纤维素、木质素和纤维素的降解速率；而自然发酵堆肥操作简便，代价就是发酵持续时间更长，木质素、纤维素、半纤维素的降解速率都比较缓慢。又如畜禽动物的过腹还田，将收集的秸秆当作饲料喂养给畜禽类动物，秸秆对于动物来说不易消化，因此它们的粪便中含有大量未消化的秸秆，再加上动物粪便自身具有的高营养性，使它们的混合物具有更高的营养价值，但动物粪便可能含有一些寄生虫及虫卵，需要杀灭。

3. 能源化

秸秆本是来源于农作物的茎叶部分，是农作物生长期进行光合作用的重要部位，在被采取籽实并被废弃之后，秸秆的生物质能依然被储存于自身体内，并未丢失，露天燃烧会造成区域内环境的污染，而且会造成大量能量的损失，但在一定条件下，燃烧秸秆并有效利用其产生的能量，能让秸秆拥有新的用途。

丹麦于1988年建立了世界上第一座秸秆生物燃烧发电厂，并在原有工艺的基础上不断进行优化。在生物气化方面，秸秆一直以来都是厌氧发酵领域的研究重点，自我国沼气产业推广以来，秸秆、畜禽粪便就被作为农村沼气的主要发酵原料，但是秸秆内丰富的木质素和纤维素因难以被分解，导致了整个气化过程中营养供给不足，导致产甲烷的细菌的工作效率低，甲烷的产量下降。除此之外，工艺难度、利用效率等多方面因素，使单一秸秆不能作为用作制造沼气的原料，需伴有其他物料，从而提高甲烷的产量，提高秸秆的转化效率。

许多发达国家在沼气工程技术和工艺设备上不断完善、改进，而我国在20世纪80年代，第一个秸秆生物气化集中供气的工程才正式开始运行，通过不断地改良与发展，技术已日臻完善。据报道，2021年，全国生物质发电年发电量达1 637亿 kW·h,同比增长约23.6%；占总发电量比重达2.0%,同比提高0.2个百分点。其中，农林生物质发电年发电量达516亿 kW·h,占比31.5%；垃圾焚烧发电年发电量达1 084亿 kW·h,占比66.2%；沼气发电年发电量达37亿kW·h,占比2.3%。近年来，我国相继出台了一系列支持沼气发展的相关政策和规划，如《全国农村沼气发展"十三五"规划》、《生物质能发展"十三五"规划》、《关于促进生物天然气产业化发展的指导意见》（发改能源规〔2019〕1895号）等一系列政策和规划。国家的大力支持，使得各地的相关工程得到极大发展，特别是在秸秆大量富集的农村地区，秸秆的气化以及各种资源化工程蓬勃兴起，减少了秸秆带来的困扰，同时还极大缓解了能源紧缺的情况。虽然在政府积极引导下，相关工程和工艺不断改良，但比起发达国家，我国相关的技术与之还有距离，因此在这方面的技术，我国还应加快研究、开发步伐，实现秸秆更高效的资源化利用。

4. 材料化

秸秆的材料化应用能在很大程度上削减木料供应不足的问题。秸秆富含植物天然纤维，这些纤维素密度低、比强度高、比面积较大、易于加工、来源广泛、可再生甚至还可降解，这些优良特点使得它拥有被加工成复合材料和作为一种全新代木结构材料的潜力。

以秸秆、粉煤灰、水泥为主要材料，并添加了煤灰激发剂、高效减水剂、植物纤维表面改性剂、聚合物乳液、抗水剂等外加剂制成了一种复合节能墙体材料，该材料具有质量轻而强度高、导热系数小、抗冻性高等多个优点，具有极大的应用前景[29]。杨会斌[30]对大豆秸秆的重要化学成分进行了检测，证明了大豆秸秆的灰分含量高于常规木材，并且与竹类植物的含量相当；秸秆的纤维素和木质素的含量和阔叶林相差无几，他提出了使用大豆秸秆作为工业用包装纸原料的设想。

吕丽华利用秸秆内部结构中空的特性，使用废弃秸秆作为增强材料，聚己内酯为基体原料，通过热压法制备得到两种原料合成的吸声复合材料。对该材料的吸声效率和能力进行检测发现，该复合材料无论是在高频环境下，还是低频环境下均具有良好的吸声性能，在合成材料过程中通过降低废弃秸秆的质量占比，可以适当降低复合材料的密度，从而能提高吸声材料整体的吸声性能[31]。

秸秆体内富含的木质素及纤维素使其有望在吸水材料制备的相关领域得到广泛的应用。将小麦秸秆、丙烯酸、丙烯酰胺，通过自由基聚合法将其进行接枝共聚，合成了一种优异的农用性吸水材料[32]；汪昌保以丙烯酸为单体，采用$^{60}Co\gamma$射线照射，使得丙烯酸单体与小麦秸秆中纤维素接枝聚合，制备了吸收自来水的倍率达到了 326 倍的高吸水复合材料，而该材料吸收蒸馏水的倍率更高[33]；喻弘将收集好的废弃水稻秸秆先物理球磨法进行改性处理后，再通过自由基聚合法将烯酸、丙烯酰胺与预处理之后的废弃水稻秸秆粉进行接枝共聚，制备了吸水率可达 300 倍左右的复合高吸水树脂[34]。王弈通以水泥、秸秆纤维、木纤为主要原材料合成复合墙体材料，并探讨了该复合材料墙体的抗震性能[35]。

第五节　其他常见有机固体废物

1. 林业废弃物

林业废弃物是指森林生长和林业生产过程产生的废弃物，包括材薪用的林木、在森林抚育和间伐作业中的零散木材、残留的树枝、树叶和木屑等；木材采运和加工过程中的枝丫、锯末、木屑、梢头、板皮和截头等；林业副产品的废弃物，如果壳和果核等。

2. 园林绿化废弃物

在城市绿化的养护和栽植中产生的修剪枝条、落叶、草坪修剪物和残花等废弃物；还有在落叶季节之时掉落的树叶以及因为其他因素而腐烂的根、茎、叶等也属于园林绿化废弃物。

3. 中药残渣

中药药材原料在收获的时候，种植户也会对其进行筛选，比如药材边角料、损坏的药材等药用效果不足的物质都会被丢弃，这些物质虽然药效不如完整的原料，但是来源天然绿色，自身富有极高的营养价值。此外，中药制剂公司、各大医院的煎药房，均会产生大量的中药渣。据统计，仅中药制剂公司，产生的中药渣就达到 3 000 万吨/年，数量相当庞大[36]。

以上常见的有机废弃物的资源化过程，必须考虑废弃物的利用价值、资源化的技术水平、经济效益、环境效益、社会效益等多个因素。各因素之间的权衡，以及动态演变特性，确定最终较合理的资源化利用方式。

参考文献

[1] 唐伟欣，孙兴滨，高浩泽，等. 规模化畜禽养殖场粪便中多重耐药菌分离鉴定及其耐药特征[J]. 农业环境科学学报，2020，39(01)：207-216.

[2] Zheng L，Zhang Q，Zhang A，et al. Spatiotemporal characteristics of the bearing capacity of cropland based on manure nitrogen and phosphorus load in mainland China[J]. Journal of Cleaner Production，2019，233：601-610.

[3] 孙康泰，王小龙，张建民，等."十三五"国家重点研发计划中的畜牧兽医科技布局与评述[J]. 畜牧兽医学报，2020，51(01)：198-204.

[4] 蔡颖萍，岳佳，杜志雄. 家庭农场畜禽粪污处理方式及其影响因素分析——基于全国养殖

型与种养结合型家庭农场监测数据[J]. 生态经济，2020，36(01)：178-185.

[5] 朱明霞，刘桂芹，刘文强，孙小凡，王桂英. 养鸡业粪便处理方法研究[J]. 广东农业科学，2010，37(01)：139-142.

[6] 李宁，幸宏伟，熊晓莉. 黄粉虫资源开发与利用[M]. 北京：中国农业科学技术出版社，2017.

[7] 闫秋良，刘福柱. 通过营养调控缓解畜禽生产对环境的污染[J]. 家畜生态，2002(03)：68-70.

[8] 李林海. 畜禽粪便中的主要养分和重金属含量分析[J]. 南方农业，2018，12(23)：126-128.

[9] 潘寻，韩哲，贾伟伟. 山东省规模化猪场猪粪及配合饲料中重金属含量研究[J]. 农业环境科学学报，2013，32(01)：160-165.

[10] Holger H，Heike S，Kornelia S. Antibiotic resistance gene spread due to manure application on agricultural fields[J]. Current Opinion in Microbiology，2011，14(3)：236-243.

[11] Xiang Z，Wang J，Zhu L，et al. Environmental analysis of typical antibiotic-resistant bacteria and ARGs in farmland soil chronically fertilized with chicken manure[J]. Science of the Total Environment，2017，593-594：10-17.

[12] 谢洁微，胡文锋，李雪玲，等. 利用黑水虻处理畜禽粪便中残留抗菌药物研究进展[J]. 畜牧与饲料科学，2021，42(05)：73-78＋97.

[13] 隋斌，孟海波，沈玉君，等. 丹麦畜禽粪肥利用对中国种养结合循环农业发展的启示[J]. 农业工程学报，2018，34(12)：1-7.

[14] 李玉芬. 畜禽养殖粪污综合利用问题及对策[J]. 节能与环保，2019(04)：34-35.

[15] 武淑霞，刘宏斌，黄宏坤，等. 我国畜禽养殖粪污产生量及其资源化分析[J]. 中国工程科学，2018，20(05)：103-111.

[16] 胡曾曾，于法稳，赵志龙. 畜禽养殖废弃物资源化利用研究进展[J]. 生态经济，2019，35(08)：186-193.

[17] Michael Van Lal C，Alongkrita Chumpi C，Kumudini Belur S，et al. Valorisation of food waste to sustainable energy and other value-added products：A review[J]. Bioresource Technology Reports，2022，17：100945.

[18] Rohini C，Ps G，Vijayalakshmi R，et al. Global effects of food waste[J]. Journal of Pharmacogn and Phytochem，2020，9：690-699.

[19] Zhao C，Xin L，Xu X，et al. Dynamics of antibiotics and antibiotic resistance genes in four types of kitchen waste composting processes[J]. Journal of Hazardous Materials，2022，424：127526.

[20] 郑玉峰. 餐厨垃圾污染防治技术探讨[J]. 北方环境，2013，25(05)：100-102.

[21] Li M，Li F，Zhou J，et al. Fallen leaves are superior to tree pruning as bulking agents in aerobic composting disposing kitchen waste[J]. Bioresource Technology，2022，346：

126374.

[22] Srivastava N，Srivastava M，et al. Biohydrogen production using kitchen waste as the potential substrate：A sustainable approach[J]. Chemosphere，2021，271：129537.

[23] 马磊，王德汉，谢锡龙，等. 餐厨垃圾的高温厌氧消化处理研究[J]. 环境工程学报，2009，3(08)：1509-1512.

[24] 王延昌，袁巧霞，谢景欢，等. 餐厨垃圾厌氧发酵特性的研究[J]. 环境工程学报，2009，3(09)：1677-1682.

[25] 徐子云，李永强，李洁，等. 黄淮海地区蔬菜废弃物污染风险及资源化潜力分析[J]. 农业资源与环境学报，2020，37(06)：904-913.

[26] 张志敏. 蚯蚓处理对污水污泥性质的影响研究[D]. 重庆:重庆交通大学，2016.

[27] 秦洁，伏小勇，陈学民，等. 蚯蚓对城镇污泥堆肥过程中微型动物群落演替的影响[J]. 环境科学学报，2020，40(02)：631-638.

[28] 毕于运，高春雨，王亚静，等. 中国秸秆资源数量估算[J]. 农业工程学报，2009，25(12)：211-217.

[29] 肖力光，赵露，陈景义. 利用秸秆制造新型复合节能墙体材料的可行性研究[J]. 吉林建筑工程学院学报，2004(02)：1-6+13.

[30] 杨会斌. 大豆秸秆造纸的可行性探索[J]. 黑龙江造纸，2016，44(02)：15-17.

[31] 吕丽华，李臻，张多多. 废弃秸秆/聚己内酯吸声复合材料的制备与性能[J]. 纺织学报，2022，43(01)：28-35.

[32] 郭焱，李小燕，李存本，等. 小麦秸秆制备农用高吸水性树脂[J]. 精细化工，2006(04)：322-326.

[33] 汪昌保. 秸秆基高吸水树脂辐照合成及其性能研究[D]. 扬州：扬州大学，2013.

[34] 喻弘，喻鹏. 球磨改性稻秆复合高吸水树脂的工艺优化[J]. 食品工业，2019，40(05)：4-8.

[35] 王弈通. 装配式秸秆复合墙体抗震性能研究[D]. 绵阳：西南科技大学，2021.

[36] 杨绪勤，袁博，蒋继宏. 中药渣资源综合再利用研究进展[J]. 江苏师范大学学报(自然科学版)，2015，33(03)：40-44.

第二章
典型食腐昆虫及寡毛动物简介

　　利用环境昆虫（还有寡毛动物等）的腐食性取食行为转化处理有机垃圾，已经引起世界上一些国家及有关国际组织的关注，我国一些研究单位（包括笔者单位）也开展了积极的探索。环境昆虫是指在自然界中能清除腐殖质垃圾及动物尸体的腐食性昆虫，这类昆虫目前已知有 100 余种，自然界中常见种类为埋葬虫、皮蠹等甲虫，它们嗜食各种动物尸体，蜣螂、粪金龟、蝇蛆、黑水虻等昆虫嗜食人畜及家禽粪便。人工规模化生产的种类有黄粉虫、大麦虫、中华真地鳖、美洲大蠊（蟑螂）、家蝇、黑水虻等。利用黄粉虫、黑水虻、美洲大蠊处理有机垃圾有较好的前景。但每种生物处理技术，都各有其优缺点，如黑水虻易飞、美洲大蠊善爬，大规模养殖，需要专门的防范措施。黄粉虫、大麦虫隶属粉甲属昆虫，善群居，不善于爬行，成虫也不会飞翔，养殖不需要特殊的养殖设施，已完全实现人工驯化。

第一节　食腐昆虫

一、美洲大蠊

1. 简介

　　美洲大蠊俗称"蟑螂"，是蜚蠊科中目前发现的体积最大的昆虫，最早起源于非洲北部，据考证大概是在 17 世纪的大航海贸易时代经由贸易船只传入美洲的。美洲大蠊是一种不完全变态的昆虫，有着极为顽强的生命力，它的一生分为虫卵、若虫、成虫 3 个阶段，同时它具有十分广泛的食性，不挑食，尤其是对糖类和淀粉"情有独钟",在每年的夏季期间,美洲大蠊的食量会达到顶峰。美洲大蠊喜欢居住在下水道、垃圾场、厕所等阴暗潮湿的环境中,在这种环境下,其常会附带各种细菌、病原体、寄生虫。美洲大蠊在夜间还会爬入人类生活区,特别是食物丰富和重油的厨房区域,若食物暴露在蟑螂的活动范围之内,这些食物就会遭到污染,传播各种病菌,因此也被认定为世界性卫生害虫。

2. 对餐厨垃圾处理示例

美洲大蠊的上述害虫特性,再加上其旺盛的生命力,早已演变成"蟑螂过街人人喊打"的情况,人们想在生活中将其彻底消灭的愿望变得十分渺茫。

随着科学研究的不断发展,证实美洲大蠊体内有大量有价值的物质,如几丁质、多种多肽、胸腺素等,有望用于医药、化妆品等领域。除此之外,利用美洲大蠊的摄食特性,可将其用在垃圾处理领域。一些地区专门建设了以美洲大蠊处理为主的垃圾处理厂,代替传统餐厨垃圾处理方式。

在所有的垃圾中,餐厨垃圾对美洲大蠊具有最强的吸引力,主要是因为餐厨垃圾中含有大量富含油脂、淀粉、糖类等元素的食物残渣,且餐厨垃圾湿度较高,这些特征为美洲大蠊的生长繁殖提供十分适宜的条件。目前,在我国四川西昌、山东济南等地建有规模化的美洲大蠊养殖基地。

(1)处理工艺 将餐厨垃圾收集后,筛选和过滤出美洲大蠊无法食用的部分,如筷子、塑料制品、玻璃、瓶盖等,然后将剩下的可食用部分,进行挤压、击碎、搅拌等操作,形成一种黏稠浆状物,根据美洲大蠊喜油、耐饿不耐渴的习性,可往浆状物里添加一定的油脂、水,保证浆状物整体的含水量在70%~80%,再通过管道,将这些浆状物输送到各养殖间。

(2)防逃措施 为解决美洲大蠊逃逸,养殖基地需严密防护,如某养殖基地,设置了三层防护:第一层防护,在每个养殖床隔间都设置了坚固的不锈钢网;第二层防护,在养殖床附近设置喷淋装置,下面是养鱼池,当蟑螂一旦逃逸,会被冲入水中变为鱼类的饲料;第三层防护,在整个养殖厂区外部设置一圈河流,里面同样也养了食用蟑螂的鱼类,和第二层防护发挥同样的作用。

(3)防传播疾病 美洲大蠊处理餐厨垃圾时,除了上述的防护措施外,还需要做好日常防护。因为餐厨垃圾较黏稠,在美洲大蠊的外壳、触角等体表部位,仍残留有大量食物残渣并携带着细菌、病原微生物,因此要严格把控厂区和外部环境的封闭,严禁厂区有毒有害物质的流出,同时工厂的操作人员要严格规范,包括佩戴手套、口罩、护目镜等,避免人染上致病菌,导致疾病在人际间传播。

(4)其他注意事项 美洲大蠊在养殖中,确实会接触到大量的细菌和病毒微生物,但美洲大蠊对环境中的危害具备有多种免疫力,形成了多种抗菌肽类活性抗菌物质，能在摄食这些垃圾之后，在体内有效将这些细菌和病原体吸收降解，故在美洲大蠊处理了餐厨垃圾后，只需将其经过进一步消毒、干燥、脱油等一系列处理过程之后，就可提取其体内的活性物质或将其作为动物的蛋白饲料。但是也需注意垃圾的来源，若部分垃圾（非特指餐厨垃圾）来源不清，可能含毒素或重金属，也可能造成美洲大蠊体内有害物质富集，导致在食物链中的传递，故需加强对垃圾来源的日常监管，同时对美洲大蠊体内的各项指标进行抽样检测。

3. 综合利用

虽在日常生活中，美洲大蠊让人感受到厌恶，但任何事物都具有多面性，对于美洲大蠊也不例外。美洲大蠊具有广泛的药用价值，如传统中医就认为美洲大蠊能够起到消毒解热、消肿的功效。在我国西南地区的部分少数民族日常生活中，也有用蟑螂进行应急处理和治疗蛇虫叮咬的案例。以云南大理为例，当地的白族人民很早就开始使用此方法治疗外伤。随着技术的不断发展，现在可对美洲大蠊进行无害化及其他特殊处理之后，制成内服药物，用于胃部溃疡的相关治疗。

（1）提取蛋白质　王涛等优化了从美洲大蠊提取蛋白质的技术，并对其蛋白质在伤口处理上的作用进行了深层次研究[1]。他以小白鼠作为实验对象，发现美洲大蠊蛋白质确实能促进小白鼠身上伤口的愈合，添加美洲大蠊蛋白质能使小白鼠伤口的最终愈合时间为自然愈合时间的一半左右，这一发现也预示着该种蛋白在经过深入研发之后，或许还能应用于人类伤口的治疗。

（2）提取药物　美洲大蠊的核苷类物质也是其发挥医药作用的成分之一，现今在市面上流通的许多药物都是以美洲大蠊的提取物为主要原料的，如心脉隆注射液、康复新液，其中心脉隆注射液能有效并及时对心脏相对薄弱的患者进行一定程度的强心作用，在研究人员对其作用机理进行研究时发现，正是核苷这类活性物质（复合核苷碱基，分子量2000）的存在，使得最终成品有较好的功效。吕娜等也对康复新液的一系列相关化学成分进行了检测，发现在药品作用的整个过程中，起最主要作用的是核苷，它能有效促进血管再生、病坏损伤组织脱落、创伤面的稳定修复[2]。除核苷类物质，美洲大蠊的其他活性物质，如多肽、胸腺素等多种物质都能分别发挥杀菌、提高免疫力、促进毛发增长等作用。

（3）作为饲料　因摄食的喜好，在美洲大蠊整个生长发育过程中，摄食的都是富含营养物质的食物，俗话说"吃哪儿补哪儿"，相比其他昆虫，美洲大蠊的食物是相当不错的，因此美洲大蠊自身所含的营养物质也不断积累，特别是体内的蛋白质含量稳居体内所有营养物质的首位。与其他经济类昆虫一样，美洲大蠊也有成为动物蛋白质的潜力，虫粉的制作工艺也大同小异。但和下文中将会提及的蚯蚓、黄粉虫、黑水虻不同，美洲大蠊虫粉的气味对畜禽动物和水产动物的诱惑性并不强，因此这些动物对美洲大蠊制成的蛋白质饲料的摄食量，远不如蚯蚓、黄粉虫、黑水虻。目前以美洲大蠊虫粉作为饲料，主要以鸡类饲料为主。刘昊等将美洲大蠊虫粉用于喂鸡，考察鸡的生长情况，结果表明，摄食了美洲大蠊虫粉的鸡的各类生长指标与正常饲喂的鸡并无二致，但血清总蛋白、球蛋白数量比普通喂养的对照组有明显的上升[3]。

佘韶峰等进一步研究了美洲大蠊虫粉对鸡生长的影响，发现往饲料里适量添加美洲大蠊虫粉，能有效提高鸡的体重、营养物质含量、采食量、饲料利用率等指标，添加量在饲料日粮的 4％左右效果最佳[4]。

二、大蜡螟虫

1. 简介

大蜡螟虫隶属于鳞翅目、螟蛾科、蜡螟亚科，在全世界都有分布，虽然其分布范围十分广泛，但是聚集程度仍受到温度的影响，如我国西藏这些常年温度偏低的高海拔地区，难以寻觅大蜡螟的踪迹，但是在广西、广东这些区域，大蜡螟的出现频率明显提高。大蜡螟一年可以繁衍三至四代，每代需要 60～80 天的生长时间。

大蜡螟是一种完全变态的昆虫，它的一生会历经卵、幼虫、蛹、成虫四个阶段。大蜡螟的卵孵化之初为白色，随时间的推移，会依次变为乳白色、仓黄色、黄褐色，卵皮质地也逐渐变软，卵块整体为单层，每个卵块所含的各卵粒排列整齐。从卵里孵出的幼虫为乳白色，虫龄的不断增长会使得幼虫的颜色不断变化，在长至老熟幼虫的时候，整体会变为黄褐色，体长能达 23～28 mm 不等。幼虫末期会进行化茧的自然行为，大蜡螟的虫茧通常呈白色，平均长度 12～20 mm、直径 5～7 mm。大蜡螟的虫茧经过一定时间后，会化为成虫，成虫的颜色一般呈银白色，成虫的颜色会随着幼虫时期所进食的食物种类不同而产生变化，比如以虫脾为食的蜡螟会呈灰色、褐色等深色。

大蜡螟本质是一种害虫，对植物和部分动物的皮毛会产生危害，特别是大蜡螟的幼虫若出现在蜂巢之中，将不停啃食蜂巢的蜡质以及蜂蜜，会对蜂巢和蜂群均产生严重的危害，更甚者会造成蜂群的大量逃逸，因此对于养蜂人来说，大蜡螟是一种令人头疼的昆虫。

2. 对塑料的转化处理

通过对大蜡螟生活习性的观察和思考，既然大蜡螟能有效摄食蜂巢中的蜡质层，而这些蜡质层是由各种脂质化合物混合组成，在这种混合物中最常见的烃键

应属 CH_2—CH_2，这样的化学结构与聚乙烯（PE）塑料十分相似。研究人员成功从大蜡螟体中提取到两种奇特的菌群，这两种菌群能降解 PE 塑料，并且能够以 PE 作为载体进行生长。何欢等用 PE 塑料喂养大蜡螟，一定时间后对大蜡螟进行肠道解剖，成功分离出 16 种菌群，其中的 15 种都属于厚壁菌门，这 15 种细菌在大蜡螟消化降解 PE 塑料时，起主要作用[5]。

唐瑞等直接在大蜡螟的饲料中添入不同比例的塑料，经一段时间的喂养后发现，添加塑料的最大比例需≤10%，否则，大蜡螟的增重率、存活率等各项生理指标都会有所下降，故掌握好投料的比例，能在大蜡螟最大程度地处理塑料的同时，还能保证自身的正常生长不会受到明显的影响[6]。

刘淑琴分别使用黄粉虫、大麦虫、大蜡螟处理不同种类的塑料，通过对这 3 种昆虫的粪便所含塑料的测定，发现大蜡螟对塑料的体内降解效果要优于大麦虫和黄粉虫，再次佐证了大蜡螟对塑料具有优异的处理效果[7]。同时，为了能让大蜡螟尽可能长期、可持续地处理塑料，需在塑料里添加大蜡螟的营养辅助剂。添加了辅助剂的实验组，大蜡螟各项生长指标都有明显地升高，这为未来研究以塑料为碳源，实现大蜡螟的有效养殖、减量处理塑料提供了思路。

3. 综合利用

大蜡螟是一种害虫，大量人工养殖后，必须找到其资源化利用的途径。

（1）制成饲料　对大蜡螟体内的营养成分分析，表明其体内含有大量的蛋白质及各种矿物质，将其经过科学的处理后，可做成虫粉，用于制成动物饲料。

（2）科研材料　大蜡螟饲养简单、繁殖时间短，可作为科研材料。以大蜡螟为实验对象，往其体内接种各种线虫，可进行相关的研究；还可利用它研究昆虫的真菌学、细菌学等。

（3）提取体内活性物质　大蜡螟和其他昆虫一样，体内也拥有大量的各种活性物质，如丝氨酸蛋白酶、抗菌肽，目前的提取技术已经相对成熟，可实现对这些物质的有效提取。

三、大头金蝇

1. 简介

大头金蝇属丽蝇科伏蝇亚科的一种昆虫，成虫体型平均身长在 10 mm 左右，全身成金属铜绿色，两只复眼接触十分密切，颜色通常为红色。大头金蝇的分布十分广泛，在全球大多数地方都存在，当然因为气候和海拔等因素，大头金蝇在某些地方是无法存活的，如我国新疆、西藏、青海几乎没有大头金蝇的身影。大头金蝇是一种完全变态的昆虫，它的一生会历经卵、幼虫、蛹及成虫四个时期，其整个生命历程为 40～50 天左右。

大头金蝇作为蝇类的一种，有着和大多数蝇类相似的生理特征和生活特性，如取食范围广，常以腐烂果蔬、动物粪便等物质为食；喜好潮湿阴暗的场所，往往出没于厕所、垃圾场、畜禽动物养殖场等。大头金蝇的生活习性使得其可能传播各类疾病，特别是在夏天，由于果蔬、肉类等容易腐烂，大头金蝇嗅到气味后，会频繁地在腐烂的食物上摄食，自身携带的多种病原体、病菌由此传播，故在夏季，大头金蝇成为人畜多种肠道疾病的元凶。

2. 对污染的转化处理

（1）对有机垃圾的转化处理　利用大头金蝇取食特性，科研人员考虑用大头金蝇处理各种有机垃圾。如使用大头金蝇的幼虫（蝇蛆）处理鸡粪、酒槽，以及用于净化大型畜禽养殖场的环境。专利将马粪、人粪经过破碎处理，使其粗度为 1～5 mm，添加羽毛粉、肉骨粉、血球蛋白粉、锯末、秸秆粉等辅料制备成培养料，在培养料表面接种大头金蝇卵，25～35 ℃培养 4～5 天，收集培养料，干燥，制备成有机肥。该法处理过程耗能低、变废为宝，同时得到生物有机肥和大头金蝇蛆生物蛋白，实现了粪便的资源化利用，改善了环境卫生[8]。

（2）对餐厨垃圾的转化处理　餐厨垃圾由于易腐烂，成了蝇蛆处理研究的重点。通过实验表明，大头金蝇能合理运用餐厨垃圾中的动植物油脂，并将其转化为体内的能源，增加对餐厨垃圾的处理效果。大头金蝇对餐厨垃圾处理较优的参数：餐厨垃圾堆置 1～7 天，滤水，同时往里添加 15%（质量分数）的辅料，大头金蝇幼虫的接种量维持在 0.5 g/kg 左右。利用大头金蝇幼虫进行餐厨垃圾的生物处理，处理周期相较于传统的垃圾处理方法更短，对垃圾的减量化高达 100%，整个过程如若对大头金蝇管理到位，不会产生二次污染，资源化利用程度高，具有一定的经济效益，符合垃圾绿色处理的原则[8]。

高萌根据大头金蝇幼虫生长期只需 5～6 天，以及其作为垃圾场优势蝇种的特点，利用其转化当地的餐厨垃圾。当厨余垃圾里面的主体为菜肴类时，大头金蝇的接卵密度应保持在 2.0 g/kg。按照此接卵密度，平均 1kg 的菜肴厨余垃圾，最后可产出 200 g 左右的幼虫，同时，厨余垃圾最终的减量高达 60% 以上。对大头金蝇进行营养测定，发现大头金蝇总体营养物质（干物质）高达 80%[9]。

3. 综合利用

（1）吸收富集污染物　高萌用大头金蝇幼虫转化厨余垃圾，通过其蝇蛆产品养殖瓯江彩鲤，研究厨余垃圾对蝇虫产品品质的影响，及其蝇蛆粉替代鱼粉对瓯江彩鲤养殖效果的影响，评价重金属和多环芳烃 PAHs 在厨余垃圾-蝇蛆-瓯江彩鲤中的富集效应。研究结果表明：接卵密度为 2.0 g/kg，菜肴类厨余垃圾占比为 80%～100%。此条件下，1 kg 厨余垃圾可产出 200 g 左右的大头金蝇鲜幼虫，垃圾减量 60% 以上。大头金蝇幼虫能够富集厨余垃圾中的 Fe、Cu、Zn、As、Ni、Cr、Cd 和 Pb，As、Cr、Cd 和 Pb 的含量符合我国饲料卫生标准（GB 13078—2017）。大头金蝇幼虫对 DAHs 的富集系数：5 环和 6 环 PAHs＞2 环和 3 环 PAHs＞4 环 PAHs。将富集了 PAHs 的蝇虫，喂养给瓯江彩鲤之后，发现瓯江彩鲤体内的 PAHs 以及重金属都符合我国食品安全标准，并不会对人体产生危害[9]。

（2）作为饲料　大头金蝇体内富含蛋白质和其他营养成分。胡新军用厨余垃圾饲养的大头金蝇幼虫粗蛋白含量约为 50%[8]。用麦麸饲养的大头金蝇幼虫粗蛋白含量达到 63.7%[10]，说明饲料的品质会直接影响大头金蝇幼虫的品质。大头金蝇能为许多动物提供营养，在经过一系列相应的特殊处理之后制成的虫粉能作为畜禽动物和水产动物的蛋白质来源饲料，其幼虫能直接用于喂养鸡类。

（3）药用价值　大头金蝇还具有药用作用。如我国医学名著《本草纲目》中的"五谷虫"（大头金蝇或其他近源昆虫的幼虫），具有多种功效，诸如"清热解毒、消积除滞之功效，性寒、无毒"等。在现代医学和科学技术的不断发展下，人们也开始研究大头金蝇药用的作用机理，进而更加准确地将其运用在健康医疗上。此外，人们还从大头金蝇体内提取了大量的活性物质，包括抗菌肽、壳聚糖、多种蛋白分解酶等。

（4）其他用处　在自然环境中的大头金蝇除了替法医鉴别死者的死亡时间之外，还具有一定的类似蜜蜂的传播授粉作用，但是这些都是出于大头金蝇自然生存的情况下。此外，外科手术中，还可以直接将它作用于伤口的腐烂溃烂之处，通过蝇虫的啃食，达到快速去除腐肉从而加速重新生长的目的。

四、大麦虫

1. 简介

大麦虫又称超级面包虫，是节肢动物，隶属于鞘翅目拟步甲科粉甲族，是黄粉虫和黑粉虫杂交出来的一种昆虫，因此大麦虫幼虫的颜色处于黄粉虫和黑粉虫之间，呈现一种深黄褐色，幼虫体型是普通黑粉虫的 3～4 倍。大麦虫起源于美洲，然后流通于东南亚地带，直至近年来才流入我国，因此我国野生的大麦虫族群较少，多数都为人工养殖。大麦虫是完全变态昆虫，整个生命周期持续时间为 5～6 个月，大麦虫的每次产卵量是黄粉虫的 3～5 倍，无论是产卵量还是生命周期都要优于普通的黄粉虫，但大麦虫耐低温能力较黄粉虫差。

大麦虫是群集昆虫，当室温达到 13 ℃时，开始进食等正常的生命活动。其生长发育的最适温度为 24～30 ℃，喜好阴暗环境，常常在阴暗环境进行活动。若养殖条件恰当，大麦虫全年都可以进行繁殖行为，不会受到季节的影响。但在养殖时要特别注意，大麦虫自相残杀的情况尤为严重，比如成虫会吃卵、虫蛹以及幼虫，而老熟幼虫也会对低龄幼虫进行咬食行为，因此在养殖之时需要将不同虫期的大麦虫分开养殖。

2. 对塑料的转化处理

殷涛等发现大麦虫处理不同硬度的塑料（聚乙烯、聚丙烯、聚苯乙烯）会产生不同的效果，只有在处理硬度最低的聚苯乙烯泡沫时，大麦虫才能高效地摄食[11]。在塑料里添加了青菜、麦麸，为大麦虫提供了必需的营养元素和水分，最终使得大麦虫在能大量减量化处理塑料的同时，自身的生长发育没受到过多的影响，说明了使用大麦虫处理塑料废弃物具有一定的可行性。

杨莉等的研究表明，大麦虫的幼虫在摄食了聚苯乙烯（PS）泡沫塑料之后，PS 存在解聚现象，作用机理和黄粉虫类似。大麦虫降解塑料时，肠道的一些微生物菌群发挥了主要作用，并表示这些菌群正是降解塑料的优势菌群，它们能将塑料作为唯一碳源，这一研究为将来提取这些菌群用于微生物处理降解塑料提供了研究基础[12]。

杨宇等的研究结果显示，在大麦虫肠道中的聚苯乙烯高分子长链发生了裂解作用，长链分子分裂成了分子量更低的诸如苯基衍生物、烃类等小分子物质，彻底矿化成稳定的二氧化碳；若对大麦虫肠道内的微生物菌群进行抗生素抑制实验，会使其对塑料的降解效果大幅度下降，再次证明了大麦虫处理塑料的可行性[13]。

李琛静等从两组摄食不同塑料的大麦虫的虫粪进行分析，发现摄食了聚苯乙烯泡沫的大麦虫的虫粪里面高分子有机物含量明显减少，而另一组摄食聚乙烯塑料的大麦虫的虫粪里面高分子却没有减少的痕迹，分析得出造成这种现象很大一部分是因为聚乙烯为高结晶性聚合物，它的化学结构更稳定，因此导致了大麦虫无法较好对其吸收降解[14]。目前在使用大麦虫对塑料进行处理时，仍然还是以处理聚苯乙烯为主。

大麦虫在处理塑料废弃物时，其发挥降解作用的主要力量是它体内的微生物菌群，在未来的研究上，应当把重点集中在大麦虫肠道菌群的功能多样性上，从它的肠道中提取这些可以降解聚苯乙烯酶的菌种，经过培育和驯养，形成可以降解塑料废弃物的微生物制品，还可将他们制作为塑料废物生物降解的生物催化剂，更直接地处理废弃物，从而节省了中间环节（养殖大麦虫）的成本。

3. 综合利用

大麦虫相比面包虫体型更大，存活时间更长，而且大麦虫也具有丰富的营养价值，用途广泛。

大麦虫具有含量丰富的蛋白质，其粗蛋白含量与豆粕相当，故可作为畜禽动物、水产动物的蛋白质来源。

（1）作为水产动物饲料　莫兆莉等将大麦虫制作成虫粉，用来代替饲料里的蛋白质饲料，最后发现当替代和添加比例适量时（8%～16%）能有效提高青蟹的各项生长指标，并且能提高青蟹体内消化酶的活性，增加青蟹的摄食量，有助于青蟹对营养物质的吸收降解，提高了青蟹的整体质量[15]。

（2）作为仔猪饲料　刘小雁等使用大麦虫虫粉替代仔猪饲料里的鱼粉，研究表明，替代量为1%～2%的时候，仔猪的腹泻率明显下降，同时仔猪的生长发育并没有受到显著的影响，证明了大麦虫粉作为蛋白质来源饲料的可行性[16]。

（3）提取活性物质　大麦虫体内含有丰富的抗菌肽、甲壳素以及虾红素等，这些都是价值较高的活性物质，无论是对化学领域还是药学领域都有着极高的价值。

（4）提取油脂　大麦虫的体内的油脂不仅含量高，而且油脂组成较好，不饱和脂肪酸中油酸含量占比超过了三分之一，既可作为化妆品原料，也可食用或作其他工业用途。

（5）其他营养物质　大麦虫还拥有各类矿物质元素、维生素，各种营养组成成分比一些传统食物，诸如牛肉、猪肉、鸡蛋、鲤鱼还要丰富，它若利用得当，会创造出巨大的经济价值。

五、黑粉虫

1. 简介

黑粉虫属于鞘翅目拟步甲科昆虫，作为黄粉虫的近亲，它们很多方面相似，如黑粉虫也是危害仓贮粮食的害虫，它的幼虫外表和黄粉虫极为相似，但是全身颜色呈黑褐色，为完全变态的昆虫，喜好在黑暗的环境下进行活动，白天一般潜伏在垃圾堆里，到了晚上才会出来进行正常的生命活动。黑粉虫属于杂食性动物，食量也大，一般摄食各种粮食、油料以及相对应的加工边角料，偶尔还会摄食豆科植物的嫩叶、桑叶、梧桐叶这些植物叶片，甚至在紧急情况下还会取食死亡的其他昆虫。

黑粉虫对温度十分敏感，通常只有当外部温度达到25℃及以上的时候，黑粉虫才会进行正常活动，所以在我国东北地区、新疆、西藏很难寻觅到它们的身影，而且黑粉虫较黄粉虫生长发育所需的时间要多得多，在条件适宜的情况下，光是幼虫期黑粉虫就需要6个月的生长时间，它的整个生命周期更是长达8个月。黑粉虫比起黄粉虫和大麦虫更不耐干燥，喜欢生活在空气湿度在 55％～65％的环境之中。

2. 对有机垃圾的转化处理

黑粉虫具有摄食并降解聚乙烯从中获得自生生长发育所需能量的能力。黑粉虫对食物还具有不同程度的偏好性，对于不同质的聚乙烯，黑粉虫对其的摄食量会有一定的差异[17]。对黑粉虫幼虫肠道进行检测，发现肠球菌属为其降解塑料的优势种群，正是该种菌群在帮助黑粉虫处理降解塑料方面起到主要作用。

3. 综合利用

黑粉虫和黄粉虫一样，虽然可以从其体内提取到抗菌肽、甲壳素等活性物质，但是目前在市场上它它最主要的作用是充作饲料。除了将其经过特殊加工处理制作为虫粉，用来替代传统蛋白质饲料以外，它还是蝎子、蜈蚣、蛤蚧、珍稀鸟类、蛙类、穿山甲等动物的天然活性饲料，能满足这些动物的营养需求。蝎子每次蜕皮之后都代表着龄期的增长，不论哪个龄期给其喂养黑粉虫，都能满足其不同年龄阶段的营养需求，因此对于很多蝎子养殖户来说，黑粉虫是他们收购的活饲料首选。

六、蝗虫

1. 简介

蝗虫又称蚂蚱，分为很多种类，大多数种类都会对农作物产生极大的危害，是一种农作物害虫，食性范围广，小麦、水稻、蔬菜等农作物均可作为它的食物。蝗虫是一种不完全变态的昆虫，其一生会经过卵、若虫、成虫三个时期，根据环境和气候的不同，不同地区里不同种类的蝗虫繁殖频率也会有所不同，大多数蝗虫一年内都会发生 2～5 代。

蝗虫不属于夜生昆虫，常常在白天进行各项生命活动，晚上进入休息状态，没有明显的趋光性，耐干旱。蝗虫不会直接吸食水，在干旱季节，为了补充水分，通过增加对各种植物的摄食量，从植物的绿叶和嫩芽中吸收自身所需要的水分，这也使得干旱季节蝗虫的危害程度更大。特别是在现在全球气候变暖的大环境下，使得蝗虫的发育历程缩短，存活率也得到升高，再加之气温的升高，使得蝗虫对水分的需求量更大，因此蝗灾的现象出现得更加频繁，蝗虫的数量与危害性都增大了。

蝗虫是灾害性昆虫，人工养殖一方面可以变害为宝，增加农民收入，另一方面又增加蝗虫的种量，形成了潜在危害。故人工养殖必须进行必要的安全管理措施，才能达到理想的效果。

2. 对农作物秸秆的转化处理

蝗虫作为植食性动物，能从所摄食的植物中吸取到大量的水分和各种营养元素，而且蝗虫在吸收营养时，体内特有的消化结构和菌群以及消化酶的共同作用，使它对植物里的纤维素和半纤维素具有降解的能力。秸秆除了富含各种营养物质以外，还含有大量的纤维素和半纤维素，特别是玉米秸秆，其主要成分为纤维素、半纤维素以及木质素，而蝗虫能恰好取食、吸收、降解这些物质。用蝗虫处理秸秆，打破传统处理方法的桎梏，不仅节约成本，更是能使整个废弃秸秆处理过程保持绿色无污染。

研究人员对不同亚种的蝗虫对纤维素、半纤维素的降解率进行了相关测定，并在这些蝗虫消化过程中对其体内的纤维素降解菌进行了分离鉴定，分离出的这些优势菌群具有解决秸秆回收相关问题的潜在价值，若培养成功，将会是一种新型且高效的秸秆处理方式[18,19]。若长时间不为蝗虫提供新鲜食物，饥饿一定时间后，再给他们喂养作物的边角料、干草，蝗虫也会啃食。

3. 综合利用

（1）作为饲料　在饲料市场，蝗虫可以被当作饲料进行出售，鸟类、蛙类都喜欢以蝗虫为食物，特别是蛙类，无论是青蛙、蟾蜍还是其他蛙类，平均每只蛙一个夏季能消灭上万只蝗虫，可见蝗虫在饲料领域有巨大的应用前景。

（2）作为食物　在各种美食节目和求生节目的推广下，以蝗虫作为原料的相关食品已经慢慢进入了人们的视野，并且蝗虫的各项营养元素含量都较高，味道也不错，更是在广东、香港地区被称为"飞虾"，足见蝗虫作为新潮的昆虫食物，在市场上具有广大的受众。

七、蟋蟀

1. 简介

蟋蟀（蛐蛐），属于昆虫纲直翅目蟋蟀总科，分布地域极广，几乎全国各地都有，常出没于乡野之间，因其好斗的本性，从古代开始就有人使用蟋蟀进行"斗蛐蛐儿"的游戏。蟋蟀一般体型较小，体色多为黄褐色至黑褐色，偶尔会有绿色、黄色等，古人也会因为蟋蟀的颜色对它们的品质进行划分，蟋蟀的体色往往不是均一的颜色而是多种颜色混合而成。

蟋蟀是一种农作物害虫，杂食性，吃各种作物、树苗、菜果等，更喜欢以农作物的嫩叶、果实、根茎为食，对农户们的收成造成损失。蟋蟀是穴居昆虫，往往隐藏在洞里、碎石之下，多于夜间取食。蟋蟀往往是独立个体地进行活动，除非雄虫与雌虫进行交配活动，其他情况下两只蟋蟀碰到一起就会发生咬斗，这也是催生出"斗蛐蛐儿"这一古典游戏的原因之一。在夏季，蟋蟀会发出鸣叫，其中当八月份的时候，叫声持续时间与音量达到最大，据研究，蟋蟀的鸣叫是它们的一种"通用语言"，根据音调和频率的不同，会在它们这个种群之间传达不同的意义。

2. 对农作物秸秆的处理转化

刘鹏飞等将玉米秸秆进行还田处理之后搁置了一段时间，之后他对这片田地里的各个生物种群进行了调查，发现蟋蟀的数量得到了大幅度的提升，可能是因为玉米秸秆在还田过程中，在改善田里土壤结构与土壤性质的同时，秸秆不断发酵，最终变成了蟋蟀喜欢的食物，因此蟋蟀大量采食，整个群体的数量得到了上升[20]。

目前，用蟋蟀规模化处理有机废弃物的报道并不多见。笔者认为，蟋蟀处理垃圾废弃物应重点关注蟋蟀在处理秸秆方面的潜力。处理前需对这些废弃的秸秆进行发酵预处理。

3. 综合利用

（1）药用价值　蟋蟀作为传统药材，具有消肿止痛、治疗水肿和排尿不利的作用，它的作用机理是刺激人体膀胱的括约肌，从而能缓解输尿管的痉挛，除此之外，它还对人体的一些尿路结石以及肝腹水都有很好的治疗作用。

（2）保健价值　除了医药价值，蟋蟀还能作为相关保健品的原料。对于女性来说，以蟋蟀为原料的保健品还能起到活血作用，治疗一些因为气血不畅引起的妇科疾病。

（3）其他价值　蟋蟀可以作为动物饲料。处理不同废弃物的蟋蟀，综合利用的方式也不同。例如吸收并富集了有毒物质的蟋蟀，在没有证据表明它们能将这些物质给彻底吸收降解前，不能将这些蟋蟀和正常饲养的蟋蟀一样出售。相反地，处理了废弃秸秆的蟋蟀因为摄食物质来源天然无害，所以其体内不会出现额外的有毒有害的物质，可以和正常饲养的蟋蟀一样发挥自身的价值。

八、黄粉虫

1. 简介

黄粉虫又名面包虫、黄粉甲，在分类学上，属于昆虫纲鞘翅目拟步甲科粉甲属的一个物种。黄粉虫最早起源于北美洲，原本是一种粮食害虫，经过人工驯化，现已成为一种资源昆虫。到了 20 世纪 50 年代，黄粉虫养殖传入中国，在此之后的很长一段时间里，我国都在积极开展对黄粉虫的研究与应用，现已形成黄粉虫养殖、加工、设备开发等一套完整的产业链。黄粉虫在我国的东北、甘肃、华北、山东、陕西、宁夏、四川、重庆等地均有养殖。

2. 对有机垃圾的转化处理

黄粉虫食性广，凡具有营养成分的可食用物质，均可考虑作为黄粉虫的饲料。对于有机垃圾，如餐厨垃圾、农作物秸秆，经适当处理后，均可作为黄粉虫的饲料，因此黄粉虫在有机垃圾的处理方面，具有很大的潜力。

3. 综合利用

黄粉虫营养价值丰富，可以作为珍禽及药用动物的优质饲料，体内的活性物质可作为医药、化妆品的原料。黄粉虫的粪便，不仅可以作为有机肥料，还能作为饲料添加剂、填料、食用菌培养基等，用途广泛。黄粉虫虫蜕，可制成壳聚糖。

后续章节将详细介绍黄粉虫的生活习性、处理有机垃圾及资源化利用价值，在此不赘述。

九、黑水虻

1. 简介

黑水虻是一种腐食性的昆虫，又名光亮扁角水虻，幼虫又称为凤凰虫，在分类学上，属双翅目水虻科扁角水虻属，黑水虻是一种完全变态昆虫。黑水虻最早起源于美洲大陆，但是其高度迁移性使其在世界的热带和亚热带地区和大多数的气候暖温带地区均有分布。黑水虻传入我国后，如今在四川、贵州、云南、湖北、湖南、广西、广东、海南、安徽、河南、河北、江西、北京等各地均有分布，但在我国西北部的分布却很少。

2. 对有机垃圾的转化处理

黑水虻幼虫时期食谱性广、食量大，处理能力强，可用于处理畜禽粪便、餐厨垃圾、农业有机废弃物，具有良好的转化效果。现国内已有多个黑水虻成功处理有机垃圾的案例。

3. 综合利用

黑水虻体内有着极高的营养成分，可作为畜禽动物和水产动物的饲料。黑水虻体内也富含抗菌肽、脂肪酸等物质。黑水虻的粪便可以作为有机肥料。

后续章节将详细介绍黑水虻的生活习性、处理有机垃圾及资源化利用价值，在此不再赘述。

第二节　寡毛动物

蚯蚓以外的寡毛动物，对垃圾的处理对象往往聚焦在污水处理厂的污泥。城市污水处理厂大多数是使用生化法，会产生大量的污泥，而这些污泥中，会存在有大量的寡毛类后生动物，这些后生动物除了能除去污水中的细菌之外，还能有效捕食活性污泥，实现污泥的减量化。

这些寡毛纲动物除了大量存活在污水处理厂的污泥之中，在寻常的河水、湖泊之中，也能寻觅到他们的身影，特别是在这些环境的底泥中。寡毛动物来源广，适应力强，将这些寡毛动物经过合理培养、繁殖、驯化后用于处理城市污水处理厂过多的活性污泥，这一技术具有一定的前景。

一、红斑颗体虫

1. 简介

红斑颗体虫属环节动物门寡毛纲动物，是活性污泥中的多种寡毛动物中数量较多的一种，它的体型相比其他的寡毛动物更大，通过显微镜进行观察，可以看见红斑颗体虫的体长一般为 1~2 mm，鲜有超过 3 mm 的。作为一种杂食性的生物，红斑颗体虫常常以污水中的细菌以及其他有机物为食，而在整个污水处置过程中，增殖的活性污泥往往聚集了大量的有机物，这为红斑颗体虫提供了丰富的食料以及良好的生活环境。

在整个生化法进行作用时，对污泥池中的活性污泥进行检测，可观察到红斑颗体虫的出现频率往往是最高的，说明了其数量最多的同时，工作效率也是最高的，但是生化法中污泥远远不止红斑颗体虫一种寡毛类动物，也不止寡毛类动物一种类别。红斑颗体虫在摄食和处理过程中，会破坏污泥环境中的菌胶团，这种破坏往往是不可逆的，会影响到整个污水处理系统的动态平衡，钟虫、轮虫等众多原生动物和后生动物的生活条件会受到影响。因此红斑颗体虫的过量增殖，在污水处理系统中并不意味着是一件好事，但若将它单独提取出来，重点针对活性污泥的减量问题，却是有效的。

2. 对活性污泥的处理转化

梁鹏[21] 使用红斑颗体虫对收集的活性污泥进行处理，发现在添加了红斑颗体虫之后，剩余污泥的减量比例高达 39%~58%。艾翠玲研究发现，红斑颗体虫对污泥的减量速率受温度以及混合液悬浮固体浓度（MLSS）的影响。随着温度、初始 MLSS 数值的不断上升，其对污泥总体的减量速率也在不断提高，在这两个影响因素中，MLSS 的影响程度要高于温度的影响程度，当温度低于15 ℃时，减量速率会呈现大幅度下降的趋势。而温度一旦超过 15 ℃时，此时影响因素占主导地位的则变成了污泥的初始 MLSS 数值。在曝气过程中若采用间隙曝气的方式，这也会让红斑颤体虫对剩余活性污泥的减量速率下降。红斑颤体虫的虫体密度在污水处理过程中会产生负面影响，但是在污泥减量方面却恰恰相反，污泥减量的速率会随着红斑颤体虫密度的增长而不断升高。同时为了保证红斑颤体虫的存活率以及各项指标，其培养温度应该长时间保持在 20 ℃以上，才能确保其生命力以及工作效率[22]。

二、颤蚓

1. 简介

颤蚓属环节动物门寡毛纲颤蚓科动物。整体呈红色，体长较长，平均体长为2.5～4cm。它往往出现在污水处理系统中生物池末端的区域。作为一种水生动物，湖泊水体的底泥里面也能寻觅到颤蚓。相比其他寡毛动物，颤蚓的来源更加广泛，获取难度更低。颤蚓的食量惊人，常常能摄食自身体重 8～9 倍的食物，而且也不用担心它的后续利用，即使大量增殖，也能作为鱼类的饲料使用，具有较大的经济价值。除此之外，颤蚓还具有耐高污染的特性，已有科学研究表明，将颤蚓接种到活性污泥曝气池中之后，池中的活性污泥浓度和含量都有所下降，证明了颤蚓对活性污泥具有减量化的作用，根据颤蚓的生活习性，颤蚓在解决污泥问题上有着很大的潜力。

2. 对活性污泥的处理转化

曝气强度、曝气时间、污泥浓度、污泥龄等多个因素，都会对颤蚓的污泥减量效果造成影响。通过调节不同实验条件，获得颤蚓在处理污泥时的最适宜条件。研究表明：颤蚓最佳投加量为 80 g/L，最佳曝气时间为 6 h，污泥浓度为9 000～12 000 mg/L，曝气强度为 0.10 m³/(h·L)时，颤蚓对污泥的减容减量效果最好[23]。饶正凯等指出，剩余活性污泥的混合液挥发性悬浮固体浓度（MLVSS）、混合液悬浮固体浓度（MLSS）的比值需在合适的区间，当比值低于 0.6 时，不利于颤蚓的生长，也会使其对污泥的减量效果变差。高污泥浓度下，颤蚓的减容减量效果好。因此颤蚓和红斑颤体虫的情况一样，相对于间歇式工艺，他们在连续流工艺中的污泥减量效果更好[24]。

三、蚯蚓

1. 简介

蚯蚓又名地龙，是环节动物门寡毛纲的陆栖无脊椎动物。蚯蚓因其肠道中含有特殊的酶类物质，可将土壤中的有机废物转化为利于自身的活性物质，并对土壤中的微生物进行分级，在净化环境的同时还可改善土质、促进生态循环以及物种多样性。蚯蚓种类众多，我国目前有 200 多种，有独特的生理特性，分布广、食性杂，不易生病、繁殖率极高[25]。蚯蚓生长过程受温度与湿度的影响较大，温湿度过高或过低均不利于蚯蚓生长发育，其能在湿度为 20%～80%，温度为 6～30 ℃温度的环境下生长。

2. 对有机废弃物的处理转化

蚯蚓可以取食落叶、畜禽粪便、腐烂的瓜果皮、尾菜尾果等废弃物，处理的能力及效果见后文叙述。

3. 综合利用

蚯蚓体内含有丰富的氨基酸、维生素、矿物元素、酶类和具有生物活性的物质，包括具备溶栓作用的蚓激酶[26]、具有抗菌作用的生物活性抗菌肽等[27]。作为一种多功能性生物资源，对蚯蚓进行合理化的开发，提高对其综合利用率，是蚯蚓未来研究的重点方向。目前蚯蚓可用于饲料、提取活性物质、改善作物品质等领域。

后续章节将详细介绍蚯蚓的生活习性、处理有机垃圾及资源化利用价值，在此不详述。

四、仙女虫

仙女虫为颤蚓目仙女虫科仙女虫属的一种，也是污泥系统中主要的寡毛后生动物之一，在整个处理系统中和红斑颚体虫在不同时间段，相继占据处理的主导地位，但是一般红斑颚体虫占据主导地位的频率更高。仙女虫的体长一般在 4～12 mm 之间，它的各项生理特征和红斑颚体虫相似，同为杂食性动物，以摄食细菌以及有机质作为食物，而且也会破坏活性污泥菌胶团，进而影响到污泥絮体的形成，对污泥处理系统造成不利影响。

仙女虫的污泥减量化能力和耐高污染程度都是高于红斑颚体虫和颤蚓的。仙女虫虽然比其他多种寡毛类后生动物有着更强的污泥减量化能力，往往能将污泥减量 25%～50%，但是这种相关强化能力是有代价的，仙女虫在污水处理过程中对出水质的不利影响程度更大，特别是当系统中仙女虫占据主导地位时，负面影响十分严重[28]。

五、夹杂带丝蚓

夹杂带丝蚓是一种水生的寡毛纲动物，在全球各地都有分布，广泛存在于清洁并且低温的水体之中，体长大约 25～80 mm。一般来说它的数量变化趋势与水体的污染程度呈现相反的趋势，若将其与颤蚓一同接种在污泥之间，可以使污泥的减量效果更好，同时颤蚓与夹杂带丝蚓的生长率都有所提升。

参考文献

[1] 王涛,邹玉,孙小英,等. 美洲大蠊蛋白质的提取工艺优化及其对伤口愈合的影响[J]. 安徽农业科学,2017,45(06):124-127.

[2] 吕娜,沈连刚,李广志,等. 康复新液化学成分研究[J]. 中国现代中药,2017,19(04):488-490.

[3] 刘昊,李忠荣,刘景,等. 美洲大蠊对肉鸡生产性能、血液生化指标及小肠绒毛高度的影响[J]. 北京农学院学报,2009,24(01):28-32.

[4] 佘韶峰,赵天章,李慧英. 美洲大蠊虫粉对肉鸡生长性能、免疫功能、肌肉抗氧化能力及肉品质的影响[J]. 动物营养学报,2021,33(12):6813-6823.

[5] 何欢,杨明飞,杨美华,等. 塑料饲养大蜡螟幼虫肠道可培养细菌多样性[J]. 微生物学通报,2019,46(03):577-586.

[6] 唐瑞,林佳倚,劳乔斌,等. 取食聚乙烯微塑料对大蜡螟生长发育的影响[J]. 安徽农学通报,2020,26(23):93-96.

[7] 刘淑琴. 大蜡螟人工饲料优化及资源利用的研究[D]. 保定:河北农业大学,2020.

[8] 胡新军. 利用大头金蝇幼虫生物转化餐厨垃圾的研究[D]. 广州:中山大学,2012.

[9] 高萌. 厨余垃圾经大头金蝇幼虫转化养殖塘鱼方法建立及其环境健康风险评价[D]. 雅安:四川农业大学,2019.

[10] 赵福,王俊刚,田军鹏,等. 大头金蝇营养成分分析[J]. 昆虫知识,2006(05):688-690.

[11] 殷涛,周祥,王艳斌,等. 泡沫塑料的取食对黄粉虫和大麦虫生长的影响[J]. 甘肃农业大学学报,2018,53(02):74-79.

[12] 杨莉,刘颖,高婕,等. 大麦虫幼虫肠道菌群对聚苯乙烯泡沫塑料降解[J]. 环境科学,2020,41(12):5609-5616.

[13] 杨宇,王佳蕾,夏孟丽,等. 大麦虫对聚苯乙烯塑料的生物降解和矿化作用[J]. 环境卫生工程,2021,29(04):111.

[14] 李琛静,王哲,张雅林. 大麦虫幼虫取食塑料的研究[J]. 应用昆虫学报,2022,59(01):93-103.

[15] 莫兆莉,潘红平,苏以鹏,等. 不同水平大麦虫粉对锯缘青蟹的影响[J]. 黑龙江畜牧兽

医，2014(05)：160-162.

[16] 刘小雁，容庭，梁祖满，等. 不同剂量大麦虫蛋白粉替代鱼粉对断奶仔猪生产性能的影响
[J]. 广东农业科学，2013，40(20)：119-121.

[17] 丁梦琪. 黄粉虫和黑粉虫幼虫降解聚乙烯效能的研究[D]. 哈尔滨：哈尔滨工业大学，
2021.

[18] 王建梅. 3种蝗虫的肠道微生物多样性分析及纤维素降解菌的分离[D]. 保定：河北大学，
2020.

[19] 白竞. 5种蝗虫肠道微生物多样性分析及纤维素分解菌的分离鉴定[D]. 保定：河北大学，
2021.

[20] 刘鹏飞，红梅，美丽，等. 玉米秸秆还田量对黑土区农田地面节肢动物群落的影响[J]. 生
态学报，2019，39(01)：235-243.

[21] 梁鹏，黄霞，钱易. 利用红斑颗体虫减少剩余污泥产量的研究[J]. 中国给水排水，2004
(01)：13-17.

[22] 艾翠玲，蔡丽云. 红斑颗体虫的污泥减量效果[J]. 环境工程学报，2012，6(06)：2082-
2086.

[23] 赵艳荣. 颤蚓污泥减量减容性能的研究[D]. 青岛：青岛理工大学，2012.

[24] 饶正凯，韦世凡. 颤蚓污泥减量影响因素研究[J]. 安徽农业科学，2011，39(33)：20474-
20475＋20559.

[25] 张佐忠，高燕云，刘念，等. 粪污循环利用模式构建[J]. 内蒙古农业大学学报（自然科学
版），2021，42(03)：32-34.

[26] Kaviraj, Satyawati S. Municipal solid waste management through vermicomposting
employing exotic and local species of earthworms[J]. Bioresource Technology, 2003, 90
(2)：169-173.

[27] 马磊，王德汉，谢锡龙，等. 餐厨垃圾的高温厌氧消化处理研究[J]. 环境工程学报，
2009，3(08)：1509-1512.

[28] 郑新，章翼. 寡毛类生物捕食污泥减量作用研究[J]. 中国高新技术企业，2009(19)：127-
128.

第三章
黄粉虫对有机固体废物的转化处理

第一节　黄粉虫简介

关于黄粉虫的生物学特征、生活习性等，笔者团队前期已在专著《黄粉虫资源开发与利用》中有较为详细的描述，该章只进行简单补充介绍。

一、黄粉虫的形态特征

黄粉虫是一种完全变态的昆虫，它的一生要历经卵、幼虫、蛹、成虫四种形态。各阶段的基本特点见表 3-1。

1. 卵

为乳白色，形状呈椭圆形，长约 1 mm。整个虫卵由外向内的结构可大致分为卵壳、卵孔、卵壳膜、原生质、卵黄膜、周质、卵黄、卵核、生殖质。

2. 幼虫

卵产出后一周左右就孵化为幼虫，幼虫呈乳白色，体长也只有 2～3 mm，孵出之后大概 10 h 之时，幼虫的颜色缓缓从白色转变为黄色，光滑的皮肤慢慢粗糙，幼虫的体形也缓缓向圆筒形定形，随着时间的推进，幼虫最长长度一般都在 28～36 mm 这个区间之内，幼虫前后两端粗细相差无几，它的发育期大概在 90 天左右，在这期间黄粉虫幼虫自身还会进行多次蜕皮。

3. 蛹

在黄粉虫幼虫完全发育成熟之后，幼虫会化蛹，就和许多的虫蛹一样，此时的黄粉虫是最脆弱的时候，无法移动，极易遭受损害，而且不吃不喝。刚化的虫蛹为孔白色半透明，身体比较柔软娇嫩，随着时间的推移，蛹的颜色会逐渐变黄，身体逐渐变硬，虫蛹的形态也会慢慢发生变化，比如头部开始有了成虫头部的模样，虫蛹头大尾小，在6~10天后，黄粉虫就能羽化成成虫了。

4. 成虫

蛹破皮之后，羽化为成虫，刚羽化的成虫为白色，经过一段时间后，成虫的腹面和鞘翅背面整体的颜色会逐渐变黄变褐直至黑色，有光泽，呈椭圆形。与幼虫时期头、身、尾较难区分不同，此时的黄粉虫成虫的虫体、头、尾部可以很直观地表达出来，是一种甲壳类虫体（学名：鞘翅目）。值得注意的是，黄粉虫的成虫习性比较凶残，有同类相残、啃食幼虫、虫卵、虫蛹的情况，在饲养时一定要将生长期不同阶段的黄粉虫分开饲养。

表 3-1　黄粉虫各个生长阶段的基本特点[1]

生长期	基本特点
卵	乳白色，外壳薄且软，易损伤，成片堆积
幼虫	乳白色至黄褐色，体壁较硬，有光泽
虫蛹	乳白色、黄褐色，头大尾小，两侧呈锯齿状
成虫	黑褐色，无毛，鞘翅有光泽，后翅退化，不能飞行

二、黄粉虫的解剖学结构

1. 黄粉虫的消化系统

黄粉虫的消化道也是一条从口贯穿到肛门的管道，整条消化道囊括了咽喉、食管、嗉囊、前胃、中肠、回肠、结肠、直肠、直肠管、肛门、马氏管等器官，再以这些器官的大致作用进行分类，把整个消化道分成了前肠、中肠、后肠三个部分，黄粉虫是完全变态的昆虫，在不同虫态，它的消化道也会产生些许的变化[2]。

（1）前肠　前肠的整体长度只占整个消化道的9%左右，相比于中肠和后肠两个部分，前肠占比是最小的，但是它所具有的作用却是整个消化道不可缺少的，它是黄粉虫进食后，直接接触到食物的重要且唯一渠道，食物在前肠会被磨碎、短暂停留以及初步消化。

（2）中肠　黄粉虫的中肠要比前肠长很多，它在黄粉虫整个消化道的长度占比达到40%左右。从形态上观察，中肠又可分为前端和后端，其中中肠前端和黄粉虫幼虫的整体体型类似，都是前后端粗度相当的圆筒形，并与前肠中的前胃相连接，中肠后端比前端更细更长，与消化道中的后肠相连接。整个中肠的整体作用是分泌黄粉虫体内特有的酶，并吸收食物中的养分，降解食物中的有机物。

（3）后肠　后肠是黄粉虫消化道最尾端的部分，它囊括了回肠、结肠以及直肠三个部分，不管是黄粉虫的幼虫态、虫蛹态还是成虫态，后肠的长度在整个消化道占比都是最大的，高达50%左右，后肠的主要作用是收集前肠、中肠消化吸收营养物质之后的物质，并从中吸取足够的水分和盐分，因为在后肠之后就是黄粉虫的肛门，所以在一定程度上它也兼具了排除食物残渣和代谢产物的功能，和前肠、中肠的组成结构相似，肠壁皆是由上皮层与肌肉层包被形成的，在具体肌肉层结构上后肠与前肠相似，而与中肠不同，后肠的环肌分布在肌肉层外部，纵肌则在肌肉层内部。

2. 黄粉虫的免疫系统

黄粉虫的抗菌肽在整个免疫过程中起着最重要的作用。韩润林等分别用超声波和饥饿处理黄粉虫后，再以大量饲喂大肠杆菌的方式进行诱导实验，发现黄粉虫幼虫体内的抗菌肽含量在经过诱导实验后逐渐提高，这个数值更是在实验后的第4天达到最大值，这些高含量的抗菌肽还被证实可较好地抑制黄粉虫幼虫体内的大肠杆菌和沙门氏菌生长。黄粉虫幼虫在一开始受到病原菌和病原体入侵之时，体内的防御作用是以细胞免疫为主导的，而在一段时间之后体液免疫才开始发生相应的作用[3]。

3. 黄粉虫的生殖系统及机理

（1）雄虫生殖系统　黄粉虫雄性生殖系统包括精巢、管状附腺、豆状附腺、输精管和射精管。雄性黄粉虫精子的产生是一个十分复杂而高度有序的动态过程。在黄粉虫羽化后变为完全成熟的成虫后，在第4~6天，精子产生的数量与质量达到顶峰，此时黄粉虫雄性生殖系统已完全发育成熟，适合繁殖新一代，应注意在其成虫产生精子最旺盛的时期，需提供充足的饲料，除此之外还要保证良好的饲养条件，时刻注意调节场地温度、湿度等[4]。

（2）雌虫生殖系统　雌性生殖系统由输卵管、侧输卵管和附腺组成。羽化初期的雌成虫卵巢整体纤细，卵粒小而均匀，卵子不成熟。羽化后15天，达到产卵高峰期，大量的成熟卵积存于两个侧输卵管内，使输卵管变为圆形，卵巢端部小卵不断分裂发育成新卵。若此时营养充足，端部会出现端丝。端丝的出现能增加更多的卵。黄粉虫排卵28天后，卵巢逐渐退化，若此时补充营养全面均衡的优良饲料，可促进雌性腺发育。雌性黄粉虫每天平均产卵量受雌性黄粉虫自身的生理规律影响，比如雌虫体内卵巢小管中成熟卵的发育和产出；雌虫能吸收的营养和自身营养状况对卵的成熟有着重要影响，如果雌性黄粉虫出现营养不良的状况，那虫卵的产量会大打折扣，甚至停止产卵，而且雌性黄粉虫的交配囊可短时间贮存一定量的精子[5]。

三、黄粉虫的生活习性

黄粉虫生性好动，更喜欢在黑夜中活动，对光的照射也不会有特别的反应。黄粉虫喜暗怕光，是一种负趋光性昆虫，在暗处比在光亮处生长要快。黄粉虫会冬眠，一般在 10 ℃以下就会变得极少活动，5 ℃以下就会进入冬眠，0 ℃会迅速死亡。黄粉虫不耐高温，一旦温度达到 35 ℃以上，死亡率会急剧攀升，一般在 5～35 ℃时都能进行正常生长发育以及繁殖。

黄粉虫的幼虫是群居性动物，往往都是成群地生活，生命力强，具有较强的病害抵抗力，生长周期较短，故黄粉虫养殖周期短，商品化快，养殖户乐于接受。

四、黄粉虫的营养成分

1. 蛋白质

黄粉虫体内的营养物质与其他食品成分的比较见表 3-2。从表 3-2 可以看出，黄粉虫的营养价值较高。黄粉虫幼虫体内的蛋白质（干物质）含量高达 47％～54％，当幼虫完成生长发育的过程成为成虫之后，这个数值还会进一步提高。

表 3-2　黄粉虫与其他食品的成分比较

对比物	水分		蛋白质		脂肪		碳水化合物		其他	
	含量/％	比率/％	含量/％	比率/％	含量/％	比率/％	含量/％	比率/％	含量/％	比率/％
黄粉虫	62.5	100	16.8	100	8.6	100	10.0	100	20	100
鸡蛋	74.2	118	12.6	77	11.0	128	1.0	10	1.2	60
牛奶	88.3	141	3.1	19	7.5	87	0.4	4	0.7	35
猪肉	54.3	86	15.1	93	30.5	355	0	0	0.1	5
牛肉	78.0	125	15.7	97	2.4	28	2.7	27	1.2	60
羊肉	78.8	126	15.5	96	4.0	47	0.9	9	0.8	40
鲤鱼	76.2	122	16.9	104	5.7	66	0	0	1.2	60

2. 脂肪

黄粉虫的脂肪含量仅次于蛋白质，幼虫和成虫的脂肪含量高达 30.8％以及 33.1％，见表 3-3。

表 3-3　黄粉虫幼虫粉及蛹粉的营养成分[6]　　　　　单位：%

名称	水分	脂肪	粗蛋白	灰分
幼虫粉	10.0	30.8	42.6	2.9
蛹粉	6.9	33.1	48.3	2.4

3. 各类氨基酸

黄粉虫体内含有的氨基酸种类多达 17 种，其中还包含 7 种人体不能合成的必需氨基酸，各氨基酸的种类及含量见表 3-4。

表 3-4　黄粉虫幼虫粉及蛹中氨基酸组成[6]　单位：mg/g 蛋白质

氨基酸	幼虫粉	蛹粉	氨基酸	幼虫粉	蛹粉
天冬氨酸	91.9	81.7	缬氨酸	56.2	62.4
谷氨酸	149.9	162.2	蛋氨酸	6.7	18.7
丝氨酸	57.2	51.9	苯丙氨酸	36.6	41.5
组氨酸	25.8	34.4	异亮氨酸	37.5	43.3
甘氨酸	57.0	51.9	亮氨酸	81.7	81.5
苏氨酸	36.7	35.7	赖氨酸	63.8	66.0
精氨酸	45.0	44.2	脯氨酸	103.9	78.9
丙氨酸	67.8	53.4	必需氨基酸/总氨基酸/%	40.2	44.1
酪氨酸	78.5	89.1	必需氨基酸/非必需氨基酸/%	67.2	78.9
胱氨酸	3.8	2.7			

需要说明的是，以上检测数据，与虫龄、饲养条件、饲料营养水平等因素有关，故不同的文献报道的数据有较大差别。在实际应用中，根据黄粉虫的不同使用目的，可再行测试。

第二节　黄粉虫对畜禽粪便的转化处理

黄粉虫食性杂，对多种有机物都具有高效降解能力，已引起研究人员的关注。畜禽类动物粪便作为一种天然可降解的有机废弃物，同时还具有较多的营养成分。如何合理利用畜禽粪便，是全世界科研人员共同关心的话题之一。根据黄粉虫的特性，研究人员对黄粉虫处理畜禽动物粪便开展了一系列研究。

黄粉虫处理畜禽粪便的流程大致如下：

粪便收集→风干→发酵→与其他辅料混合→饲喂

一、对鸡粪的转化处理示例

鸡的消化道短，饲料在鸡体内停留的时间不长，食物中大量氮和磷等营养物质未被充分吸收而排出体外，如不妥善处理而直接排放，将会对环境造成严重的污染。

笔者团队对鸡粪进行深度处理后，用于养殖黄粉虫（幼虫，以下同），探索鸡粪资源化利用的新途径。

（一）试验方法

1. 原料的预处理

（1）EM菌液制备 将2 L无菌水加热到100 ℃，加入红糖222 g，煮5 min后，冷却至40 ℃，依次加入2.0 g EM菌种、4 g尿素、4 g食盐，密封、避光、室温活化5天。

（2）鸡粪的发酵处理 将500 mL EM菌液加入到1250 g经高温灭菌的干鸡粪中，混匀，放入塑料袋中密封，室温、避光发酵7天。发酵结束后，60 ℃烘干至含水率12%（质量分数）左右，粉碎过40目筛备用。

2. 黄粉虫处理鸡粪的初步研究

经发酵处理的鸡粪，按不同比例分别添加到基础饲料［黄粉虫基础饲料配方（质量份）：麦麸：玉米粉：大豆粉：食盐：复合维生素为70：24：5：0.5：0.5］中，混匀，得到系列混合饲料，备用。其中，鸡粪在混合饲料的含量（质量分数）分别为0%、25%、45%、55%、65%和85%。在6个500 mL的烧杯中，分别加入50 g不同比例的混合饲料和8 g黄粉虫（约100条），考察黄粉虫的单条虫平均增重、累积死亡率。室温饲养30天后，测试虫体灰分和重金属含量。实验平行测试三组，取平均值。

3. 添加鸡粪的黄粉虫饲料配方优化

在初步研究基础上，对添加鸡粪的黄粉虫饲料配方进行优化。采用$U_{10}(10^4)$均匀实验表安排实验，因素水平表见表3-5。均匀实验结果分别采用直观分析和采用DPS v7.05软件进行多元回归分析。

表 3-5　均匀实验因素水平表

水平	X_1（鸡粪）	X_2（玉米秸秆粉）	X_3（玉米粉）	X_4（食盐）
1	8	4	4	0.00
2	12	6	6	0.03
3	16	8	8	0.06
4	20	10	10	0.09
5	24	12	12	0.12
6	28	14	14	0.15
7	32	16	16	0.18
8	36	18	18	0.21
9	40	20	20	0.24
10	44	22	22	0.27

4. 考察指标

（1）单条虫平均增重　单条虫平均增重（Δy，mg/条）按式（3-1）计算：

$$\Delta y=\frac{Y}{n}\times 1\,000 \tag{3-1}$$

式中，Y 为黄粉虫增重量，g；n 为黄粉虫条数。

（2）累积死亡率　每隔数日记录虫的死亡情况，按式（3-2）计算虫的累积死亡率 D（%）：

$$D=\frac{K}{n_0}\times 100\% \tag{3-2}$$

式中，K 为黄粉虫累积死亡条数；n_0 为黄粉虫初始条数。

（3）灰分的测定　将瓷坩埚用蒸馏水清洗 3 次后，置于马弗炉中，在 500 ℃下煅烧 0.5 h，置于干燥器内冷至室温后称重。准确称量样品 5 g 左右，再置于马弗炉中，在 500 ℃下煅烧 2 h 后，冷却，称重后再放入马弗炉煅烧 0.5 h，冷却称重，直至两次质量之差不超过 1%。按最后两次称重取平均值，按式（3-3）计算灰分含量 W（质量分数，%）。

$$W=\frac{m_a}{m_0}\times 100\% \tag{3-3}$$

式中，m_a 为灰分总质量，g；m_0 为样品总质量，g。

（4）重金属含量的测定　将上述灰分分别用 1∶1 的硝酸 5 mL 溶解后，转移至 100 mL 量瓶中，用水定容至刻度，3 000 r/min 离心 5 min，取上清液，用火焰原子吸收光谱仪，在各元素特征波长条件下分别测试溶液中的 Cu、Zn、Pb、Cd 和 Mn 的含量，并计算其在虫体或饲料中的含量。测试条件：空气-乙炔火焰，空气流量 15 L/min，燃气流量 2.2 L/min，狭缝宽度 1.3 nm。

（二）结果与讨论

1. 鸡粪添加量对单条虫平均增重的影响

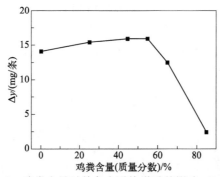

图 3-1　鸡粪含量对单条虫平均增重的影响（24 天）

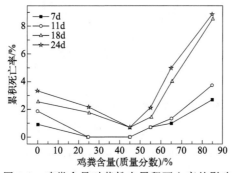

图 3-2　鸡粪含量对黄粉虫累积死亡率的影响

从图 3-1 可看出，当鸡粪的添加量低于 55％时，Δy 随饲料中鸡粪含量的增加略有上升，但当鸡粪添加量超过 55％时，Δy 迅速下降，可能是鸡粪含量过高，造成了饲料中营养成分不均衡；或者饲料适口性变差，导致黄粉虫采食量减少。故鸡粪的添加量不宜超过 55％。

2. 鸡粪添加量对黄粉虫死亡率的影响

当鸡粪的添加量在 55％以下时，黄粉虫的累积死亡率均较未添加鸡粪的对照组（0％）低（图 3-2)，可能原因是黄粉虫食用了混合饲料中的 EM 菌，有利于增强其免疫力和抗病能力，相似的结果在家禽养殖和水产动物养殖中也有报道。当鸡粪的添加量超过 65％后，随着时间的增加，累积死亡率超过对照组，可能的原因是鸡粪中较高的矿物质含量，对黄粉虫造成毒害；或是鸡粪中非蛋白氮（主要为尿酸、氮、嘌呤、尿素等）含量超过虫的耐受能力，具体原因尚待进一步研究。故鸡粪添加量宜低于 55％。

3. 鸡粪含量对虫体灰分的影响

灰分的主要成分为矿物质。样品中矿物质的含量越高，则其灰分含量也越高。测得基础饲料和纯鸡粪的灰分含量分别为 2.77％和 39.28％。随着混合饲料中鸡粪含量的增加，虫体的灰分含量也呈增加趋势。当鸡粪在饲料中的含量从 0％增加到 85％时，虫体灰分含量从 1.1％增加到 1.7％（图 3-3）。这是因为随着鸡粪含量的增加，混合饲料中的矿物含量也会随之增加，黄粉虫能从其中吸收到更多的矿物质元素。

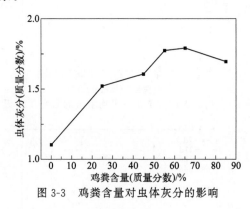

图 3-3　鸡粪含量对虫体灰分的影响

4. 鸡粪含量对虫体中重金属含量的影响

测得 Cu、Zn、Pb、Cd 和 Mn 在基础饲料中的含量（mg/kg）分别为 166.77、4.43、26.74、0.84 和 21.57，它们在纯鸡粪中的含量（mg/kg）分别为 174.13、147.31、25.29、0.50 和 726.87。用不同的混合饲料养殖的黄粉虫，其体内重金属含量见表 3-6。

虽然鸡粪中有较高含量的矿物质和重金属，但从表 3-6 可以看出，除 Cu 外，Zn、Pb、Cd、Mn 等重金属并未在黄粉虫体内大量富集，且在虫体内的含量反而有下降的趋势。一般来说，发酵处理对鸡粪的重金属含量没有任何明显的影响，但对其存在形态或者活性可能有影响，重金属的生物有效性与重金属的形态有密切关系。研究证实，经发酵处理的鸡粪，重金属的生物活性和毒性大大降低。而基础饲料中的重金属，其生物活性可能较高，故在基础饲料含量高的配方中，黄粉虫体内的重金属含量反而较高。

表 3-6　鸡粪添加量与虫体中重金属含量的关系　　单位：mg/kg

鸡粪添加量（质量分数）/％	Cu	Zn	Pb	Cd	Mn
0	32.98	35.24	8.24	0.44	10.59

鸡粪添加量（质量分数）/%	Cu	Zn	Pb	Cd	Mn
25	31.57	15.03	8.84	1.50	9.91
45	33.00	19.88	3.36	0.17	6.99
55	33.31	19.10	3.55	0.10	6.98
65	33.63	17.74	4.44	0.20	7.84
85	34.06	18.53	3.32	0.10	7.43

5. 添加鸡粪的黄粉虫饲料配方优化

直观分析法：由表 3-7 可以看出，虫增重量（Y）最大的配方为第 10 组，即鸡粪（X_1）：玉米秸秆粉（X_2）：玉米粉（X_3）：食盐（X_4）为 24：16：16：0。

多元回归分析法：采用 DPS v7.05 数据处理系统软件，进行多元二次多项式逐步回归分析，其回归方程为：

$$Y=5.343-0.204X_1-0.004X_2^2+0.004X_1X_3+0.806X_1X_4+0.018X_2X_3-1.802X_3X_4$$

标准化的回归方程为：

表 3-7　均匀实验设计方案与结果

序号	X_1	X_2	X_3	X_4	Y
1	28	20	20	0.24	3.99
2	8	12	18	0.12	4.48
3	36	4	14	0.21	1.63
4	20	10	10	0.27	3.02
5	40	12	22	0.09	4.15
6	32	8	6	0.03	0.59
7	12	14	4	0.18	3.65
8	44	18	8	0.15	2.24
9	16	22	12	0.06	5.15
10	24	16	16	0	5.36

$Y=-1.596X_1-0.382X_2^2+0.630X_1X_3+1.488X_1X_4+1.345X_2X_3-1.726X_3X_4$。这是一个四元二次回归方程，经检验，回归方程有显著性（$F=150.486$，$P=0.001$）。对各偏回归系数进行假设检验的结果为：$t_1=-17.285$，$P=0.000$；$t_2=-3.456$，$P=0.041$；$t_3=6.427$，$P=0.008$；$t_4=9.221$，$P=0.003$；$t_5=8.100$，$P=0.004$；$t_6=-11.0130$，$P=0.002$。由标准偏回归系数可知，影响虫增重量（Y）的因素主次为：$X_3X_4>X_1>X_1X_4>X_2X_3>X_1X_3>X_2^2$。因素 X_1、X_2^2、X_1X_3、X_1X_4、X_2X_3、X_1X_3 对 Y 的影响均具

有统计显著性，其中 X_1X_3、X_1X_4、X_2X_3 的系数为正，表明 Y 随鸡粪玉米粉互作项（X_1X_3）、鸡粪食盐互作项（X_1X_4）和玉米秸秆粉玉米粉互作项（X_2X_3）的增加而增加；X_1、X_2^2、X_3X_4 的系数为负，表明 Y 随鸡粪（X_1）、玉米秸秆粉（X_2）的二次项和玉米粉食盐互作项（X_3X_4）增加而减少，表明各因素之间存在严重的相互作用，鸡粪的添加量对黄粉虫增重量的影响非常复杂。故在确定较优配方时，根据回归方程取极大值，求得较优组合配方为：鸡粪 23.0316 g、玉米秸秆粉 15.9713 g、玉米粉 21.9560 g、不加食盐。将以上各值代入上述回归方程，理论预测值为 $Y=7.8168$，这一结果与直观分析法得到的结果基本一致。

最终确定配方为（质量份）：鸡粪（X_1）：玉米芯（X_2）：玉米粉（X_3）：食盐（X_4）为 37.78：26.20：36.02：0，与直观分析法结果接近。

二、对其他粪便的转化处理示例

1. 鹌鹑粪

使用单一发酵鹌鹑粪喂养黄粉虫，黄粉虫死亡率高。发酵过程中添加 6% 的麦麸和 6% 的玉米粉能得到最佳的发酵效果。在后续使用发酵的鹌鹑粪混合玉米粉进行黄粉虫的喂养时，玉米粉占比的减少会增加黄粉虫的死亡率，在经济效益有限的基础上，综合考虑各因素，最终选择玉米粉占比为 10%、发酵鹌鹑粪占 90%，具体情况详见表 3-8[7]。

表 3-8 发酵鹌鹑粪对黄粉虫生长的影响[7]

编号	玉米粉量 /%	发酵粪用量 /%	死亡率 /%	料虫比	平均增重 /(mg/条)	饲料成本 /(元/kg 虫)
1	0	100	0.13±0.03	8.67±0.21	33.6±3.12	3.64±0.09
2	10	90	0.08±0.02	6.27±0.25	42.7±3.77	3.64±0.14
3	20	80	0.06±0.01	5.7±0.2	53.89±414	4.22±0.15
4	30	70	0.05±0.02	5.47±0.12	56.81±2.46	4.87±0.1
5	40	60	0.04±0.01	5.33±0.06	58.64±3.66	5.6±0.06
6	100	0	0.02±0.02	4.3±0.2	77.3±5.04	8.6±0.4

2. 牛粪

通过适当复配后，黄粉虫可以处理发酵牛粪。曾祥伟等将牛粪按饲料总量60% 的比例同常规饲料混合后，再用 EM 菌群进行发酵处理。通过处理后，饲料的营养品质提高，黄粉虫对发酵饲料的取食性会更大。在黄粉虫长期食用该混合饲料后，使用该混合饲料喂养的黄粉虫的质量比使用普通饲料得到了更大的提升，黄粉虫中体内的粗脂肪含量、不饱和脂肪酸含量和抗氧化酶活性也得到了明显的提升[8]。

研究表明：常规饲料中添加 20%～60% 的新鲜牛粪，经 EM 菌发酵处理，发酵效果较好，酸性洗涤纤维和中性洗涤纤维得到初步降解。60% 牛粪组消化率比对照组提高 3.38%，但 80% 牛粪组消化率比对照组降低 8.77%，饲料利用率较对照组分别降低 6.43% 和 34.54%，饲料转化率较对照组分别降低 7.85% 和 14.33%。说明在黄粉虫常规饲料中添加 60% 的牛粪可制成质量优等的发酵饲料，不仅节约常规饲料，又能处理牛粪，还提高饲料消化率[9]。

3. 驴粪

驴粪作为一种代表性的牲畜粪便，将其适当处理后，存在作为黄粉虫饲料的可能性。研究表明：驴粪添加量对各组黄粉虫平均体长影响不大，适当的驴粪量有助于增加蛹的平均重量。驴粪添加量为 20% 时蛹重最大，达 0.15 g/只，而对照组约 0.11 g/只。综合来看，驴粪添加量达到 30% 时（配方为驴粪：玉米面：豆渣：馒头＝3：2.1：0.7：4.2），黄粉虫对驴粪的分解效率达到最大，超过 30% 后，驴粪含量的增大会引起黄粉虫死亡率的增加[10]。

4. 猪粪

经测试，猪粪中粗蛋白占其干物质的 11.3%～31.4%，粗纤维占 6.7%～22.9%，粗脂肪占 1.8%～9.4%，粗灰分占 9.7%～28.1%。在取食添加猪粪的常规饲料后，发现添加少量猪粪不会对虫体的正常生长发育和抗氧化酶系统造成明显影响，但是随着添加量增大，也不会像其他畜禽动物粪便一样对黄粉虫起到促进生长的作用，甚至过量的添加会导致黄粉虫的大量死亡[11]。

5. 羊粪

羊粪中含有大量未被机体消化吸收的有机质及 N、P、K 等元素，经测定，羊粪中粗蛋白含量为 4.10%～4.70%，且有机物占 24.00%～27.00%，氮占 0.70%～0.80%，磷占 0.45%～0.60%，钾占 0.40%～0.50%，其营养价值高于猪粪和牛粪，仅次于禽粪[12]。还含有一定量的粗脂肪、粗纤维、B 族维生素等养分。参考牛粪、驴粪的发酵处理方法，经过适当的加工处理之后，羊粪也能被二次利用作为黄粉虫饲料。

黄粉虫处理畜禽粪便，不仅拓展了畜禽粪便的资源化利用途径，在减少环境污染的同时获得高蛋白的昆虫蛋白，使整个食物链得到延伸。但是，因粪便中含有的有害成分如吲哚、寄生虫等，易造成传染性疾病，故需对畜禽粪便进行深度处理后，才能将其作为黄粉虫饲料。畜禽粪便的营养成分有限，且含湿量较高，而黄粉虫喜欢干燥的食物，尽管黄粉虫能处理上述废弃物，但从成本或安全角度考虑，笔者推荐用蚯蚓处理，不建议用黄粉虫处理湿的、含纤维素高的废弃物。

第三节 黄粉虫对餐厨垃圾的转化处理

黄粉虫处理餐厨垃圾陆续有少量文献和专利报道，但主要从黄粉虫处理的可能性方面进行阐述，未系统研究处理过程的边界条件、工艺优化等，系统性显不足。下面结合笔者团队的研究成果，首先从分析黄粉虫在处理餐厨垃圾时对环境温度、垃圾含水率等因素的耐受性出发，确定黄粉虫处理餐厨垃圾的可行性、餐厨垃圾预处理的必要性，再通过分析处理过程中餐厨垃圾的占比、餐厨垃圾粒径、餐厨垃圾投喂间隔、青饲料添加量以及黄粉虫虫龄等因素对处理效果的影响，最后结合指定的工艺流程以及其他少量文献，对黄粉虫处理餐厨垃圾这一技术作较为系统的阐述。

一、耐受性

任何一个生态因子在数量上或质量上不足或过多，即当其接近或达到某种生物的耐受限度时，该种生物就会衰退或无法生存，该规律被称为耐受性定律。

餐厨垃圾由于是人为产生，而且极易腐烂，同时呈现不同区域、不同季节、不同文化造成餐厨垃圾成分相差较大的情况，最终造成这类废弃物的营养元素、有机物含量、成分、组成等的不确定性。因此在探究黄粉虫处理这种废弃物时，最重要的是探究黄粉虫对餐厨垃圾的各种外部因素的耐受性，从而确定黄粉虫处理餐厨垃圾的外部条件，为后续处理工艺的确定提供基础数据和依据。

1. 对环境温度的耐受性

用常规饲料饲养黄粉虫，已有较适环境温度的报道。但由于餐厨垃圾含水率高、营养丰富，环境温度会影响餐厨垃圾的品质和黄粉虫的摄食倾向，故需研究环境温度对黄粉虫处理餐厨垃圾的影响。由于真实餐厨垃圾的成分每天都有变动，为了实验数据具有可比性，本书提到的实验室阶段用的餐厨垃圾，均采用模拟餐厨垃圾作为原料。模拟餐厨垃圾以学校食堂真实餐厨垃圾为模拟对象，随机取样三次后，分析主要成分后取平均值得出的配方，详见表1-7。

每天称取含水率为70%、物料表面含油率为0%的餐厨垃圾颗粒料各20g、分别放入7个养殖盒中。各养殖盒中分别放入20天虫龄活性较好的黄粉虫幼虫，各养殖盒中的虫重约50g，放入设置好温度的培养箱中进行饲养，观察记录7

天，培养箱设置 7 个环境温度：10 ℃、15 ℃、20 ℃、25 ℃、30 ℃、35 ℃、40 ℃。

实验结果的计算方法见式（3-4）～式（3-8）：

(1) 餐厨垃圾利用率 $=\dfrac{\text{黄粉虫体重增加量（干重）}}{\text{初始餐厨垃圾的干重－结束时餐厨垃圾的干重}}\times 100\%$

$$(3-4)$$

(2) 黄粉虫死亡率 $=\dfrac{\text{实验当天结束时的死亡虫重}}{\text{实验当天结束时的活虫重}}\times 100\%$ $\qquad$ (3-5)

(3) 黄粉虫虫重增长率 $=$ 结束虫重的增长量/初始虫重 $\times 100\%$ $\qquad$ (3-6)

(4) 黄粉虫处理餐厨垃圾的处理能力 $=$（投料量－剩余餐厨垃圾的重量）/（采食时间 $\times$ 实验当天结束时活虫重）$[\mathrm{g/(d \cdot g)}]$ $\qquad$ (3-7)

(5) 餐厨垃圾削减率 $=$（投料量－剩余餐厨垃圾的重量）/投料量 $\times 100\%$

$$(3-8)$$

研究结果见图 3-4～图 3-7。

在环境温度为 35 ℃ 和环境温度为 40 ℃ 的条件下，黄粉虫的死亡率较高，故处理温度宜低于 35 ℃（图 3-4）。从图 3-5 得知，在不同的温度下，饲养 7 天的黄粉虫幼虫，虫重（除去死虫）的变化不同。总体来看环境温度为 15 ℃ 的虫重最大，环境温度为 40 ℃ 的虫重最小，且环境温度为 35 ℃ 的虫重＞环境温度为 40 ℃ 的虫重。环境温度为 20 ℃、25 ℃ 和 30 ℃ 的虫重随时间呈上升趋势。环境温度为 10 ℃、环境温度为 35 ℃ 和环境温度为 40 ℃ 的虫重随时间呈下降趋势。环境温度为 15 ℃ 到环境温度为 30 ℃ 的增长率相对较好。究其原因，10 ℃ 的黄粉虫由于环境温度低，导致黄粉虫无法进食且长期生活在湿度为 70% 的饲料旁，引起黄粉虫大量的死亡；15 ℃ 的黄粉虫由于温度较低，处于不活动的状态（类似于冬眠），只进行少量的进食但运动量少，身体水分流失低，且物料少量湿度存留在黄粉虫虫身，导致测出来的黄粉虫虫重相对较高；环境温度为 20 ℃、25 ℃、30 ℃ 的黄粉虫生长发育正常；环境温度为 35 ℃ 和环境温度为 40 ℃ 的黄粉虫由于环境温度较高，有一部分虫为热死，有一部分由于温度高破坏了餐厨垃圾的品质，导致黄粉虫新陈代谢出现异常，而逐渐引起患病，增加了死亡率。

从图 3-6 可以看出，黄粉虫在不同环境温度下对餐厨垃圾的利用率变化幅度大，最高利用率在环境温度为 15 ℃ 的条件下为 58.55%，最低利用率在环境温度为 40 ℃ 的条件下为 －25.16%，温度过高过低均会导致利用率下降。环境温度为 10～40 ℃ 时，黄粉虫处理餐厨垃圾的处理能力见图 3-7，可以得到每 1 g 的黄粉虫每天处理餐厨垃圾的能力在环境温度为 30 ℃ 时，处理能力最强，达 0.27 g/(d·g)。

综上所述，建议环境温度在 20～30 ℃ 之间，黄粉虫处理餐厨垃圾的能力较好。

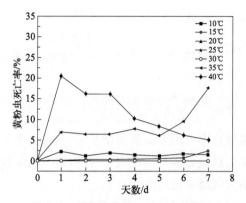

图 3-4　温度对黄粉虫死亡率的影响

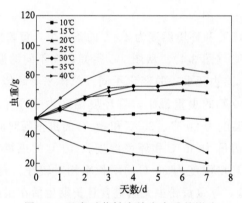

图 3-5　温度对黄粉虫幼虫虫重的影响

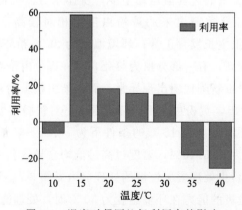

图 3-6　温度对餐厨垃圾利用率的影响

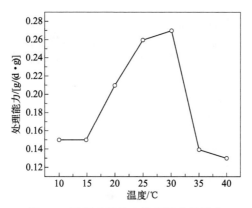

图 3-7　温度对黄粉虫处理能力的影响

2. 对餐厨垃圾含水率的耐受性

每天称取不同含水率的、浮油率为 0％的餐厨垃圾颗粒料各 20 g、分别放入养殖盒中。各养殖盒中分别放入 20 天虫龄活性较好的黄粉虫幼虫。含水率设置 4 个梯度：80％、70％、60％、50％（压滤方法脱水，简称滤干）。由于餐厨垃圾的含水率不易控制，含水率低的物料通过放置干麦麸进行调配。用麦麸调配的物料的含水率梯度为：50％、45％、40％、35％、30％、25％、20％，各养殖盒中分别放入 20 天虫龄活性较好的黄粉虫幼虫，各养殖盒中的虫重约 50 g，在温度 25 ℃下，实验 7 天。

研究结果见图 3-8～图 3-15（为防止曲线间过密，不便于观察，将湿度梯度分别作图）。

饲料含水率在 20％～50％的条件下，黄粉虫的 7 天死亡率为 0％，而在饲料含水率为 60％～80％时，黄粉虫开始出现死亡，含水率越高，死亡越快（图 3-8、图 3-9）。

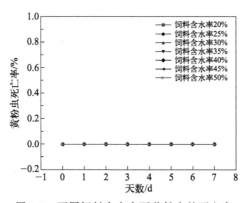

图 3-8　不同饲料含水率下黄粉虫的死亡率

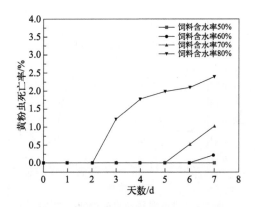

图 3-9 不同饲料含水率下黄粉虫的死亡率

从图 3-10 和图 3-11 得知，不同饲料含水率下，虫体重增加幅度不同，所以增长率的情况也有所不同。总体来说，不同饲料含水率条件下，黄粉虫幼虫虫重日变化都是上升趋势，饲料含水率在 60%、70%、80% 的条件下，黄粉虫幼虫虫重分别在第 4、5、6 天出现了拐点。在不同饲料含水率的条件下饲养 7d 的黄粉虫幼虫，每天的虫重变化都不一样。在饲料含水率为 40% 的时候增长率为最高，饲料含水率为 50% 时比饲料含水率 60% 的增长率要低，饲料含水率为 60% 开始增长率呈下降趋势。

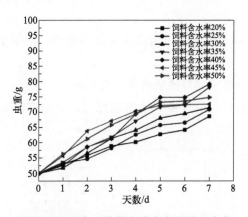

图 3-10 不同饲料含水率下黄粉虫幼虫虫重的日变化（麦麸组）

结合上述图，可知黄粉虫在饲料含水率为 20%～50% 的时候生长发育最好，而在饲料含水率为 60%～80% 时，黄粉虫出现死亡情况，虽然 60% 的虫重最好，是由于这个时候的虫食用了含水率较高的饲料，虫体含水率也最高。总之，饲料太干，黄粉虫发育减慢，饲料太湿，黄粉虫容易生病死亡。

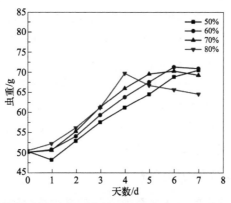

图 3-11 不同饲料含水率下黄粉虫幼虫虫重的日变化（自然滤干）

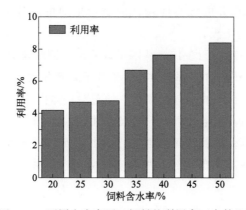

图 3-12 不同含水率下，饲料的利用率（麦麸组）

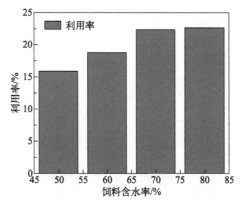

图 3-13 不同含水率下，饲料的利用率（自然滤干）

自然滤干组的饲料含水率为 50%、60%、70%、80% 的黄粉虫处理餐厨垃圾的处理能力分别为 [g 餐厨垃圾/(d·g)]：0.14、0.15、0.16、0.16。用麦麸（含水率 10%）调控的饲料含水率为 20%、25%、30%、35%、40%、45%、50% 的黄粉虫处理餐厨垃圾的处理能力分别为 [g 物料/(d·g)]：0.27、0.33、0.39、0.36、0.34、0.31；折算为含水率 70% 的餐厨垃圾，则处理的餐厨垃圾（扣除麦麸）实际为 [g 餐厨垃圾/(d·g)]：0.045、0.083、0.13、0.195、0.198 和 0.206。可以看出每 1 g 黄粉虫每天处理餐厨垃圾的能力在含水率 40%～50% 时处理能力较好，为减少麦麸用量，建议调控后含水率 50% 较好。

3.对餐厨垃圾含油率的耐受性

每天称取不同含油率的、含水率为 70% 的餐厨垃圾颗粒料各 10 g，设置了 8 个含油率（浮油，下同）梯度：0%、2%、3%、4%、5%、6%、7%、8%。各养殖盒中分别放入 20 天虫龄活性较好的黄粉虫幼虫。各培养盒中的初始虫重 50 g，在 25 ℃下实验 7 天。

研究结果见图 3-14、图 3-15。从图可以看出，饲料含油率为 0%，黄粉虫幼虫的死亡率为 0%，饲料含油率为 8% 的条件下，黄粉虫幼虫死亡率最高。可能是由于含油率高将饲料中的水分给锁住，使黄粉虫体内的含水率也增加，长期如此，黄粉虫容易生病，发生死亡，导致黄粉虫的虫重降低。或者是油的黏性大，阻碍了黄粉虫的呼吸。随着时间的推移，因虫的死亡，导致含油率高的试验组，黄粉虫重量增加缓慢甚至负增长，故在实际处理工程中，应尽量脱除饲料中的浮油。

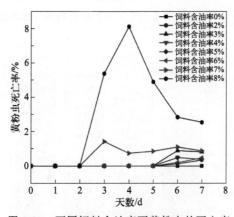

图 3-14　不同饲料含油率下黄粉虫的死亡率

利用率：在实验范围内，黄粉虫在不同饲料含油率条件下利用率的变化逐渐下降。

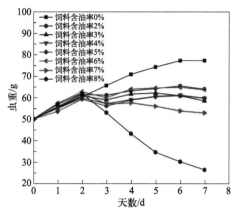

图 3-15　饲料含油率对幼虫虫重的影响

处理能力：饲料含油率为 0％、2％、3％、4％、5％、6％、7％、8％的条件下，黄粉虫对餐厨垃圾的处理能力分别为［g 饲料/(d·g)］0.17、0.15、0.14、0.15、0.15、0.14、0.13、0.13。

4.对常用调料的耐受性

由于各地的饮食习惯不同，会在食物中添加不同的调料。分析餐厨垃圾中常见调料对黄粉虫生长的影响。在模拟餐厨垃圾中，分别加入一定量的常见调料，不考虑调料之间的相互影响，研究结果见表 3-9。

表 3-9　投加调料对黄粉虫生长的影响

组别	含量/％	虫增长率/％	物料剩余率/％	虫死亡率/％	餐厨垃圾利用率/％	餐厨垃圾削减率/％
白糖	3	38.0	1.6	0	22.1	98.4
	6	36.6	3.1	0	21.6	96.9
	9	50.0	1.5	0	29.0	98.5
	12	40.8	1.3	0	23.6	98.7
醋	3	39.2	1.6	0	22.8	98.4
	6	42.8	5.4	0	25.9	94.6
	9	42.0	2.3	0	24.6	97.7
	12	45.2	1.4	0	26.2	98.6
乙醇	2	42.4	3.1	0	25.0	96.9
	4	38.8	5.3	0	23.4	94.7
	6	41.0	1.6	0	23.8	98.4
	8	46.6	7.3	0	28.7	92.7

续表

组别	含量/%	虫增长率/%	物料剩余率/%	虫死亡率/%	餐厨垃圾利用率/%	餐厨垃圾削减率/%
食盐	2	34.0	2.6	5.0	19.9	97.4
	4	11.4	6.7	7.6	7.0	93.3
	6	14.0	9.3	8.0	3.8	90.7
	8	37.4	16.1	10.8	18.1	83.9
食用油	2	35.2	1.4	2.8	18.8	100.0
	4	33.6	10.4	5.0	18.2	99.9
	6	35.2	17.7	9.0	18.2	99.8
	8	64.4	23.3	41.0	17.4	99.7
花椒	0.5	43.2	1.6	0	25.1	98.4
	1.0	47.6	1.4	0	27.6	98.6
	1.5	51.6	1.4	0	29.9	98.6
	2.0	46.2	1.2	0	26.7	98.8
辣椒碱	0.2	48.4	2.3	0	28.3	97.7
	0.4	46.0	2.0	0	26.8	98.0
	0.6	47.6	2.0	0	27.7	98.0
	0.8	48.6	1.9	0	28.3	98.1
pH	3	31.2	1.6	0	18.1	98.4
	5	26.2	1.8	0	15.2	98.2
	6	31.6	1.8	0	18.4	98.2
	9	29.4	1.6	0	17.1	98.4
对照组	—	44.2	0.38	0	25.4	99.6

从表 3-9 可以看出，盐对黄粉虫生长较敏感，含盐量高于 2%，即有黄粉虫开始死亡；食用油含量对黄粉虫的死亡率也有明显影响，故在餐厨垃圾处理时，建议对于高油、高盐的餐厨垃圾，需要适当除油、脱盐处理才能正常使用。其他常见调料，对黄粉虫死亡率影响不大。常见调味品，对黄粉虫的生长无明显影响，部分调味品，如花椒、辣椒，有利于黄粉虫的取食，说明黄粉虫可以处理具有麻辣味的川渝食品。

二、处理工艺的影响

1. 餐厨垃圾投加量的影响

将 20 天虫龄的黄粉虫幼虫放入 8 个养殖盒中，各养殖盒中的虫重约 50 g，将粉碎的餐厨垃圾，设置 8 个梯度的饲料投加量：0 g、5 g、7.5 g、10 g、

12.5 g、15 g、17.5 g 和 20 g，餐厨垃圾物料的含水率控制在同一含水率 70%，含油率为 0%，将这 8 盒不同饲料投加量的虫喂养 7 天，每天进行观察记录。

研究结果见图 3-16 和图 3-17。

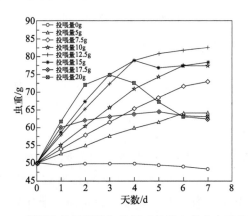

图 3-16　餐厨垃圾不同投加量下对黄粉虫幼虫虫重的影响

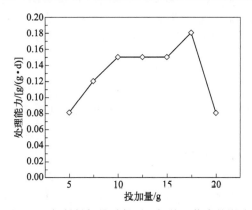

图 3-17　饲料投加量对餐厨垃圾处理能力的影响

当餐厨垃圾的投加量为虫重的 25% 以下，黄粉虫的死亡率几乎为零。当餐厨垃圾的投加量为虫重的 30% 以上时，黄粉虫开始死亡。如投加量为初始虫重的 30% 时，黄粉虫第 4 天开始死亡，第 7 天死亡率达到 3.8%，而投加量为初始虫重的 35% 和 40% 时，黄粉虫仅第 7 天死亡率就高达 5.5% 和 6.9%（图略）。故安全起见，每日投加餐厨垃圾的量应为黄粉虫重的 25% 以下。当然，如果餐厨垃圾的含水量降低，投加量可以适度增加。

从图 3-16 可以看出，投加量为虫初始重量的 0%～25% 时，黄粉虫幼虫的虫重逐渐上升，呈正常状态，投喂量超过虫初始重量的 30%（15 g）以后，黄粉虫的虫重增加量因黄粉虫的死亡而逐渐降低。主要原因是餐厨垃圾投加量少的，黄粉虫因"吃不饱"而生长缓慢，投加量多，黄粉虫生长迅速，但投加量过多会使黄粉虫幼虫来不及食用餐厨垃圾，导致虫长期生活在含水率较高的环境下或垃圾变质导致虫食用后死亡。

黄粉虫在不同饲料投加量的条件下，处理餐厨垃圾的利用率变化幅度大，最高利用率在饲料投加量为 15 g 的条件下，为 20.44%，最低利用率在饲料投加量为 20 g 的条件下为 39.77%。

饲料投加量为 5 g、7.5 g、10 g、12.5 g、15 g、17.5 g、20 g 时黄粉虫处理餐厨垃圾的处理能力见图 3-17。由图 3-17 可知，饲料投加量在 17.5 g 时处理能力最高，达 0.18 g/(d•g)。

2. 青饲料的影响

黄粉虫饲养过程中，有时经常添加青饲料，可为黄粉虫补水和维生素等。每日分别称取含水率 30%、50% 和 70% 的餐厨垃圾颗粒物料各 10 g，其含油率 0%，番茄、冬瓜、菠菜、胡萝卜、生菜、飘儿白、木耳等 7 种青饲料。青饲料的添加量为物料的 0%~60%，以 20 天虫龄的黄粉虫幼虫为实验虫，各养殖盒中初始虫重约 50 g，在 25 ℃下饲养 7 天。

实验结果见图 3-18 和图 3-19。在餐厨垃圾饲料含水率为 30% 的条件下，添加 0%~60% 青饲料，7 天内未见黄粉虫死亡（图略）。当餐厨垃圾饲料含水率为 50% 的条件下，添加 0%~30% 青饲料，7 天内未见黄粉虫死亡，但当青饲料添加量超过 40%，从第 5 天开始，陆续有黄粉虫死亡（图 3-18）。当餐厨垃圾饲料含水率为 70% 的条件下，从第 3 天开始，陆续有黄粉虫死亡（图 3-19）。从图 3-20~图 3-22 得知，在餐厨垃圾含水率为 30%~50% 的条件下，青饲料投加，有利于黄粉虫的体重增加；但餐厨垃圾含水率为 70% 的条件下，青饲料投加，初期有利于黄粉虫的体重增加，后期因黄粉虫死亡率增加，黄粉虫体重几天后迅速下降。

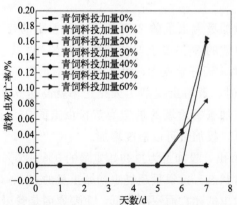

图 3-18　餐厨垃圾饲料含水率 50%，青饲料投加量对黄粉虫死亡率的影响

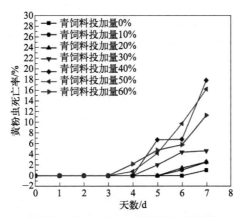

图 3-19　餐厨垃圾饲料含水率 70%，青饲料投加量对黄粉虫死亡率的影响

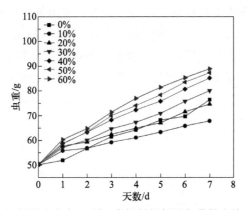

图 3-20　餐厨垃圾饲料含水率 30%，青饲料投加量与黄粉虫幼虫虫重的日变化

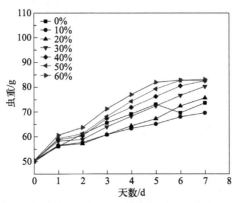

图 3-21　餐厨垃圾饲料含水率 50%，青饲料投加量与黄粉虫幼虫虫重的日变化

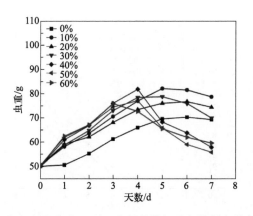

图 3-22　餐厨垃圾饲料含水率 70%，青饲料投加量与黄粉虫幼虫虫重的日变化

　　总的来说，黄粉虫处理餐厨垃圾时，是否需要添加青饲料，需看餐厨垃圾的初始含水率。对于初始含水率较高的餐厨垃圾，青饲料添加越多，黄粉虫死亡率越高。若餐厨垃圾含水率小于 30%，青饲料的添加，有利于黄粉虫的生长。

　　由图 3-23 可知，青饲料的种类对黄粉虫体重的增加影响较小，随时间增长，黄粉虫总体生长趋势为体重上升，且死亡率为 0%。因菠菜的含水率低、叶薄，在投喂过程中，菠菜里的水分易蒸发，黄粉虫不喜欢吃，所以效果略差于其他青饲料。

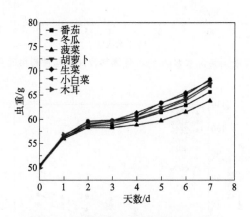

图 3-23　青饲料种类与虫重的日变化

3. 餐厨垃圾粒径的影响

　　称取含水率 70%、含油率 0% 的餐厨垃圾物料 10 g。因餐厨垃圾中的物料有大有小，故此处的颗粒大小为平均尺寸。大致分为 5 个等级：颗粒大小为完全粉

碎（粒径≤0.5cm）、粒径小（粒径0.5～1cm）、粒径较小（粒径1.0～1.5cm）、粒径较大（粒径1.5～2.0cm）、粒径大（粒径2.0～2.5cm）。青饲料的添加量为物料的0%～60%，以20天虫龄的黄粉虫幼虫为实验虫，各养殖盒中初始虫重约50g，在25℃下饲养7天。

实验结果表明：在上述5个饲料粒径条件下，黄粉虫处理餐厨垃圾的处理能力分别为[g饲料/(d·g)]0.18、0.15、0.15、0.16、0.15。故尺寸较小的颗粒，相同质量的饲料，黄粉虫更容易取食，处理速度更快。相同含水率情况下，颗粒越小，黄粉虫因处理速度快，导致黄粉虫处于较湿的环境时间越短，虫的死亡率更低，生长速度更快。

4. 虫龄的影响

研究表明，黄粉虫虫龄为20天、25天、30天的虫易饲养，自然死亡率低甚至为0；虫龄为35天、40天、45天、50天的虫自然死亡率较高，主要是因为虫龄大的黄粉虫对湿度更敏感，所以会造成死亡的情况。

处理能力：在虫龄20天、25天、30天、35天、40天、45天、50天条件下的黄粉虫处理餐厨垃圾的处理能力分别为[g饲料/(d·g)]0.25、0.20、0.30、0.19、0.21、0.19、0.20。处理能力有轻微的变化，主要是因为虫龄大的，在含水率高的环境下容易生病，发生死亡后对餐厨垃圾的利用率低，但是每一条黄粉虫每天处理餐厨垃圾的能力不同，虫龄大的处理餐厨垃圾能力强。

5. 投料间隔的影响

为了考察每天投喂餐厨垃圾的次数，将同样量的餐厨垃圾，分多次投喂，共连续实验7天，考察投料间隔对黄粉虫生长及餐厨垃圾削减率的影响。投料间隔的实验结果见表3-10。

表 3-10　投料间隔对黄粉虫处理能力的影响

组别	4h组	8h组	12h组	16h组	20h组	24h组	28h组	36h组	48h组
平均每次投料/g[①]	4.2	8.3	12.5	16.7	20.8	25	29.2	37.5	50
实验开始时虫重/g	50	50	50	50	50	50	50	50	50
实验结束时虫重/g	120.2	119.5	118.2	109.8	106.9	115.2	112.9	101.6	109.9
虫粪累计产生量/g	47.90	43.56	45.77	46.47	37.86	44.90	39.63	47.58	45.15
剩余餐厨垃圾/g	0	0	0	0	0	0	30	20.3	34.9
餐厨垃圾削减率/%	72.7	74.5	73.5	71.6	76.7	73.6	74.8	74.6	77.6
虫增重率/%	240.4	239	236.4	219.6	213.8	230.4	225.8	203.2	219.8

①因餐厨垃圾有一定黏性，每次加料不容易达到完全一致，故总量略有差异。

从上表可以看出，无论哪一种加料间隔，餐厨垃圾的削减率均达到70%以上，平均削减率为74.4%，虫的平均增长率为225.4%。在不剩余餐厨垃圾的前提下，建议每天投喂1次，以减少劳动强度。

6.厨余垃圾占比的影响

将麦麸A与菜肴类厨余垃圾B按不同比例组成混合饲料，即A∶B分别为0∶1、1∶3、1∶1、3∶1，每组混合饲料40g，投加到40g黄粉虫（4龄）中，于28℃±2℃、60%±10%的环境下饲养黄粉虫，每6天取样分析并补充新料，共实验7周[13]。实验结果过见表3-11。

表3-11　不同菜肴类厨余垃圾占比对黄粉虫幼虫参数的影响[13]

菜肴类占比	生物量增率/%	饲料利用率/%	饲料转化率/%
0	84.9±0.75ab	36.5±0.59a	39.4±0.28a
25%	87.6±4.04a	36.9±2.50a	40.1±3.07a
50%	79.7±1.91b	33.0±0.61b	37.7±1.84a
75%	67.1±1.73c	29.9±1.34b	37.4±0.63a
100%	30.8±4.99d	13.2±2.04c	20.5±3.83b

注：同列数据后小写英文字母相同代表差异不显著，字母相邻代表差异显著，字母间隔代表差异极显著。

从表中数据可以看出，当菜肴类厨余垃圾占一定比例时，有助于提高黄粉虫的生物量增率、饲料的转化率和饲料利用率。随着厨余垃圾占比的增多，这些指标不升反降。故在饲料中添加菜肴类的餐厨垃圾的比例以25%左右最佳。

三、黄粉虫处理餐厨垃圾应用实例

在前期研究的基础上，利用黄粉虫处理重庆某家庭农场和学校食堂的餐厨垃圾，处理的流程及工艺如下。

1.工艺流程

黄粉虫处理餐厨垃圾工艺流程示意图见图3-24。

2.原材料、杀菌剂、设备的准备

（1）物料混合后的湿度

$$混合物含水率\ H_3=\frac{W_1H_1+W_2H_2}{W_1+W_2}\times100\% \tag{3-9}$$

式中，W_1、W_2分别为餐厨垃圾的加入量和辅料的加入量；H_1、H_2分别为餐厨垃圾的含水率和辅料的含水率。

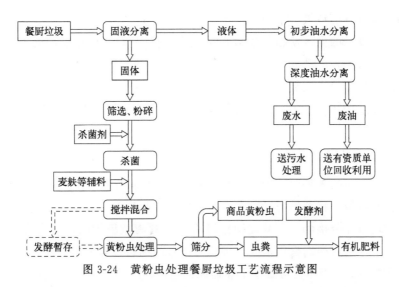

图 3-24　黄粉虫处理餐厨垃圾工艺流程示意图

说明：鉴于养殖混合物的湿度对黄粉虫生长虽有一定的影响，但不需要特别准确，故含水率最多保留小数点后 1 位即可。

（2）黄粉虫的准备　每盒称取 1 000 g 黄粉虫于 100 cm×50 cm×15 cm 规格的黄粉虫养殖盒内。重复此步骤。处理能力根据天气和温度情况确定，一般按饲料混合物料量的 3～4 倍准备。

（3）基本设备或设施的准备　干湿分离机、油水分离器、餐厨垃圾破碎机、物料混合机、养殖架、养殖盒（根据餐厨垃圾的产生量确定）。以上设备设施不限规格、型号，达到功能即可。

3.餐厨垃圾的前处理工序

（1）固液分离　将餐厨垃圾倒入餐厨垃圾干湿分离器中，静置，直至无滤液流出，停止固液分离操作。滤液从干湿分离器下方管道流入油水分离器。

（2）油水分离　滤液从干湿分离器下方管道流入油水分离器，油水分离器自动分离废油与废水。废水从油水分离器下方管道中流出，废油留在油水分离器内。分别收集与处理废油和废水，废水进入市政管道。

（3）筛选、粉碎　取出经过油水分离后的餐厨垃圾，人工筛分出黄粉虫不可饲用的组分（金属、塑料等）。打开餐厨垃圾破碎机开关，将筛分后的餐厨垃圾缓速盛放进餐厨垃圾破碎机，破碎机自动粉碎餐厨垃圾并将其混合均匀，待全部餐厨垃圾粉碎混合后关闭餐厨垃圾破碎机开关。

（4）称取经过破碎后的餐厨垃圾 10 kg，放入容器内。加入 150 mL 杀菌剂，搅拌，将其与餐厨垃圾充分混合。

（5）调节餐厨垃圾含水率同时混合物料。通过计算得到每 1 kg 餐厨垃圾需要另外投加麦麸的量。使物料的含水率调至 30％左右。将相应量的麦麸与杀菌后的餐厨垃圾倒入电动混合机内，打开机器开关，机器正向搅拌 2 min 后，调整搅拌方向为反方向再搅拌 2 min，循环 5 次，取出最终物料。

（6）若某次物料过多，可加入酵母等发酵菌剂，密封暂存。待物料缺乏时，取出使用。

4. 黄粉虫处理餐厨垃圾

（1）黄粉虫处理餐厨垃圾。取 250 g 左右（后期可按照实际取食情况适量加减）的餐厨垃圾，将其均匀撒落在养殖盒内，小幅度水平晃动养殖盒，使得黄粉虫与餐厨垃圾充分接触。重复此操作将所有的餐厨垃圾投喂，每盒每隔 24 h 进行一次投喂，也可根据操作情况，将相同质量的物料，等分为 2 或 3 份，每 12 h 或 8 h 投喂一次。养殖盒应置于干燥通风的室内。

（2）虫粪的筛分　每隔 10 日将养殖盒内全部物料倒入 0.60～0.85 mm（30～20 目）孔径筛子，水平晃动筛子，使得虫粪全部落下，待无虫粪落下后停止此操作，收集虫粪。重复此步骤直至筛分出所有养殖盒的虫粪。

（3）分盒　由于黄粉虫的不断生长，每盒的黄粉虫的重量不断增加，将筛分后的黄粉虫称重后，返回养殖盒。每盒继续保持 1 kg 左右的黄粉虫。气温偏高时，每盒的重量可以增加 20％～50％。

（4）虫粪制备有机肥　将收集到的虫粪进行好氧发酵，制备成有机肥。虫粪的发酵及制备方法，详见笔者团队前期专著《有机肥料生产·登记·施用》。

5. 黄粉虫质量检测

投喂 1 月后，随机从不同养殖盒中选取黄粉虫幼虫 1 kg，经微波干燥后，送第三方法定质检机构测试，按 GB 13078—2017 标准测试黄粉虫虫干的卫生标准，测试结果见表 3-12。从检测结果看，未检出危害成分，可以作为饲料安全应用。

表 3-12　食用餐厨垃圾的黄粉虫的卫生指标

序号	检测项目	检测方法	指标	检出限/(mg/kg)	检测结果
1	总砷/(mg/kg)	GB/T 13079—2006	≤2	0.010	未检出
2	铅/(mg/kg)	GB/T1 3080—2018	≤10	2	未检出
3	汞/(mg/kg)	GB/T 13081—2006	≤0.1	0.00015	未检出
4	镉/(mg/kg)	GB/T 13082—2021	≤2	0.08	未检出
5	铬/(mg/kg)	GB/T 13088—2006	≤5	0.15	未检出
6	亚硝酸盐/(mg/kg)	GB/T 13085—2018	≤80	—	29.1

序号	检测项目	检测方法	指标	检出限/(mg/kg)	检测结果
7	霉菌总数/(CFU/g)	GB/T 13092—2006	≤2×10^4	—	20
8	细菌总数/(CFU/g)	GB/T 13093—2006	≤2×10^6	—	8.6×10^3
9	沙门氏菌/(个/25g)	GB/T 13091—2018	不得检出	—	未检出

四、黄粉虫处理餐厨垃圾的其他方式

1. 餐厨垃圾制成干粉

有研究将厨余垃圾制作成干粉，再添加到黄粉虫的常规饲料之中，探究其处理能力。在制作的干粉中，粗灰分、粗蛋白、粗脂肪都占有很大的比例，而粗纤维含量较低（表3-13），说明这种干粉可作为黄粉虫饲料[13]。

表 3-13　餐厨垃圾干粉的组成成分[14]　单位:%（质量分数）

项目	水分（湿料）	粗灰分	粗蛋白	粗脂肪	粗纤维	含盐量	有机质
样品 1	76.34	12.28	19.78	22.62	1.73	1.33	79.65
样品 2	72.68	9.22	18.24	19.14	1.59	1.28	82.78
样品 3	78.91	11.22	18.52	21.98	1.58	1.65	83.27
平均值	75.98	10.91	18.85	21.25	1.63	1.42	81.90

此种方法的好处是餐厨垃圾干粉存储时间长，不易腐败变质，缺点是需要干燥餐厨垃圾的设备设施以及需要耗能。

2. 餐厨垃圾制成发酵饲料

餐厨有机废弃物水分大，直接饲喂，若技术掌握不好，会导致黄粉虫大范围的死亡，并加剧各种害虫的滋生、饲料发霉恶臭。因此可对餐厨垃圾进行发酵预处理。通过合适的管理和投喂比例，使餐厨垃圾变成安全的饲喂黄粉虫的饲料。先对餐厨垃圾干湿分离处理，直到餐厨垃圾整体不会有明显水渗出之时，添加发酵菌，厌氧发酵10 d左右。冬季需保温。餐厨垃圾发酵后，有淡淡的酒香味和果香味。麸皮和发酵餐厨有机废弃物以质量比4∶6的比例配比后，由黄粉虫处理。该法既解决餐厨垃圾带来的环境问题，大幅降低黄粉虫养殖的饲料成本，带来经济效益的同时，增加就业机会，实现其社会效益[14]。

3. 黑水虻-黄粉虫联合处理厨余垃圾

为了减少厨余垃圾的处理成本，只简单地将厨余垃圾分成固态部分和液态部分，无需对所有厨余垃圾进行化学和生物处理。利用黑水虻和黄粉虫两种昆虫的不同取食特性，液态厨余垃圾复配黄粉虫沙或牛粪后利用黑水虻幼虫进行转化；

固体部分复配麦麸后利用黄粉虫幼虫进行转化，减少麦麸使用降低成本，该联合方式，最大限度实现厨余垃圾高效资源化，为厨余垃圾资源化利用提供新方法[15]。

第四节　黄粉虫对果皮的转化处理

在研究了黄粉虫处理餐厨垃圾、畜禽粪便的基础上，笔者团队同时对黄粉虫处理果皮的一些情况进行了研究。

一、果皮投加

1. 投加量

一般来说，黄粉虫幼虫日处理能力为自身体重的 $10\%\sim20\%$。黄粉虫处理果皮的能力，与虫龄大小有关，且与环境温度和湿度有关。若环境湿度高且温度低的季节，需减少果皮的添加量，尤其是含水率高的果皮的投加量，另外，投喂果皮尽量切成小块效果更佳，如含水率过高，出现果汁外溢的情况，则需要稍干或拌一些基础饲料，直至不出现"明水"情况。

2. 诱食能力

黄粉虫是否喜食饲料，可以吸引黄粉虫的取食快慢、食用是否残留等为判断依据。当果皮加入试验盒中时，若黄粉虫迅速向果皮靠近并食用，说明果皮对黄粉虫有极强的诱食作用。

二、黄粉虫生长分析

1. 不同果皮对黄粉虫生长的影响

实验组：分为 5 组，每组虫的初始重量 m_1 相同，每 2 天添加一次饲料，即虫初始重量 20% 的基础饲料，同时每组分别添加虫初始重量 10% 的不同果皮，每隔一定时间，挑出死虫，记录活的黄粉虫的累积重量 m_2，同时记录黄粉虫死虫的重量 m_3。

对照组：初始虫重同实验组，每 2 天添加一次虫初始重量 20% 的基础饲料，每隔一定时间，挑出死虫，记录活的黄粉虫的累积重量 m_2，同时记录黄粉虫死虫的重量 m_3。

黄粉虫的体重增长率可按本章式（3-6）计算，即：

$$W = \frac{m_2 - m_1}{m_1} \times 100\%$$

实验结果见图 3-25。

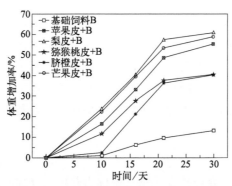

图 3-25　不同果皮对黄粉虫生长的影响

从图 3-25 中可以看出，黄粉虫食用果皮后，生长速度大大增加，尤其以梨皮组最为明显。添加果皮 30 天后，黄粉虫的体重增加率在 40%～60% 左右，最高达 60.67%，而仅以基础饲料饲喂的黄粉虫，其增长率仅为 13.2%。

2. 死亡情况

无论用哪一种饲料组合饲喂，黄粉虫均会有一定的死亡，其累计死亡率和损耗情况可根据实验数据进行计算。

黄粉虫的累积死亡率按式 3-10 计算：

$$累计死亡率 = \frac{\sum m_3}{m_2 + \sum m_3} \times 100\% \qquad (3\text{-}10)$$

由于初始加入黄粉虫的质量相同，故实际操作过程中，只需称出死虫质量即可。但是，另一个指标损耗生长比，更具有实际意义，计算公式如式（3-11）：

$$损耗生长比 = \frac{\sum m_3}{m_2 - m_1} \times 100\% \qquad (3\text{-}11)$$

造成死亡的原因有同类相残、饲料湿度过大或饲料太干、病害等，尤其是含水率过高的饲料，极易造成黄粉虫死亡，故控制含水率是黄粉虫养殖的关键因素之一。此外，死亡率受虫龄、季节、养殖环境等均有紧密的关系。添加了某些果皮后，累计死亡率更高一些，原因是局部果皮添加量过大，导致部分黄粉虫食用了含水量过多的果皮造成。仅从累计死亡率看，添加果皮似乎不划算，但从损耗生长比进行分析，用废弃的水果皮饲喂黄粉虫，其损耗生长比较低，具有较好的应用潜力（表 3-14）。

表 3-14 废弃物养殖黄粉虫的死亡、损耗生长比

项目	基础饲料 B	B＋苹果皮	B＋梨皮	B＋猕猴桃皮	B＋脐橙皮	B＋芒果皮
累计死亡率	7.7%	7.6%	6.6%	9.3%	9.0%	7.4%
损耗生长比	71.9%	23.0%	18.6%	35.7%	34.4%	21.5%

3. 蜕皮情况

黄粉虫每长大一龄，即蜕一次皮。观察黄粉虫的蜕皮情况，以便从侧面反映出黄粉虫生长的快慢。因黄粉虫虫皮薄，不易称量，且由于幼虫蜕皮后，只需短短数小时，即恢复为正常虫的颜色，所以实验定量难度大。但从黄粉虫蜕皮的难易程度看，果皮饲喂的效果更佳，黄粉虫更易蜕皮，且黄粉虫的体色光亮，身体饱满，活动力强。

4. 粪饲比

称取虫粪及其他残余养殖废弃物（统称为养殖废弃物）总的质量，记录饲料总的添加量，按下式计算粪饲比：

$$粪饲比 = \frac{粪便等废弃物总的产生量}{饲料总的投入量} \quad (3-12)$$

该参数可以反映出黄粉虫对饲料的处理情况，也能据此推算出饲喂黄粉虫时，根据饲料投入量，估算出垃圾产生的量。筛出虫粪及其他废弃物，称重，其结果见表 3-15。

表 3-15 黄粉虫处理不同水果皮废弃物产生情况（累积 1 月）

项目	基础饲料 B	B＋苹果皮	B＋梨皮	B＋猕猴桃皮	B＋橙皮	B＋芒果皮
饲料总的加量（份）	20+0	20+15	20+15	20+15	20+15	20+15
废弃物总产量（份）	10.37	11.48	11.34	11.76	12.09	11.46
粪饲比	0.519	0.328	0.324	0.336	0.345	0.327

从表 3-15 可以看出，黄粉虫食用果皮后，可额外产生的废弃物并不多，说明黄粉虫对果皮处理效果较好。

5. 含水率与脂肪含量

黄粉虫虫体的含水率、脂肪测定结果见表 3-16。

表 3-16 食用不同水果皮 1 月后黄粉虫幼体含水率

项目	基础饲料 B	B＋苹果皮	B＋梨皮＋	B＋猕猴桃皮	B＋橙皮	B＋芒果皮
含水率/%	76.7	81.1	80.2	80.7	79.4	80.3
脂肪（干基）/%	22.7	21.6	20.4	21.6	22.8	21.9

从表 3-16 数据可以看出，黄粉虫食用果皮后，其含水率略高于基础饲料组。

果皮的加入，更有利于黄粉虫的生长。

从外观看，黄粉虫体表更光滑，更有色泽，商品性更好。黄粉虫食用果皮后，整体来看，其含脂肪率略低于基础饲料组。果皮的加入，更有利于黄粉虫的生长，但果皮中含有纤维素和半纤维素，有利于黄粉虫的排空，不太利于脂肪的积累。由于黄粉虫目前主要作为饲料使用，而本身的粗脂肪含量已经较高，故脂肪含量略低，并不影响其商品价值。需要说明的是，脂肪指标与虫龄有一定关系，一般老熟幼虫的脂肪含量偏高一些。

三、其他文献报道

有研究者发现西瓜皮、香蕉皮相比于水浮萍更容易被黄粉虫幼虫所摄食，当西瓜皮和香蕉皮的比例占据饲料的 50％ 和 25％ 时，可以显著提高黄粉虫幼虫的重量，还能提早使得黄粉虫幼虫提前化蛹，减少了饲养的整体成本[16]。

傅小娇[17] 在黄粉虫标准配方的基础上，添加 0、25％、50％、75％ 和 100％ 的西瓜皮，投加到 40 g 黄粉虫（4 龄）中，于 28 ℃±2 ℃、60％±10％ 的环境下饲养黄粉虫，每 2 天按虫重比例投喂果皮，6 天记录生长并补充新料，共实验 7 周。实验结果见表 3-17。

因为标准配方湿度低，从生物增量的角度来说，在添加废弃果皮喂养黄粉虫幼虫时，这个最佳占比可以提高到 50％ 左右。但是若添加过多，会导致饲料含水率过高，使饲料霉变，影响黄粉虫的生长。

表 3-17 不同果皮类厨余垃圾占比对黄粉虫幼虫参数的影响[13]

果皮垃圾占比	生物量增率/％	饲料利用率/％	饲料转化率/％
0	198±1.78d	40.0±4.55a	24.6±0.22a
25％	361±15.5b	24.3±2.24b	19.2±2.17b
50％	387±10.4a	15.8±1.73c	12.9±1.59c
75％	350±11.9c	9.73±0.35d	8.22±0.39d
100％	357±19.9c	8.49±0.44d	6.91±0.44d

注：同列不同小写字母表示不同比例下，差异显著（$p < 0.05$）。

第五节　黄粉虫对秸秆的转化处理

近年来，我国对秸秆的处理及资源化问题愈发重视，并出台了如《农业部办公厅、财政部办公厅关于开展农作物秸秆综合利用试点，促进耕地质量提升工作的通知》《农业部关于实施农业绿色发展五大行动的通知》等多项通知和措施，旨在更深层次推进秸秆的绿色安全资源化利用。

将农作物秸秆深度处理后用于畜禽饲料的研究，目前有较多实际应用，但秸秆用黄粉虫来转化处理的研究并不多。黄粉虫处理秸秆的研究，可借鉴已有的秸秆处理为畜禽饲料的经验，但因昆虫和畜禽有截然不同的口器、消化系统，故不能照搬已有的畜禽秸秆饲料制备方法。

目前黄粉虫转化处理秸秆的方案有以下几种。

一、直接投喂

直接投喂是指将秸秆切成或粉碎成小颗粒后，与常规饲料混合后，直接拌喂。吉志新采用不同配比的麦麸 A、精料 B、玉米秸秆 C、发酵的玉米秸秆 D、以玉米秸秆为主料的长满菌丝的平菇菌包 E，对黄粉虫进行喂养[18]。实验结果见表 3-18。从表 3-18 可以看出，随着饲料里玉米秸秆的加入，黄粉虫在生长发育期间体内的粗蛋白、粗灰分、钙元素、磷元素 4 种物质的含量有明显的上升，但是不利于黄粉虫体内脂肪的积累和体重的增加。黄粉虫体重的增加量对于养殖企业来说是最为关心的指标之一，故从这个角度来说，玉米秸秆经通过简单的物理加工或微生物的轻度处理，是不适于用黄粉虫处理的，需进一步研究。

表 3-18　不同饲料组合对黄粉虫生长及营养指标的影响[18]

饲料配方	虫重/(g/只)	粗蛋白/%	粗脂肪/%	钙/%	磷/%	粗灰分/%
A	0.104 2	39.98	34.12	2.34	0.012 0	3.12
B	0.102 0	50.22	33.44	3.10	0.014 2	4.09
0.3C＋0.7B	0.054 1	60.83	23.02	2.17	0.012 9	4.60
0.4C＋0.6B	0.033 1	55.25	16.83	1.81	0.014 5	4.06
0.5C＋0.5B	0.029 4	56.22	16.43	2.06	0.010 3	7.65
0.6C＋0.4B	0.027 8	72.21	14.55	2.05	0.015 0	4.83
0.7C＋0.3B	0.019 6	46.24	25.72	5.39	0.033 6	3.68
0.7D＋0.3B	0.019 5	53.93	23.60	5.76	0.024 6	7.44
0.7E（非灭菌）＋0.3B	0.018 0	59.50	26.38	2.69	0.013 6	4.30
0.7E（高温灭菌）＋0.3B	0.017 3	62.88	24.43	1.87	0.010 8	4.82

注：为简化表格，未列出实验偏差。

据文献报道，棉花秸秆中含粗蛋白 6.5%、半纤维素 10.7%、纤维素 44.1%、钙 0.65%、磷 0.09%，粗蛋白含量是作物秸秆中较高的。有研究发现，尽管棉花秸秆、灰绿藜中也含有一定的营养物质，但采用棉花秸秆和灰绿藜与麦麸按一定比例混合饲喂黄粉虫，考察黄粉虫的体重变化情况，40 天后，凡是混有棉花秸秆、灰绿藜的实验组，黄粉虫体重增长率指标均远小于麦麸，而且会延长化蛹周期，说明棉花秸秆、灰绿藜不宜直接作为黄粉虫饲料，同时说明二者的干物质降解率较低[19]。

还有研究人员将 5 种作物的 7 种废弃物：水稻（稻草、米糠）、小麦（麦秆、麦壳）、玉米秆、花生壳、棉花秆等，粉碎为 1 cm 长的片段后，按秸秆 10 g、虫 10 g 的比例添加，考察黄粉虫对秸秆的取食情况、虫粪产生情况以及累计死亡情况，以期了解黄粉虫对各种废弃物的取食偏好[20,21]，结果见表 3-19。

表 3-19　不同秸秆喂食条件下黄粉虫的生长情况

项目	玉米秆	水稻秸秆	米糠	麦壳	棉花秆	小麦秆	花生壳
取食量/g	4.26	2.54	2.93	2.86	1.17	1.26	0.78
虫粪量/g	3.97	2.24	2.59	2.26	1.14	1.04	0.75
死亡率(30 天)/%	34.20	41.37	38.95	39.92	54.22	29.94	30.75
死亡率（60 天）/%	97.1	97.25	93.61	92.07	96.34	96.21	94.15

从表 3-19 中数据可以看出，黄粉虫对玉米秸秆具有较高的偏好性，可能是黄粉虫的咀嚼式口器更适合质地相对软一些的玉米秸秆，尤其是玉米秸秆中尚有玉米叶和玉米穰的部分，均为较酥软和营养的部分，适合黄粉虫取食。而其他秸秆无穰或叶部分，均为较硬的皮层或壳层。

以麦麸、玉米、玉米秸秆按 1∶1∶1 制备的混合饲料，再添加适量青菜叶后饲喂黄粉虫[22]，或以麦麸、玉米秸秆按 2∶3 比例饲养黄粉虫[23]，两者均在一定程度提升幼虫体重、粗蛋白等指标，但成本相对较高。

薯类秸秆是农作物秸秆总量中的第四大类秸秆，具有极高的营养价值。而红薯秸秆中含有丰富的蛋白质、还原糖、粗纤维、维生素等养分，可为黄粉虫的生长所需提供部分营养；此外，红薯秸秆中还含有大量的水分，可作为青饲料为黄粉虫提供获取水分的主要途径。

2019 年，某团队使用秸秆喂养黄粉虫，并在之后对这些黄粉虫、粪便中纤维素、半纤维素和木质素的含量进行了测量，从分子水平上表明了黄粉虫能在体内对这些秸秆进行消化和降解，说明黄粉虫可以通过摄食富含木质素、纤维素、半纤维素的废弃秸秆来维持自身生长，并在消化系统和自身肠道中完成对一部分纤维素、半纤维素和木质素的降解和转化[24]。

骆伦伦将玉米秸秆进行发酵，并与没有经过处理的玉米秸秆分别喂养同一品质与龄期的黄粉虫幼虫，在经过 28 天的喂养实验与等待中，发现发酵了的玉米秸秆实验组的黄粉虫体重没有明显变化，而没有经过任何处理的玉米秸秆实验组体重反而下降，造成这种情况可能是因为：经过发酵处理的玉米秸秆营养成分得到了显著提高，能被黄粉虫摄食，吸收到足够营养并正常生长发育，但是没有经过任何处理的玉米秸秆无法给予黄粉虫足够的营养成分，这种恶劣环境会引起同类相食来摄取营养，导致了黄粉虫整体体重的下降[20]。

张叶使用麦麸、稻米米糠、水稻秸秆、玉米秸秆、小麦秸秆和大米壳6种物质对黄粉虫幼虫进行喂养，其中以麦麸喂养幼虫的实验组作为对照组。在幼虫生长发育到一定的时期之际，除了麦麸组里的黄粉虫因为吸收了充分的营养从而能正常发育直至化蛹之外，其余使用秸秆单一喂养的黄粉虫幼虫的生长发育都不同程度地受到了抑制作用，从而也再次说明了使用秸秆单一喂养黄粉虫会使得黄粉虫因营养不良而死去。研究认为，黄粉虫所摄食的秸秆在之后分成了两部分，其中一部分被黄粉虫所消化利用，成为促进自身生长的物质，而剩下的一部分无法被消化分解，从而随着粪便一起被排出体外。经过对比添加了营养成分和没有添加营养成分但是喂养饲料却相同的实验组发现，添加了营养成分的实验组里黄粉虫幼虫的活性得到了增加，因此促使其对秸秆的消化降解能力增大，提高了对废弃秸秆的处理效率[25]。

二、微生物发酵处理

（一）酵母菌发酵

笔者团队研究了在不同条件下（温度、发酵时间、水分、尿素、蔗糖、有氧或无氧发酵），利用酵母菌发酵干玉米秸秆，并利用发酵玉米秸秆饲喂黄粉虫，考察黄粉虫食用发酵秸秆后的体重增加和死亡情况，为玉米秸秆发酵后能否作为黄粉虫饲料提供依据[26]。

1. 发酵过程

按均匀设计方案，分别称取0～0.12份安琪酵母粉，加入蒸馏水和蔗糖，搅拌均匀，活化15 min后，然后加入0～0.12份尿素，得菌悬液。将20份干秸秆颗粒加入菌悬液，并混合均匀，进行有氧发酵；或者将混合物密封，进行无氧发酵。于30 ℃条件下发酵1～13天后取出，风干，用作黄粉虫饲料。

2. 指标考核

将黄粉虫分为若干组，准确称取每组的重量，每组重量大致相同，分别加入发酵的玉米秸秆，以等量的未发酵和麦麸为对照组，考察黄粉虫累计增重、累积死亡率。每组室温累计实验20天，试验结束时，测试最优组的黄粉虫脂肪和粗蛋白含量。

3. 实验结果

在未加青饲料的情况下，黄粉虫死亡率普遍在 5％～20％之间，累积虫增重率在 16％～30％之间。需要说明的是，此种情况与外部环境及试验虫有关。通过直观分析，初步得出以下三组较优：有氧发酵，第 9 组（发酵时间 9 天，玉米秸秆 20 份、水 20 份、尿素 0.06 份、蔗糖 0.6 份、酵母菌 0.11 份）生长较好；而在无氧条件下，第 3 组（发酵时间 3 天，玉米秸秆 20 份、水 45 份、尿素 0.1 份、蔗糖 0 份、酵母菌 0.03 份）、第 10 组（发酵时间 10 天，玉米秸秆 20 份、水 25 份、尿素 0.01 份、蔗糖 3.3 份、酵母菌 0.08 份）生长情况较好。对上述 3 组配方，以麦麸和未发酵的玉米秸秆为对照，再次进行验证试验，结果如图 3-26。

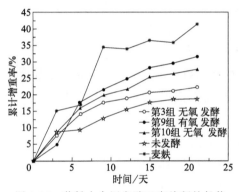

图 3-26　黄粉虫食用发酵玉米秸秆的长势

从图 3-26 可以看出，用发酵的玉米秸秆比未发酵的饲喂效果要好很多，但仍然低于麦麸组。较优的玉米秸秆发酵方案为有氧发酵的第 9 组配方。测得用发酵玉米秸秆（第 9 组，有氧）喂食、麦麸喂食的黄粉虫，其体内的粗脂肪含量分别为 25.64％、24.08％，粗蛋白为 43.72％、42.92％，仅从这两项指标判断，利用酵母菌发酵玉米秸秆喂食黄粉虫有一定效果，但仅凭单一菌种和单一秸秆发酵得到的玉米秸秆饲料饲喂黄粉虫，使其体重增加缓慢，需辅之以其他手段，且未食用完毕的秸秆，分离有一定的难度。

4. 其他文献情况

吕树臣等用酵母对（已枯黄的）玉米秸秆进行发酵处理后，随即将购买的黄粉虫分为 5 组，其中一组使用全麦麸进行喂养，而其他 4 组分别以麦麸 A 与发酵玉米秸秆 B 按一定配比进行喂养，并加入适量的蔬菜菜叶用于补充黄粉虫必需的水分，实验结果如表 3-20。从表 3-20 可以看出，当发酵玉米秸秆在整体饲料的占比为 60％时，黄粉虫的死亡率最低，粗灰分和粗蛋白积累量最大，而且体重的增长率也最高，各项生长指标与麦麸组（对照组）相近，是最适合饲喂黄粉虫的饲料配比[27]。

表3-20　麦麸和发酵玉米秸秆不同比例饲料对黄粉虫幼虫生产性能的影响[27]

项目	A	60％A+40％B	40％A+60％B	20％A+80％B	B
日增重/g	0.196	0.190	0.190	0.165	0.146
日增长/mm	2.500	2.420	2.430	1.850	1.790
粗灰分/％	2.850	2.830	2.820	2.700	2.580
粗蛋白/％	34.060	33.930	33.900	28.090	25.940
死亡率/％	6	5	3	5	6

注：为简化表格，未列出实验偏差。

（二）复合菌发酵

1. 发酵饲料的制备

前期研究证实，秸秆用单一菌发酵后，由黄粉虫处理，效果一般。笔者团队曾将风干的玉米秸秆碎为粒径 2~4 mm 的颗粒后，混合碳酰胺，加入白腐菌、嗜热侧孢霉、黑曲霉、米曲霉、里氏木霉和酵母菌后进行 12 天的好氧发酵，得到发酵的玉米秸秆 A。另将新鲜的红薯秸秆 100 份与 0.5 份的酵母混合，密封发酵 30 天，得到发酵的红薯秸秆 B。常规饲料 CK 组为麦麸 70 份，玉米粉 25 份，大豆粉及其他辅料共 5 份。

2. 饲喂效果

三种饲料以不同比例进行配比，然后对龄期、状态相同的黄粉虫进行喂养。每 3 天投一次饲料，投料量为虫体重的 20％。20 天后，考察虫生长、饲料转化等情况。结果见表3-21。

从表 3-21 可以看出，在整个喂养的实验过程中，发现若不加常规饲料，仅是两种秸秆的配方 7 和配方 10，黄粉虫生物量增率很低。原因可能是玉米秸秆与红薯秸秆的营养成分含量有限，不能满足黄粉虫生长所需。生物量增量最高的是实验组 4（该实验组以常规饲料为主，未添加玉米秸秆），达到了 41.91％，超过了 CK 组，这说明在常规饲料中加入一定量的红薯秸秆更有利于黄粉虫生长，这是因为发酵过的红薯秸秆中含有大量的水分以及黄粉虫生长所需的维生素等营养，改善了饲料中的营养成分及其含量，有利于黄粉虫的生长发育。但红薯秸秆在饲料中占比越高，黄粉虫的死亡率也越高。红薯秸秆的含量对黄粉虫的死亡率有着较为显著的影响。这是因为红薯秸秆的含水率较高，过多的水分容易产生较大的个体，在其他幼虫蜕皮或化蛹时常常将其咬死或咬伤，从而影响黄粉虫的存活率；此外，过多的水分，也容易滋生病菌，也有可能导致黄粉虫的死亡率升高。实验再次表明了仅使用农作物的废弃秸秆喂养黄粉虫是不可行的，与前文的结果一致。

由表 3-22 可看出，不同混料配方对黄粉虫体内 SOD 活力的影响不同。在 11 个实验组中，实验组 4 的黄粉虫体内的 SOD 活力最高，达到了 320.99 U/g，高于王洪亮团队所测定的幼虫高龄阶段的 SOD 活力[28]；而 SOD 活力最低的是实验组 2，只有 111.74 U/g。此外，除实验组 1、2 以外，9 个实验组的 SOD 活力均高于 CK 组，这说明复合饲料比单一的常规饲料更有利于提高黄粉虫体内 SOD 的活力。

表 3-21　不同饲料配方黄粉虫生长、生理及饲料利用情况[29]

配方编号	A占比	B占比	CK占比	生物量增率/%	死亡率/%	体长/mm	含水量/%	饲料利用率/%	饲料转化率/%
1	0.240 6	0.617 1	0.142 3	34.95	3.10	18.89	74.99	32.49	51.43
2	0.140 6	0.402 3	0.457 0	38.06	3.10	20.28	70.19	34.09	57.82
3	0.590 6	0.267 1	0.142 3	26.56	2.34	21.26	71.48	29.96	65.07
4	0.000 0	0.370 6	0.629 4	41.91	2.92	20.34	69.03	35.87	56.51
5	0.140 6	0.617 1	0.242 3	36.15	3.26	20.08	73.08	32.70	50.00
6	0.306 3	0.100 0	0.593 7	32.05	2.31	21.05	66.45	31.98	68.31
7	0.900 0	0.100 0	0.000 0	13.40	2.52	19.55	72.43	23.08	26.95
8	0.000 0	0.800 0	0.200 0	35.00	3.65	20.30	74.58	30.58	40.70
9	0.281 3	0.434 1	0.284 6	34.95	2.71	19.74	72.40	33.90	59.60
10	0.200 0	0.800 0	0.200 0	10.04	4.05	20.67	78.48	9.42	13.20
11	0.293 8	0.267 1	0.439 2	36.31	1.55	20.11	67.80	34.95	68.00
CK	0.000 0	0.000 0	1.000 0	36.26	3.55	20.54	63.09	32.33	61.78

表 3-22　不同饲料配方黄粉虫生长、生理及饲料利用情况（干物质）[29]

编号	粗脂肪/%	粗蛋白/%	可溶性蛋白/%	SOD活性/(U/g)	总糖/%	磷/%	锰/(mg/kg)	铁/(mg/kg)	钾/(mg/kg)	锌/(mg/kg)	铜/(mg/kg)	灰分/%
1	10.06	63.26	15.48	131.25	1.95	1.18	15.30	239.52	4548.26	173.22	23.22	6.22
2	16.48	62.43	15.15	111.74	2.48	0.99	13.25	142.43	2442.56	155.67	15.98	5.38
3	8.22	56.34	15.79	200.64	2.27	1.14	21.16	132.22	5791.55	191.68	24.76	5.98
4	17.41	56.25	12.79	320.99	2.87	1.01	20.23	117.78	1537.70	159.63	22.08	5.20
5	10.45	53.28	12.46	204.19	2.10	1.14	15.44	216.11	5070.59	171.90	23.60	5.58
6	17.35	51.30	14.47	262.66	1.85	1.07	18.12	113.73	2906.07	180.64	19.00	5.12
7	7.44	48.95	12.92	274.68	2.07	1.29	14.22	136.32	2996.21	209.66	29.02	4.93
8	10.31	58.50	14.28	139.35	2.34	1.09	10.19	160.86	6164.94	174.55	22.69	4.92

续表

编号	粗脂肪/%	粗蛋白/%	可溶性蛋白/%	SOD活性/(U/g)	总糖/%	磷/%	锰/(mg/kg)	铁/(mg/kg)	钾/(mg/kg)	锌/(mg/kg)	铜/(mg/kg)	灰分/%
9	12.12	62.74	18.11	261.53	2.47	1.08	21.23	142.27	4767.66	181.69	22.76	6.83
10	7.74	61.22	12.88	267.18	2.33	1.39	14.63	185.65	6756.36	224.40	30.59	5.52
11	18.07	54.19	14.49	235.68	2.04	0.99	20.51	143.00	3743.75	161.91	21.91	5.50
CK	15.78	49.80	13.10	134.30	3.05	1.02	15.31	113.96	1697.20	152.89	21.76	7.58

实验组与对照组（CK）的黄粉虫体内灰分含量均较高，但所有实验组的灰分含量均低于CK组（7.58%）。由于矿物质是灰分的主要成分，所以造成实验组的灰分含量低于CK的可能原因是麦麸中的矿物质含量较高，而玉米秸秆与红薯秸秆的矿物质含量相对较低。锰含量最高的为实验组9，铁含量最高的为实验组1，钾、锌、铜含量最高的均为实验组10。其中，大部分实验组的微量元素含量均高于CK，这说明黄粉虫饲料中加入玉米秸秆、红薯秸秆可增加黄粉虫幼虫体内的营养元素含量。

经回归分析，证实对黄粉虫死亡率的影响顺序为：红薯秸秆B＞玉米秸秆A＞常规饲料CK。

3. 配方优化与验证

为了准确求出生物量增率最大、死亡率最小的设置，使用响应优化器进行设计。Minitab软件中的响应优化器是解决实验设计中遇到多目标问题的有力工具。利用Minitab软件，对常规饲料CK、发酵玉米秸秆A、发酵红薯秸秆B进行极端顶点混料试验设计、优化及验证之后，确定使用这两种秸秆与常规饲料所混合的最佳配方。

从软件的"统计—DOE—混料—响应优化器"入口，按照表3-23设置参数。可以得到一个优化结果，但这个优化结果，未考虑实际的一些情况，如黄粉虫幼虫的虫龄、环境温度、环境湿度、养殖成本等。在考虑这些实际情况后，尤其是黄粉虫的处理成本以及试验目的（能够以较低的成本使黄粉虫的生物量增率最大），我们设定黄粉虫的生物量增率为40.1%、死亡率为2.9%，此时优化出相对应的CK、A、B的比率分别为0.3724、0.2072、0.4204。

表 3-23 响应优化器设置情况

响应	目标	下限	望目	上限	权重	重要性
生物量增率/%	望大	10	50	—	1	1
死亡率/%	望小	—	1	4	1	1

为确定最终的优化配方，选择前期试验较好的 3 组再次优化验证，各混料组成见表 3-24。N1 是 Minitab 软件优化的结果；N2 是前期试验中生物量增率与 N3 相接近而成本较低的一组；N3 是混料实验中生物量增率最高的一组；CK 是对照组，饲喂 100％普通饲料。饲喂 20 天后，黄粉虫的生长情况和饲料的转化情况见表 3-24。

表 3-24　优化后的混料配方[29]

配方	CK 占比	A 占比	B 占比	饲料成本①/(元/kg)	生物量增率/％	死亡率/％	饲料利用率/％	饲料转化率/％	含水率/％	粗蛋白含量/％
N1	0.372 4	0.207 2	0.420 4	0.90	32.52	0.600	30.13	60.94	61.85	45.70
N2	0.457 0	0.140 6	0.402 3	1.05	30.04	0.798	27.13	53.40	61.72	46.12
N3	0.629 4	0.000 0	0.370 6	1.36	27.79	0.599	24.70	58.49	62.21	45.13
CK	1.000 0	0.000 0	0.000 0	2.09	25.17	0.998	22.60	72.04	59.80	48.25

①成本随市场价格波动。

从表 3-24 可知，N1 的生物量增率最高，而 CK 组的生物量增率最低，这可能是 N1 组添加了一部分红薯秸秆和玉米秸秆，红薯秸秆中有丰富的维生素等微量元素，同时玉米秸秆中也含有一定的糖类和蛋白，从而丰富了常规饲料的营养配比；另外，玉米秸秆中含有一定的纤维素，而纤维素的摄入可促进黄粉虫肠道的蠕动，使其摄食量增加。营养指标方面，CK 组的含水率最低，蛋白质含量最高，而其他三组相差甚微，同 CK 相差也不大，说明 3 个实验组的混料配比不影响黄粉虫的蛋白质含量。

N1 组黄粉虫生物量增率为 32.52％，未达到 Minitab 软件的理论优化结果（40.1％），且生物量增率等指标与前期试验数据（表 3-21）不一致，是因为验证试验与混料设计试验两次试验的黄粉虫幼虫龄数、环境条件等因素不同，所以利用生物量增率相对比值对两次实验数据进行比较。由表 3-24 可知，验证试验中 CK 组的生物量增率为 25.17％，生物量增率相对比值（N1/CK）为 1.29；而由表 3-21 可知，混料设计试验中 CK 组的生物量增率为 36.26％，生物量增率相对比值（优化结果/CK）为 1.11；从而可知，优化实验是具有实际效果的。

综上所述，最优混料配方为：常规饲料 CK 37.24％、发酵玉米秸秆 A 20.72％、发酵红薯秸秆 B 42.04％。以此配方喂养黄粉虫能减少饲料成本，而且死亡率不会受到影响，同时加快了黄粉虫的生长速率，秸秆的处理量较大，黄粉虫的商品性也比较好。

4. 其他文献情况

还有研究人员将玉米秸秆粉碎为约 1 cm 的片段，然后用酵母发酵，方法为：

2 g 酵母粉和 10 g 蔗糖与 200 mL 蒸馏水搅拌均匀，活化 15 min 后，加入尿素 1 g，得酵母悬浮液。500 g 秸秆片段与 200 mL 酵母菌悬浮液混合并搅拌均匀，装入菌种瓶中，以透气海绵塞封闭菌种瓶口，在 30～34 ℃条件下有氧发酵 9 d 后取出，晒干或风干，得酵母发酵玉米秸秆（Y）。参照某品牌发酵剂说明书对玉米秸秆进行无氧发酵处理后，烘干备用，得发酵秸秆（G）。以未发酵的玉米秸秆（CK）作为对照。黄粉虫取食 CK、Y 和 G，28 d 时的存活率分别为 81.1%、85.6% 和 84.5%，体重增长量分别为约 － 0.5 mg、0.45 mg 和 2.63 mg。故黄粉虫处理玉米秸秆时，应先发酵处理，且持续处理时间不宜过长[21]。

（三）青贮玉米秸秆

上文所使用的玉米秸秆处理方式存在以下缺点：

① 处理方式较为复杂；

② 菌种添加种类繁多；

③ 处理后的秸秆饲料水分蒸发较快，养殖盒中会剩余较多的干秸秆饲料不能被黄粉虫充分食用。

针对以上缺点，笔者团队考虑用青贮的方式处理玉米秸秆。

青贮玉米秸秆有以下优点：

① 青贮饲料在制备过程中氧化分解作用弱，养分损失少（3%～10%）。而自然风干过程中，由于植物细胞并未立即死亡，仍在继续呼吸，需消耗和分解营养物质，当达到风干状态时，营养损失约 30% 左右。如果在风干过程中，遇到雨雪淋洗或潮湿气氛，则可能发霉变质。

② 发酵后的青贮饲料产生的乳酸、醋酸及醇类具有气味芳香、柔软多汁、适口性好等特点。

③ 整株秸秆（包括秆、茎、叶）都可用于青贮，秸秆的绿色和叶片可以保存下来。

④ 青贮饲料可贮藏多年，这样可以使青绿饲料在不同时间内均衡利用。

⑤ 因作物秸秆具有季节性，青贮有利于及时保鲜秸秆。

基于前面的分析，笔者团队以玉米秸秆青贮的方式，代替上文中以风干玉米秸秆多菌发酵的方式[30]。

1. 制备流程

（1）收获后的新鲜玉米秸秆，粉碎。

（2）将 50 份发酵剂放入 1 000 份红糖水中（水∶糖＝1∶1）并搅拌均匀，

然后再倒入 4 500 份水，装入塑料壶中，盖上盖子密封 4 天。4 天后闻到酸香味或酒香味时，证明发酵剂已激活成功。

（3）将激活好的菌液均匀喷洒到 15 000 份玉米秸秆（或红薯秸秆）上，并装入发酵袋中，边加边压实，最后，发酵袋密封后置于常温条件下进行 45 天的发酵处理。

2. 质量评价

青贮秸秆饲料质量等级评定采用综合评分法进行，其评分项目及等级见表 3-25。

表 3-25　青贮秸秆饲料质量等级综合评分标准[30]

项目	气味	色泽	质地	pH 值	水分含量
配分	25	20	10	25	20
优等	果香、酸香味，给人以舒适感（18~25）	青绿色，有光泽（14~20）	整体紧密，茎叶花明显，略湿润、不黏手、易分离	3.4（25） 3.5（23） 3.6（21） 3.7（20） 3.8（18）	70%（20） 71%（19） 72%（18） 73%（17） 74%（16） 75%（14）
良好	淡酸味（9~17）	黄绿色（8~13）	部分紧密，茎叶花部分明显，水分稍多	3.9（17） 4.0（14） 4.1（10）	76%（13） 77%（12） 78%（11） 79%（10） 80%（8）
一般	刺鼻酸味，令人感到不适（1~8）	黄棕色（1~7）	整体不紧密，略有黏性	4.2（8） 4.3（7） 4.4（6） 4.5（5） 4.6（3） 4.7（1）	81%（7） 82%（6） 83%（5） 84%（3） 85%（1）
劣等	霉烂腐臭味（0）	暗棕色或黑色（0）	整体松散，污泥状、腐烂发黏	≥4.8	≥86%（0）
总分值及等级	优等（特级），100~76	良好（一级），75~51	一般（二级），51~26	劣等（三级），<25	

注：括号内的数值表示得分。

发酵结束后，两种青贮秸秆饲料的质量等级见表 3-26。

表 3-26　两种青贮秸秆饲料的评分情况[30]

项目	气味	色泽	质地	pH 值	水分含量	得分总和	等级评定
青贮玉米秸秆 E	22	18	9	23（3.5）	16（74.08%）	88	优级
青贮红薯秸秆 F	20	18	8	21（3.6）	11（78.43%）	78	优级

注：括号内为对应项的测定结果。

从表 3-26 可知：玉米秸秆和红薯秸秆经青贮发酵后，质量等级都能达到优级标准。两组秸秆饲料的各项指标优良，表现为两组青贮秸秆饲料都能给人以一种舒适的酸香味，饲料保持青绿色，略湿润但不粘手、整体紧密、茎叶花明显；pH 值都在 3.8 以下，水分含量都在 80% 以下。而红薯秸秆的综合评分低于玉米秸秆，归因于发酵前的红薯秸秆水分含量就要高于玉米秸秆（经测定，红薯秸秆初始水分含量为 84.37%，玉米秸秆为 79.72%），而过高的水分含量会降低秸秆饲料的青贮品质。

3. 单一秸秆

将 E、F 两种秸秆单独饲喂黄粉虫，以麦麸 CK 为对照组，结果见表 3-27。

表 3-27　单一秸秆饲养黄粉虫的生长指标的影响[30]

实验组	生物量增率/%	死亡率/%	饲料利用率/%	饲料转化率/%
青贮玉米秸秆 E	17.78	2.41	20.94	24.72
青贮红薯秸秆 F	14.63	2.83	16.37	22.65
CK（麦麸）	24.57	1.05	25.44	67.37

从表 3-27 可以得出结论：以青贮处理的秸秆饲料用于饲养黄粉虫，具有一定的效果，但效果远不如黄粉虫的常规饲料。相比之下，黄粉虫的生物量增率较低、死亡率较高，对饲料的利用率和转化率也均较差。表明仅用青贮后的秸秆饲喂黄粉虫是不可行的，原因可能是饲料成分过于单一，黄粉虫会产生消化不良等情况；并且秸秆的营养成分有限，不能满足黄粉虫的生长发育所需。

4. 混合饲料

基于极端顶点设计，以常规饲料麦麸（CK）、青贮玉米秸秆（E）、青贮红薯秸秆（F）三者进行混料后的配方饲养黄粉虫，11 组不同混料配方（表 3-28）对黄粉虫生物量增率、死亡率、饲料利用率及转化率的影响分别见图 3-27～图 3-30。

表 3-28　基于极端顶点设计的配方表[30]

编号	CK（麦麸）	E（青贮玉米秸秆）	F（青贮红薯秸秆）
1	0.459 1	0.137 5	0.403 4
2	0.145 2	0.587 5	0.267 2
3	0.457 6	0.275 2	0.267 2
4	0.624 7	0.275 3	0.100 0
5	0.627 7	0.000 0	0.372 3
6	0.145 2	0.237 5	0.617 2
7	0.000 0	0.200 0	0.800 0
8	0.290 5	0.275 1	0.434 5

编号	CK（麦麸）	E（青贮玉米秸秆）	F（青贮红薯秸秆）
9	0.245 2	0.137 5	0.617 2
10	0.200 0	0.000 0	0.800 0
11	0.000 0	0.900 0	0.100 0
12（CK）	1.000 0	0.000 0	0.000 0

（1）生物量增率　从图 3-27 中可以看出，黄粉虫生物量增率最低的为实验组 11 号（青贮玉米秸秆比例为 90%），仅为 13.41%；其次为实验组 7 号（红薯秸秆比例为 80%），为 20.08%；表明仅用玉米秸秆或红薯秸秆单一饲喂黄粉虫是不可行的（与实验前期的结果一致），需要与常规饲料搭配饲喂。实验组 5 号的生物量增率最高，为 29.19%，表明一定量的红薯秸秆和常规饲料混合后有利于黄粉虫的生长，归因于青贮后的红薯秸秆中含有较多的水分以及部分的纤维、维生素等养分，丰富了饲料中的营养成分，从而有利于黄粉虫的生长。此外，取食实验组 1、3、6、8、9 和 10 号配方的黄粉虫生物量增率均高于 CK 组，表明在常规饲料中加入一定量的青贮秸秆更有利于黄粉虫生长；而且将秸秆添加于常规饲料中定会降低黄粉虫的饲养成本。因此，在黄粉虫的养殖过程中，应当混合多种饲料且比例适宜的饲料用于饲喂黄粉虫，从而满足黄粉虫的生长发育。

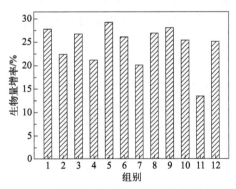

图 3-27　不同混料配方对黄粉虫生物量增率的影响

（2）死亡率　从图 3-28 中可以发现，整个混料试验中，黄粉虫的死亡率最高的两组分别是实验组 7 号和 11 号，表明仅添加秸秆饲喂黄粉虫会导致较高的死亡率。此外，混料试验中出现了黄粉虫的死亡率随着红薯秸秆的占比增大而升高的情况，原因是红薯秸秆中过高的含水量导致了黄粉虫死亡率的升高。而死亡率最低的三组排序是：3 号＜CK 组＜4 号，其中，实验组 3 号的死亡率仅为 1.11%，并且与另外两组的死亡率相差不大，表明了一定比例的混合饲料（常规饲料＋玉米秸秆＋红薯秸秆）有利于黄粉虫的存活。

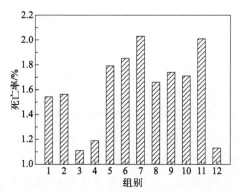

图 3-28　不同混料配方对黄粉虫死亡率的影响

　　综上所述，在黄粉虫的常规饲料中添加过多的秸秆将不利于黄粉虫的增重与存活。相对而言，实验组 1 号和 9 号的配方搭配更为合理，表现为黄粉虫的生物量增量较高且死亡率较低，表明了这两组更加有利于黄粉虫的增重和生存。

　　（3）饲料利用率与饲料转化率　由图 3-29 可以看出：在 11 组混料实验组中，实验组 5 号的饲料利用率与饲料转化率最大；其中，饲料利用率达到了 30.85%，远超 CK 组的 23.46%。联合图 3-27 和图 3-28 可以发现：饲料利用率和转化率最高的实验组 5 号，黄粉虫的生物量增率也最高；饲料利用率和转化率较低的实验组 7 号和 11 号，黄粉虫的生物量增率也较低。

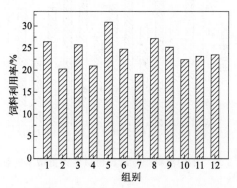

图 3-29　黄粉虫对不同混料配方的饲料利用率情况

5. 响应优化及验证混料配方

　　（1）响应优化器　从 Minitab 软件的响应优化器中"统计—DOE—混料—响应优化器"进入，按照表 3-29 设置，得出常规饲料：青贮玉米秸秆：青贮红薯秸秆的比率为 0.451 7：0.209 1：0.339 2 时，黄粉虫的生物量增率将达到 27.72%，死亡率为 1.44%，复合合意性为 0.588 3。

表 3-29　响应优化器设置情况

响应	目标	下限	期望目标	上限	权重	重要性
生物量增率/%	望大	10	50		1	1
死亡率/%	望小		1	3	1	1

事实上，在实际中会考虑一些具体影响因素，如不同生长阶段、环境温度、湿度、养殖成本等，尤其是黄粉虫的养殖成本以及试验目的（以较低的成本使黄粉虫的生物量增率最大），实验组在响应器中设定黄粉虫的生物量增率为29.21%、死亡率为1.63%，此时相对应的常规饲料 CK、青贮玉米秸秆 E、青贮红薯秸秆 F 的比率为 0.3893、0.1278、0.4829。

（2）混料配方优化验证　为确定最终的混料配方，选择效果较好的 4 组进行优化验证。N1 是根据实验目的（以较低成本使黄粉虫的生物量增率最大）在 Minitab 中优化的结果；N2 是 Minitab 软件自动优化的结果；N3 和 N4 是表 3-28 混料试验中的两组（分别为配方编号 5 和 6），前者是生物量增率最高的一组，后者是生物量增率与麦麸饲养的黄粉虫的生物量增率相接近而成本较低的一组；CK 是对照组，饲喂麦麸饲料。饲喂 21 天后，黄粉虫的生长指标见表 3-30。

表 3-30　验证响应优化器的混料配方

编号	常规饲料占比/%	玉米秸秆占比/%	红薯秸秆占比/%	饲料成本[①]/(元/kg)	生物量增率/%	死亡率/%	饲料利用率/%
N1	38.93	12.78	48.29	0.85	33.74	0.86	32.02
N2	45.17	20.91	33.92	0.97	30.27	0.91	29.82
N3	62.77	0	37.23	1.30	28.96	1.60	29.27
N4	14.52	23.75	61.72	0.40	26.42	1.73	24.55
CK	100	0	0	2.00	25.31	1.07	22.36

①原料成本参考本书写作时的价格。

由表 3-30 可知，经过 Minitab 优化后，N1 和 N2 组的生物量增率、饲料利用率皆高于其他组别，且死亡率也低于其他组别，表明混料配方的优化实验是具有实际效果的。其中，经实际情况优化后的 N1 配方效果最佳，表现为此配方下的生物量增率和饲料利用率最高，归因于秸秆中含有一定的糖类、蛋白质、纤维素和丰富的维生素等微量元素，丰富了饲料的营养配比，增加了黄粉虫的摄食量。饲料成本方面，虽然 N4 配方的成本最低，但用此配方饲喂的黄粉虫，其生物量增率和饲料利用率最低，而且死亡率又为最高，故此配方不能作为黄粉虫饲养的较佳配方。

综上所述，通过 N1 配方饲养的黄粉虫生长效果最佳，其生物量增率和饲料利用率均高于 CK 组，且死亡率又低于 CK 组。此外，考虑到 N1 配方的饲料成本较低，相比于常规饲料的成本降低了57.50%，故确定N1配方为最佳的黄粉虫混料配方，即为：常规饲料38.93%、青贮玉米秸秆E 12.78%、青贮红薯秸秆F 48.29%。

由表3-30可知，验证试验中CK的生物量增率为25.31%，生物量增率相对比值（N1/CK）为1.33；而由图3-27可知，混料设计试验中第5组的生物量增率为29.19%，生物量增率相对比值（优化结果/CK）为1.16；从而可知，优化实验是具有实际效果的。

6. 风干发酵秸秆与青贮秸秆效果对比（表3-31）

表3-31　风干发酵秸秆与青贮秸秆效果对比

最佳配方	普通饲料∶发酵玉米秸秆∶发酵红薯秸秆	饲料成本估算/(元/kg)	生物量增率相对比值（N1/CK）	死亡率/%	饲料利用率/%	饲料转化率/%
风干	0.3724∶0.2072∶0.4204	0.90	1.29	0.60	30.13	60.94
普通饲料	1∶0∶0	2.09	1	0.998	22.06	72.04
青贮	0.3893∶0.1278∶0.4829	0.85	1.33	0.86	32.02	61.44
普通饲料	1∶0∶0	2.00	1	1.07	22.36	70.84

从表3-31可以看出，青贮秸秆与风干秸秆相比，青贮的效果稍好于风干秸秆。

三、碱处理

徐世才等[22]将玉米秸秆先进行了碱处理，然后混合麦麸、玉米粉将其作为饲料用于喂养黄粉虫，最终发现在麦麸、玉米粉、玉米秸秆的比例达到10∶7∶3之时，会使得黄粉虫幼虫的体重增量最大，而且另外添加一定量的蔬菜菜叶，还可以进一步加快黄粉虫幼虫质量的增长速率，从而侧面地缩短了黄粉虫整体的生长周期，这能有效降低黄粉虫的饲养成本，提高对废弃秸秆的处理效益。

四、存在的一些问题分析

从目前来看，黄粉虫转化处理秸秆有一定成效，具有一定的转化潜力，但仍有改进的空间，需要进一步探讨、解决问题：

① 利用处理过后的农业秸秆喂食黄粉虫幼虫，其粗蛋白和部分微量元素有所增加，但长时间以农业秸秆作为主要饲材会导致其生长缓慢。

② 黄粉虫食用秸秆后会残留一部分不能饲用部分，如表皮层、近表皮层，主要成分为性质稳定的纤维素、半纤维和木质素，当黄粉虫饲用秸秆后，由于残

渣的存在，给幼虫的分离带来一定的困难，在今后的研究中需要重点解决这一问题。对表皮层进一步研究，以实现秸秆的最大化的资源化利用，建议可将这些不能饲用的部分作腐殖酸、生物有机肥、基质等的原料。

③ 秸秆具有一定的季节性，应在秸秆收获期抓紧进行发酵处理。

④ 因受秸秆采收的季节、来源、品种等因素的影响，可导致发酵秸秆的品质有一定的波动，从而导致黄粉虫生长情况随之波动。

⑤ 无论是本项目的混料配方还是传统配方饲养黄粉虫，均会产生虫粪等残渣，如不及时处理，会带来一定的环境问题，建议将虫粪等残渣作为生物有机肥等的原料。

⑥ 低龄幼虫建议以传统配方为主，这更利于其咀嚼。幼虫食用新配方饲料之前需一定的适应期，养殖户应逐步加大秸秆饲料的投料量。

⑦ 因黄粉虫口齿不发达，发酵秸秆饲料应含有一定的水分，如果水分含量过少，可提前喷洒少量的水在秸秆饲料表面，待饲料回潮后再饲喂黄粉虫。

⑧ 该技术的最大障碍之一可能在于制备发酵饲料过程，有一定的劳动强度或粉尘，若无明显的外力，在实际中应用有一定的难度。

第六节　黄粉虫对塑料的转化处理

由于非降解性塑料不易生物降解，形成威胁环境的"白色污染"。目前处理这些废旧塑料的主要方法有填埋法、焚烧法、化学处理法等，其生物降解的研究报道很少。作为一种资源昆虫，目前已有媒体报道了黄粉虫分解塑料的情况，如王哲对黄粉虫肠道内可降解塑料的微生物进行筛选，对取食塑料后的黄粉虫肠道微生物多样性进行研究，从黄粉虫取食塑料能力及取食塑料后自身生长情况两个方面对黄粉虫取食塑料的相关研究进行了综述[31]。总地来说，黄粉虫对聚苯乙烯和聚乙烯的转化处理研究相对较多。

一、黄粉虫对塑料的选择性

黄粉虫对塑料的形态有选择性。一般撕裂强度低的塑料更容易被黄粉虫食用。周尔康团队选用同一龄期的黄粉虫，让它们分别摄食日常生活中常见泡沫聚苯乙烯（EPS）、保鲜膜聚乙烯（PE）、珍珠棉聚乙烯（EPE，又称聚乙烯发泡棉）、泡沫聚乙烯（EPE）等四种塑料，发现夏季黄粉虫进食塑料的速度远远高于冬季，黄粉虫更倾向于取食其中的泡沫塑料，可能与其咀嚼式口器有关，无法嚼碎坚硬的食物[32]。殷涛等[33]也发现，黄粉虫对硬度相对最低的 EPS 泡沫塑料取食量总体大于其他泡沫塑料。

黄粉虫更愿意食用树脂含量相对低的塑料。如对于淀粉填充的聚乙烯（30%淀粉、70%PE 和助剂）塑料 A 和 95%的聚乙烯塑料 B，黄粉虫取食 A 的速度是取食 B 的 2.4 倍[34]。

殷涛等[33]还使用泡沫聚丙烯（EPP）、EPS 和 EPE 三种不同的泡沫塑料，并分别设计三种不同的实验组，实验组 A 为单一的泡沫塑料喂养，实验组 B 为泡沫塑料与麦麸混合喂养，实验组 C 为泡沫塑料与麦麸还有青菜混合进行喂养。研究发现，相比于实验组 A 与实验组 B，在麦麸和泡沫塑料的基础上添加青菜，可以使得黄粉虫正常生长发育，而且黄粉虫对泡沫塑料的进食具有选择性，在聚丙烯、聚苯乙烯、聚乙烯三种泡沫塑料塑料中更倾向于取食聚苯乙烯泡沫塑料（表 3-32）。

表 3-32　黄粉虫在不同饲料配方下取食泡沫塑料量[33]

泡沫塑料	饲料配方 A	饲料配方 B	饲料配方 C
EPP	0.106±0.007	0.242±0.028	0.199±0.014
EPS	0.318±0.053	0.489±0.121	0.458±0.047
EPE	0.199±0.022	0.258±0.070	0.264±0.037

二、塑料对黄粉虫生长的影响

饲料配方和泡沫塑料的材质是决定黄粉虫取食泡沫塑料的重要因素。

黄粉虫食用泡沫后，它们的个体平均体重有所增长，但各个饲养盒中幼虫的总质量并不乐观。黄粉虫在纯饲喂泡沫塑料的条件下，各饲养盒中虫体总重量巨幅下降，导致这一现象的原因是黄粉虫有自相残食的习性，在缺少食物的条件下会通过自相残食来获得水分和营养物质，因此导致了虫体数量大量减少，总体质量下降。

尽管目前有文献报道黄粉虫食用塑料后，个体平均体重有所增加，但笔者团队认为，这种增加也许是一种假象，个体体重增加，也可能是由于蚕食同类导致的。殷涛团队得出结论，黄粉虫纯取食泡沫塑料后无法正常生长和发育，部分文献没有充分考虑到数量和总体质量的变化，且试验时间较短，没有研究黄粉虫取食泡沫塑料后对整个世代的生长发育影响[33]。聚乙烯和聚苯乙烯两种塑料都不是黄粉虫的传统饲料，营养价值远远低于蔬菜、麦麸，造成黄粉虫的营养缺失，从而还可能造成黄粉虫的免疫功能下降[33]。

有科学团队发现，随着黄粉虫进食聚苯乙烯泡沫塑料数量的增加，黄粉虫的死亡率也在不断升高，甚至出现同类相残的情况。但用取食塑料的黄粉虫喂小鼠，小鼠的生理毒性和形态学观察表明小鼠的生长状态良好；组织学切片结果显示，取食塑料的黄粉虫再被小鼠吃后，对小鼠的内脏无影响[35]。

三、黄粉虫分解塑料的机理

研究人员对取食聚苯乙烯（PS）和聚乙烯（PE）的黄粉虫肠道微生物进行了高通量测序分析，发现取食塑料的幼虫肠道菌群组成与正常饮食状态下的幼虫菌群组成有较大差别。黄粉虫具有降解塑料的能力是由于其肠道内的微生物可以降解塑料[36]。

孔芳等[37] 分别以 PS 泡沫塑料与麦麸为唯一食物来源驯化黄粉虫幼虫 60 天，从幼虫粪便中分离出 2 株好氧菌、从肠道中分离出 1 株真菌。将真菌菌种分别接种于加有 PS 膜片与颗粒的液体培养基中培养，结果表明，PS 膜片表面出现大量孔洞，且疏水性减弱而亲水性增强，膜片的断裂伸长率与拉伸强度等力学性能也显著下降；真菌对 PS 颗粒有明显降解作用，发现 PS 颗粒失重率为 4.29%（60 天），证明黄粉虫肠道中存在可以降解 PS 塑料的菌株，具有进一步研究的价值。

从目前已有的实验室研究结果来看，黄粉虫在塑料的处理中有一定的潜力，但要控制饲料中塑料的含量，过多会对黄粉虫生长产生影响，并且要实现规模化处理塑料，尚有很多研究工作需要完成，如塑料的预处理，可降解塑料的真菌、细菌如何变成工程菌等。

第七节　黄粉虫的利用

黄粉虫作为一种资源昆虫，其幼虫虫体、虫粪、虫蜕等均有一定的利用价值。在笔者团队前期的专著《黄粉虫资源开发与利用》中，已有较为详细的报道[38]。本书只针对前作中未涉及的部分，做一个简单的补充。

一、黄粉虫的初级利用

（一）用作饲料

蛋白质饲料是水产业、畜牧业发展所必需的重要原料之一。昆虫等非常规蛋白质资源不但能解决相关饲料供不应求的问题，还能极大程度解决我国对国外的鱼粉、豆粕等常规蛋白来源饲料的依赖。黄粉虫作为一种人工养殖的昆虫，在养殖行业具有巨大的潜力。

1. 用作水产动物的饲料

（1）罗非鱼　在罗非鱼的饲料中添加黄粉虫，能增加罗非鱼的啄食次数以及摄食量，而且随着黄粉虫含量的不断增大，摄食量和啄食次数都在不断上升，充分表明了黄粉虫作为鱼类饲料时，对罗非鱼有着极其强大的诱食性[39]。

（2）锦鲤　任顺等往饲料里分别加入 0、20%、40%、60%、80%、100% 的黄粉虫，代替饲料中的鱼粉，考察添加黄粉虫的饲料对锦鲤生长、消化酶、体成分、血浆及肝脏的影响[40]。

实验结果显示，当经过长达 8 周的喂养之后，锦鲤的存活率并不会受到饲料里黄粉虫虫粉的影响，各实验组锦鲤存活率≥98%，而且在添加了虫粉的实验组里，相应的锦鲤增重率和特定增重率都得到了提升；黄粉虫对锦鲤在肝体比、肥满度、脏体比的影响和对其他鱼类相似，在肥满度和肝体比方面，这些变化并不会出现显著的差异。而脏体比会随着黄粉虫比例的增加而不断升高，较大的脏体比预示着鱼类出现脏器损坏，但是这个上升比例不明显，并不会对锦鲤产生显著的影响；在酶活性影响的方面，饲料中添加黄粉虫会引起锦鲤体内蛋白酶活性的上升，同时，脂肪酶的活性却不会随之发生显著的变化，而且随着虫粉添加数量的添加，鱼体内部的脂肪含量也在不断增加，增大了锦鲤的发育品质；适宜添加黄粉虫能够改善鱼体的造血功能、提高鱼体的抗病力；20% 组的碱性磷酸酶、酸性磷酸酶的活性提高；血浆和肝脏中的丙二醛（MDA）含量显著下降，说明黄粉虫可有效地增强机体抗氧化能力，对生物膜结构的完整性具有重要的保护作用。这一系列研究结果说明黄粉虫能作为良好的锦鲤饲料，并能替代其中的鱼粉，而最佳的替代量为 20%～40%。

（3）牛蛙　牛蛙作为一种大型食肉蛙类，为了满足牛蛙的正常生长和发育，必须要在投喂牛蛙的饲料里添加足量的蛋白质，添加比例高达 40%。在较大规模养殖牛蛙时，采用传统的蛋白饲料（鱼粉、骨粉等）会大幅增大养殖成本。唐扬等研究了以黄粉虫虫粉为牛蛙的常规饲料的可行性。实验设置了 1 个空白对照组（未用黄粉虫虫粉替代鱼粉），4 个实验组（以虫粉分别代替 25%、50%、75%、100% 的鱼粉）。选用生长状况相近，体型大小相对一致的牛蛙分别投入到这 4 个实验组和空白对照组里进行饲养，在保持合理的投喂频率和换水频率条件下，记录每日的摄食量等，喂养 8 周，将其进行 24h 的饥饿处理之后，对各个牛蛙的体重等各项生理指标以及牛蛙自身机体的各种营养物质的含量进行检测，最后取其肠道对它的其他生理指标进行进一步的测量，结果见表 3-33[41]。

表 3-33　黄粉虫粉替代鱼粉对牛蛙生长性能的影响[41]

项目	对照组	25％组	50％组	75％组	100％组
增重率/%	166.59±3.65	175.14±13.5	193.09±3.59	161.25±8.75	159.04±1.87
饲料效率/%	0.92±0.02	0.80±0.03	0.92±0.00	0.78±0.02	0.74±0.01
蛋白质效率/%	2.23±0.05	1.95±0.07	2.25±0.01	1.85±0.05	1.76±0.03
后腿指数/%	41.07±0.30	42.19±0.64	41.22±0.62	40.96±0.27	41.14±0.31
存活率/%	93.33±3.85	97.78±2.22	91.11±2.22	91.11±5.88	90.00±1.92
水分/%	76.92±0.16	76.76±0.05	77.08±0.65	77.27±0.25	77.42±0.62
粗蛋白/%	14.97±0.16	15.30±0.21	14.51±0.39	14.84±0.14	14.98±0.41
粗脂肪/%	4.55±0.16	4.26±0.07	5.20±0.20	4.73±0.19	4.26±0.13
粗灰分/%	3.16±0.04	2.60±0.14	2.52±0.07	2.59±0.08	2.62±0.13
蛋白酶/(U/mg)	93.57±0.67	80.85±1.92	90.05±6.78	81.59±3.96	72.07±1.15
脂肪酶/(U/mg)	64.28±1.01	80.61±1.01	99.43±0.44	85.04±2.12	81.30±1.27
淀粉酶/(U/mg)	0.66±0.003	0.11±0.002	0.10±0.001	0.12±0.005	0.10±0.002

从表 3-33 可以看出，当使用黄粉虫虫粉分别替代 25％、50％的鱼粉时，牛蛙在摄食了这饲料后，自身的存活率和增重率都分别达到了最高值；粗蛋白、粗脂肪等各种物质的含量和空白对照组没有显著差异，说明牛蛙能较好地吸收和利用黄粉虫虫粉里面的营养。牛蛙肠道内的消化酶的活性显著提高，可将黄粉虫体内的营养物质充分分解并利用，而且黄粉虫对动物具有诱食性，激发了牛蛙这些活性酶的分泌，但是与这些酶不同的是，当使用黄粉虫虫粉完全替代鱼粉的时候，肠道内的蛋白酶活性显著低于对照空白组。以上结果说明黄粉虫能作为牛蛙的常规饲料，搭配合理的虫粉甚至还能促进牛蛙的增重率等指标上升。

（4）大菱鲆　李垚垚等分别以 0、8％、16％、24％、32％比例的黄粉虫虫粉替代鱼粉，考察黄粉虫粉替代大菱鲆饲料中鱼粉的可能性。结果表明，随着虫粉占比的不断升高，大菱鲆的增重率也在稳定上升，当替代数值达到 16％及以上时，增重率可以和食用常规饲料的大菱鲆持平，每个实验组和空白对照组之间的特定生长率没有显著差异；大菱鲆的肝体比、丰满度与饲料中虫粉的替代程度无关；脏体比却与之不同，随着虫粉含量的不断升高，脏体比不断增大；当虫粉的替代比例低于 16％时，全鱼的粗蛋白含量和粗脂肪含量并不会发生显著的变化，而一旦添加量超过 16％时，全鱼的粗蛋白和粗脂肪含量有了明显提高。因此黄粉虫虫粉在一定程度上可以作为大菱鲆的饲料，但是添加量保持在 20％～25％之间比较合适[42]。

（5）大鲵　人工养殖大鲵，繁殖难度大、饲养成本高。大鲵对食物十分挑剔，常规饲料很容易厌食。冯麒凤选择了几种昆虫饲料对大鲵进行喂养实验，发现鲜黄粉虫对水产动物有一种特殊的诱食性。实验表明：喂黄粉虫饲料会影响大鲵的消化能力，进而降低其生长性能，各个生长指标都不如传统饲料，但大鲵对鲜黄粉虫的摄食率却有显著提高。虽然在饲料里添加黄粉虫对大鲵的生长会造成一定的抑制效果，但大鲵食用黄粉虫后，除能有效提高其肌肉的品质、肉质的口感外，还能提高大鲵的脂肪含量和肝脏的抗氧化能力，因此，在保持适当比例的前提条件下，黄粉虫可作为大鲵的饲料[43]。

（6）水貂　张铁涛等[44]尝试在水貂的常规饲料中添加4%、8%、12%、16%的黄粉虫，研究表明，育成期水貂中添加黄粉虫没有明显提高水貂的生产性能，但往饲料里添加了4%、8%的黄粉虫实验组，水貂体内的血清钙含量显著高于其他实验组的水貂。当鱼粉等价格高于黄粉虫时，在饲粮中添加4%~12%的黄粉虫可等量替代鱼粉、肉骨粉等动物性原料。

甲鱼、黄鳝、鲶鱼、泥鳅等水产动物，均可选择使用黄粉虫鲜虫作为其常规饲料，在此不详述[45]。

2. 作畜禽类动物的饲料

黄粉虫除了对鱼类等水生动物具有特殊的诱食性以外，对畜禽类动物也具有诱食性。黄粉虫具有的丰富营养物质，足以让畜禽动物从中吸收到充足的养分，而且黄粉虫体内还含有各种丰富的活性物质，如抗菌肽，在被动物摄食之后，能在动物体内发生作用，增强免疫力，一定程度上保证畜禽类动物的正常生长发育。

（1）鸡　马群团队选择黄粉虫新鲜幼虫、黄粉虫的初死成虫（使用初死成虫加入饲料前需要对死成虫进行磨碎成粉末的处理）、黄粉虫的干虫粪，分别添加进饲料中，分别记为实验组Ⅰ（幼虫添加量9.81%）、实验组Ⅱ（成虫添加量7.82%）、实验组Ⅲ（虫粪添加量20.13%），然后分别喂养生长状况相似的20日龄的雏鸡，采用散养的方式，保证喂养期间每日的喂养量以及喂养次数，在经过为期13周的饲养之后，对所有实验组和空白组的丝羽乌骨鸡的增重率、采食量、料肉比、存活率等一系列生长指标进行检测，结果见表3-34[46]。

表3-34　黄粉虫对丝羽乌骨鸡生长的影响[46]

技术指标	组别	3~6周龄	6~13周龄	3~13周龄
日增重 /(g/只)	对照组	28.34±1.58	55.83±2.55	41.74±1.70
	实验组Ⅰ	28.56±2.24	67.15±3.03	48.11±1.03
	实验组Ⅱ	30.03±2.46	65.97±4.06	48.25±1.34
	实验组Ⅲ	29.86±1.35	62.95±3.67	46.46±1.89

续表

技术指标	组别	3～6周龄	6～13周龄	3～13周龄
日采食量 /(g/只)	对照组	41.48±2.17	114.03±6.56	77.92±2.82
	实验组Ⅰ	40.27±3.38	67.44±3.20	82.84±4.19
	实验组Ⅱ	41.09±2.38	122.27±3.69	81.71±1.79
	实验组Ⅲ	39.24±1.37	122.69±2.06	80.96±1.49
料肉比	对照组	1.38±0.06	1.97±0.87	1.81±0.02
	实验组Ⅰ	1.36±0.07	1.79±0.68	1.69±0.06
	实验组Ⅱ	1.30±0.08	1.81±0.63	1.65±0.03
	实验组Ⅲ	1.28±0.04	1.89±0.69	1.71±0.06
腹泻率/%	对照组	6.89		
	实验组Ⅰ	5.52		
	实验组Ⅱ	5.70		
	实验组Ⅲ	2.58		

从表3-34可以看出，在日增重率、采食量方面，实验组都要显著高于对照组；在料肉比、腹泻率方面，实验组比起空白对照组都有较大程度的降低。以上实验证明了黄粉虫的制品能用于丝羽乌骨鸡的养殖中，能充分促进丝羽乌骨鸡的生长发育，并且提高生长品质，黄粉虫可替代鱼粉使饲养的经济效益显著提高，一些不适宜作为商品出售的黄粉虫因其低价优势完全可替代鱼粉，作为鸡用饲料营养添加剂，由于虫粪也有良好的利用效果，因此可考虑采用成虫＋虫粪的混合配方会更加经济、实用。

（2）鹌鹑　朝鲜鹌鹑是目前我国饲养规模较大的蛋鹌鹑。为降低鹌鹑单体的饲料成本，在日粮中添加黄粉虫及其基料能提高鹌鹑的生长速度，增加鹌鹑体重，促进其生长发育，并在一定程度上降低死亡率[47]。王国泽等的研究结果也证实：若往饲料里添加2%及以上含量的黄粉虫幼虫虫粉，会有效提高白羽鹌鹑的增重率以及存活率；而且随着喂养饲料里面黄粉虫干虫粉含量的增加，白羽鹌鹑肌肉的保水能力也呈现不断提高的趋势[48]。

3. 猪

黄粉虫的粗脂肪含量极高，且多为不饱和脂肪酸，为了防止动物在摄食黄粉虫时，吸收大量的脂肪不能消化吸收导致自身疾病的发生；另外，为了防止黄粉虫粉的酸败，故在将黄粉虫烘干粉碎制作成虫粉之后，需进行脱脂处理再使用。研究表明，往仔猪的饲料里面添加黄粉虫的脱脂干虫粉能有效提高保育猪的体重、采食量，同时减少料肉比，有效提高经济效益，而且不会对保育猪生长发育过程中的机体造成不良影响，除此之外，从保育猪的血清生化指标可以看出，随着黄粉虫脱脂虫粉的添加，保育猪的血清总蛋白有明显增高，这说明虫粉对保育猪的生长发育有明显的促进作用，而且再加上黄粉虫体内丰富的抗菌肽等活性物质，在被保育猪消化吸收后，都能作用于保育猪的体内，增加了保育猪的免疫力。这一系列实验结果最终都显示黄粉虫脱脂虫粉是具有能够替代仔猪饲料中鱼粉的潜力的，成为一种新鲜的蛋白质饲料来源[49]。

（二）用作食物

人类可通过饲养家禽、家畜等来获得蛋白质资源，也可以采集昆虫或饲养昆虫来满足对蛋白质的需求。昆虫分布广、繁殖快、营养结构合理、适应力强，种类多。可食用昆虫是指能用于人类食用的昆虫，昆虫不仅含有丰富的有机物质，例如蛋白质、脂肪、碳水化合物，无机物质（如各种盐类，钾、钠、磷、铁、钙）的含量也很丰富，还有人体所需的游离氨基酸。昆虫已被视为高档佳肴。可食用昆虫有望成为重要食物来源之一。

在当今倡导"绿色食品"的大环境下，昆虫已经作为一种街头常见的食材，而在其中，黄粉虫作为一大重要的资源昆虫更是因为自身极高的营养价值，有成为新流行美食的巨大潜力。

韩国农业振兴厅于 2015 年就以黄粉虫为原料，制作了"黄粉虫布丁"并申请了相关专利，并相继在市场上发行了不同的口味，通过黄粉虫布丁的开发，希望食用昆虫能为儿童、高龄人士、患者等需要特殊营养人群做出贡献。

黄粉虫的人工养殖历史在我国虽然有多年，但在食品方面仍属于新资源食品。黄粉虫可加工成烘烤类食品（如饼干、锅巴）以及饮料、调味品、方便面调料、面包酱等，也可制作成饮料、冲剂及冷冻食品。

二、黄粉虫的深度利用

（一）甲壳素及壳聚糖

黄粉虫自身还含有丰富的活性物质，甲壳素就是其中的一种，甲壳素作为一种新型的生物材料，是目前地球上仅次于纤维素的第二大可再生利用能源。

通过亚临界技术脱去油脂，在使用超声辅助氢氧化钠进行脱蛋白的处理，配比调剂 10％ 的次氯酸钠对其进行脱色处理，这种方法的处理效果优于传统的处理效果。之后将其浸入一定浓度的盐酸溶液中，再经过超声反应操作、抽滤过程，再使用蒸馏水将其洗涤至中性，从而达到脱钙的效果。分别采用超声波辅助氢氧化钠法、蛋白酶法对甲壳素进行脱乙酰基反应，两种方法最后的脱乙酰度分别高达 74.0％ 和 60.1％[49]。

笔者团队以黄粉虫养殖废弃物（含虫蜕、病死的黄粉虫以及老死的黄粉虫成虫）为原料，通过脱脂、脱盐、脱蛋白提取到甲壳素，然后再对其进行脱乙酰处理后，获得壳聚糖，并以双氧水或臭氧对壳聚糖进一步氧化降解，制得了水溶性能更好的壳寡糖。以鲜切苹果为例，考察壳寡糖的保鲜效果。通过正交实验设计，获得最佳的制备条件，技术路线如图 3-30。

将获得的质量分数为 0.1% 的壳寡糖溶液用于鲜切苹果的保鲜效果：实验组与对照组对比，褐变程度降低 60%，失重率减少 20%，硬度提高 39%，丙二醛（MDA）含量减少 0.2 mmol/g，多酚氧化酶（PPO）活性减少 2.5 个活性单位，过氧化物酶（POD）活性提高 11.5 个活性单位，以上保鲜指标均表明壳寡糖可缓解鲜切苹果的褐变[1]。

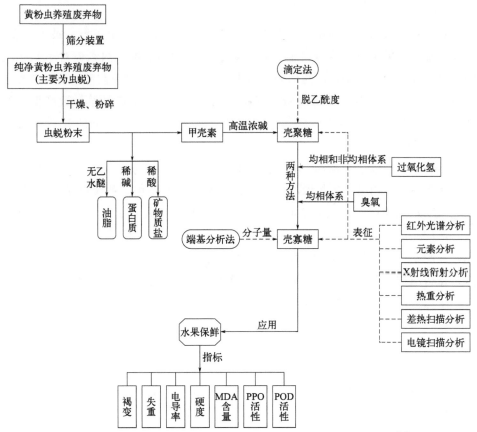

图 3-30 黄粉虫养殖废弃物制备壳寡糖及水果保鲜实验技术路线[1]

（二）油脂

黄粉虫含有丰富的油脂，可以通过溶剂法、酶解法、超临界流体萃取法、机械压榨法得到粗提物。粗提的油脂中，往往存在磷脂、胶原蛋白等杂质，使得提取的油颜色深、酸值高、异味重，因此需要进一步的精炼。精炼根据需要经脱胶、脱酸、脱色、脱臭等步骤。黄粉虫油脂含不饱和脂肪酸高，在储存过程容易被氧化，颜色不断加深，状态变黏稠，甚至产生沉淀；易产生氢过氧化物。氢过氧化物发生聚合反应生成有毒的聚合物，使油脂黏度升高，外观变稠；也可能发生分解反应生成小分子的醛、酮、酸，使油脂烟点降低、色泽加深，产生哈喇味，影响油脂的食用和营养价值。因此，虫油应在低温、避光、隔绝氧气的条件下保存，必要时可以加入抗氧化剂。黄粉虫油脂用途广泛，可用于化妆品、医药、工业原料等领域，在此不详述。

（三）蛋白质

黄粉虫幼虫和成虫外观不受人喜欢。若要作为食物，原形不容易被人接受。除此之外，黄粉虫虽然营养价值丰富，可作为各种动物的饲料，但对于某些动物，特别是水产动物来说，活体的黄粉虫脂肪含量高，各种脂肪酸会使得鱼类在将其摄食之后，自身机体出现脂肪沉积的现象，影响肝健康甚至导致肝损坏等情况发生，因此若能将蛋白质提取出来，可提高黄粉虫产业链的效益和应用领域。

尽管幼虫、成虫、蛹都含有很高的蛋白质含量，但考虑到成本和损耗的因素，对黄粉虫体内蛋白质提取时，一般选择黄粉虫的幼虫。黄粉虫幼虫化成蛹、蛹完全羽化成成虫，不仅需要时间，而且每一步变态发育过程，均有损耗。当然，产卵完成的成虫，也可以用于蛋白质的提取。一般的提取过程为：将黄粉虫原粉或脱脂虫粉，经加盐、乙醇或加碱法，使虫体蛋白质充分溶解，再采用等电点、盐析或透析等方法，使蛋白质凝聚沉淀，再把沉淀干燥，得到黄粉虫蛋白粉。干燥方法可采取热风干燥、真空冷冻干燥、喷雾干燥等不同的干燥方法。目前，因对黄粉虫蛋白粉没有严格的质量规定，故现实中往往把原粉、脱脂虫粉、黄粉虫蛋白粉混为一谈。

黄方巧等采用复合法提取黄粉虫蛋白，发现影响蛋白提取率的因素如下：①盐提蛋白，提取的时间>固液比>温度>盐溶液的浓度；②碱提蛋白，碱溶液的浓度>温度>固液比>时间；③乙醇提蛋白，温度>固液比>浓度>时间[50]。实验结果见表 3-35。

表 3-35　黄粉虫蛋白质提取工艺的比较[50]

提取液	浓度/%	温度/℃	时间/h	固液比/(g/mL)	蛋白质提取率/%
NaCl	1.0	40	1	1:14	49.37%
NaOH	2.0	80	1	1:12	88.55%

提取液	浓度/%	温度/℃	时间/h	固液比/(g/mL)	蛋白质提取率/%
乙醇	30	30	2	1∶18	40.44%
NaCl+NaOH	1.0+2.0	40+80	1+1	1∶14+1∶12	85.71%
NaCl+乙醇	1.0+30	40+30	1∶2	1∶14+1∶18	54.51%

由表3-35可以看出，NaCl+NaOH和NaCl+乙醇复合溶剂的蛋白质提取方法的提取率高于单一的NaCl法。复合法不但能获得含量不低的蛋白质，还能同时得到多种蛋白质，能充分地对黄粉虫进行资源化利用。通过超声强化处理，可以缩短提取蛋白的时间，还能提升黄粉虫虫体蛋白的提取率[51]。

（四）作补钙虾饲料

笔者团队以黄粉虫加黄粉虫粪进一步发酵，制备成为虾补钙的功能性饲料。

1. 虫粪成分

黄粉虫虫粪的主要组分见表3-36。

表3-36　黄粉虫虫粪的主要组分含量[52]

组分	含量（质量分数）/%	组分	含量/(mg/g)	组分	含量/(mg/g)
粗蛋白	22.1	K	13.41	Cd	0.001
粗纤维素	21.8	Na	9.12	Cr	0.002
粗脂肪	1.1	Ca	2.44	Cu	0.100
粗灰分	9.2	Mg	5.65	Mn	0.038
淀粉	9	Zn	0.07	Pb	0.003

2. 饲料的制备

按照质量份取黄粉虫粪50份、黄粉虫粉10份、全麦粉20份、豆粕20份、粘接剂3份，具体的制备步骤如下：

① 将黄粉虫粪、黄粉虫粉、全麦粉、豆粉等混合均匀；

② 将粘接剂溶于水中，形成胶状物；

③ 将步骤①得到的混合物与步骤②得到胶状物混合揉匀，然后造粒、烘干，得到所述未发酵虫粪饲料。

发酵虫粪饲料：采用笔者团队发明的两段式发酵方法制备发酵饲料，简而言之，将贝壳粉∶红糖∶菌剂∶水＝0.5∶0.5∶0.6∶10比例混合均匀后密封，在35℃下培养48h，得发酵菌液，然后将全部发酵菌液与100份饲料原料（同未发酵饲料）混合后，在35℃下再发酵48h。将发酵好的物料烘干，采用辊式碎粒机制备成饲料颗粒，低温干燥至含水量小于13%，得发酵虫粪饲料[53]。

3. 实验方法

（1）饲喂方法　在两周的水质适应期后，开始试验。随机选取 300 只小龙虾苗并将其平均分配到 3 个 100 L 的水池（水深 10 cm）中，每只虾分别放入 100 mL 带孔隔离瓶中，过滤水的流速为 2.0 L/min。将虾保持在环境温度，并提供模拟的自然光周期（光：暗＝14：10）。每个池固定投喂某一种饲料（商品高钙饲料、发酵虫粪饲料和未发酵虫粪饲料），每天分别于 08：00 和 18：00 投喂两次。每天饲料用量约为虾体重的 5%。持续 2 个月，以保证虾完成 4 次蜕壳。记录虾前十日的体重变化、每次蜕壳的时间。重复 3 次。

（2）饲喂效果的计算　一般来说，体重增加率、饲料效率、蛋白质效率比、存活率等指标能较好地反映饲料喂喂小龙虾的生长效果。其中，体重增加率、饲料效率、存活率指标是养殖户最为关心的问题。各指标的计算公式详见式（3-13）～式（3-16）。

$$体重增加率(WG)＝[(最终体重－初始体重)/初始体重]×100\% \qquad (3-13)$$
$$饲料效率(FE)＝(湿重增加/采食量)×100\% \qquad (3-14)$$
$$蛋白质效率比(PER)＝湿重增加/给定的总蛋白质 \qquad (3-15)$$
$$存活率(SR)＝(最终虾数/初始虾数)×100\% \qquad (3-16)$$

（3）蜕壳周期　记录每只小龙虾的脱壳日期并计算脱壳的时间间隔。

（4）虾壳含钙量　将收集的小龙虾壳用水洗净，烘干并研磨成粉。准确称取 0.500 g 粉末放入坩埚中，在 550 ℃下焙烧 3 h，用硝酸溶解灰分并定容至 100 mL，定容好的溶液使用滤膜过滤后稀释一定的倍数，使用 ICP 测定钙含量。

（5）诱食性　向养有若干黑壳虾的玻璃缸中放置两个投食皿，再向两个皿中分别投喂 0.1 g 的发酵饲料和高钙饲料，计不同时间器皿上虾的数量，以及吃完饲料所需要的时间。

4. 饲料中部分营养物质含量

（1）粗蛋白、小肽、粗脂肪、有机酸和钙含量　发酵虫粪饲料的粗蛋白含量（均以干饲料计，下同）较未发酵虫粪饲料提高了 9.6%。发酵虫粪饲料的小分子肽含量是未发酵虫粪饲料的 3.8 倍，是商品高钙饲料的 2.9 倍。通过发酵能产生大量的乳酸，丙酸和异丁酸含量也有所提升。发酵饲料的有机酸含量是未发酵饲料的 3.5 倍左右。未发酵虫粪饲料、发酵虫粪饲料、高钙饲料 3 种饲料的脂肪含量相差不大，但发酵虫粪饲料的水溶性钙含量得到大幅提升，原因是发酵过程中产生的有机酸与贝壳粉反应，产生大量的水溶性钙，这些可溶性钙更有利于虾对钙的吸收利用。

（2）氨基酸含量　发酵虫粪饲料的游离氨基酸总含量是未发酵虫粪饲料的

1.8倍，游离必需氨基酸总含量是未发酵虫粪饲料的3.1倍。尽管发酵虫粪饲料和未发酵虫粪饲料的游离氨基酸量均低于高钙饲料的游离氨基酸量，但发酵虫粪饲料中必须必需氨基酸的含量略高于商品的高钙饲料（表3-37）。

3种饲料的酸解氨基酸含量相差并不大，说明本研究制备的发酵虫粪饲料和未发酵虫粪饲料的蛋白质含量和氨基酸含量达到了商品饲料标准。发酵饲料的酸解氨基酸和酸解必需氨基酸的含量都有所提升，证明发酵有利于饲料营养成分的提升。

表 3-37　饲料中氨基酸含量　　　　　　　　　　单位：mg/g

样品		游离氨基酸			酸解氨基酸		
		发酵	未发酵	商品高钙饲料	发酵	未发酵	商品高钙饲料
非必需氨基酸	天冬氨酸 Asp	0.24	0.16	0.58	11.40	10.03	11.11
	谷氨酸 Glu	4.42	0.80	0.71	28.17	25.65	35.71
	天冬酰胺 Asn	0.60	0.12	0.48	—	—	—
	丝氨酸 Ser	0.68	0.17	0.43	8.34	7.61	7.67
	谷氨酰胺 Gln	0.47	0.20	0.03	—	—	—
	甘氨酸 Gly	0.33	0.10	0.37	8.79	8.62	7.34
	瓜氨酸 Cit	0.96	0.17	0.12	—	—	—
	丙氨酸 Ala	1.19	0.23	1.46	9.09	7.36	7.34
	酪氨酸 Tyr	0.66	0.17	0.46	5.67	4.69	4.52
	半胱氨酸 Cys	0.01	0.05	0.09	0.96	0.77	0.83
	正缬氨酸 Nva	0.18	0.14	1.42	—	—	—
	羟脯氨酸 Hyp	11.71	9.84	25.98	—	—	—
	肌氨酸 Sar	3.92	4.10	11.88	—	—	—
	脯氨酸 Pro	0.96	0.38	1.21	8.12	9.52	11.05
必需氨基酸	色氨酸 Trp	0.18	0.04	0.74	—	—	—
	苯丙氨酸 Phe	1.44	0.52	1.03	7.83	5.92	6.90
	异亮氨酸 Ile	0.61	0.12	0.34	5.93	4.69	4.56
	亮氨酸 Leu	1.68	0.38	1.13	9.91	8.74	10.10
	赖氨酸 Lys	0.45	0.20	0.34	5.07	3.80	3.49
	缬氨酸 Val	0.83	0.20	0.80	6.41	5.52	5.52
	蛋氨酸 Met	0.30	0.07	0.32	2.10	1.69	1.93
	组氨酸 His	0.31	0.23	0.06	2.99	2.54	2.70
	苏氨酸 Thr	0.46	0.12	0.37	6.09	5.38	5.00
	精氨酸 Arg	0.36	0.30	0.93	8.44	8.12	10.12
总计		32.94	18.80	51.28	135.30	120.64	135.87
十种必需氨基酸		6.62	2.17	6.06	54.77	46.39	50.31

5. 饲料饲喂效果分析

（1）效果分析　从高钙饲料、未发酵虫粪、发酵虫粪（表 3-38）3 种饲料对虾的饲喂效果可以看出，虾的体重增加率、存活率等指标逐渐增加，饲料系数依次降低，表明发酵饲料的饲喂效果优于未发酵饲料，更优于高钙饲料。通过乳酸菌发酵使得饲料原料中的蛋白质被分解为更利于虾吸收的小肽和游离氨基酸，从而提升了饲料的营养价值和饲料中蛋白质的利用率。研究结果表明，饲喂乳酸菌发酵后的虫粪饲料的虾脱壳周期最短，虾壳钙含量高，这是因为经过发酵后饲料中的营养物质更容易被吸收，饲料效率更高，虾的生长更快。

表 3-38　饲料饲喂效果相关参数

项目	指标		
	发酵虫粪饲料	未发酵虫粪饲料	商品高钙饲料
最终虾总体重 G_1/g	94.9±0.6	90.0±0.9	87.5±0.7
初始虾总体重 G_2/g	70.4±0.5	69.8±0.6	71.1±0.4
体重增加率（WG）/%	34.80±0.01	28.93±0.02	23.07±0.01
饲料效率（FE）/%	52.3±0.5	44.1±0.3	33.6±0.7
蛋白质效率比（PER）	1.6±0.1	1.5±0.1	1.2±0.2
存活率（SR）/%	99±1	98±2	93±3
蜕壳周期/天	11±0.5	12±1	14±1
虾壳钙含量/(mg/g)	230.13±2.01	220.91±1.92	178.04±1.41

（2）诱食性分析　结果表明，发酵饲料对黑壳虾有更强的诱食效果（图 3-31），可能是因为发酵后饲料中所含的大量的可溶性有机酸、游离氨基酸或其他小分子风味物质，使饲料具有特殊的气味，提升了饲料的诱食性和适口性。

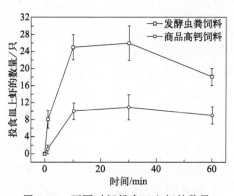

图 3-31　不同时间投食皿上虾的数量

（五）改性复合材料

黄粉虫具有生物脱水作用，将黄粉虫啃食秸秆后得到的黄粉虫粪作为生物粉碎秸秆粉末，可以省去秸秆的干燥和机械粉碎过程。

笔者团队利用生物粉碎秸秆为填充材料，以植物纤维为增强材料对 PBS 改性（聚丁二酸丁二醇酯），在降低 PBS 材料生产成本的同时又提升了 PBS 的部分性能，初步实现了粉末填充材料和纤维填充材料的优势互补。

用上述材料生产出了价格便宜、性能优良且完全可降解的一次性塑料梳，目前已获得国家发明专利授权[54]。本材料的定位并不局限于此类一次性产品，如可以将复合材料应用于车内饰零件、农用薄膜、高端仿木家具等各个行业。

（六）蛋白肽

近年来糖尿病的发病率在全球范围内急剧升高，严重影响人们的身体健康。目前全球约有 5.37 亿成人糖尿病患者，2021 年糖尿病患者死亡人数为 670 万（国际糖尿病联合会统计）。口服药物和皮下注射胰岛素是治疗糖尿病的主要方式，在这些策略中，二肽基肽酶 4(DPP-4) 抑制剂受到更广泛的关注。正常进食后，葡萄糖抑制多肽（GIP）和胰高血糖素样肽-1(GLP-1) 会诱导胰岛分泌胰岛素，但这些肠促胰岛素可被代谢酶 DPP-4 灭活。因此，抑制 DPP-4 活性可延长活性肠降血糖素的半衰期，从而有助于血糖调节。目前，市面上已有一些合成的DPP-4 抑制剂，但它们可能会导致关节痛、胰腺炎症和过敏反应等副作用。因此，一些天然功能成分，如蛋白肽、白藜芦醇和黄酮已被筛选出具有 DPP-4 的抑制活性。有研究表明，2～20 个氨基酸残基组成的蛋白肽具有多种生物活性，例如抗高血压、抗糖尿病、降低胆固醇、免疫调节、抗氧化和促进矿物质吸收等作用。

昆虫蛋白被认为是一种替代蛋白质来源，也是生物活性肽的极好来源。可食用昆虫，如黄粉虫、家蚕、蝗虫等，都富含优质蛋白质。据报道，昆虫蛋白肽具有多种生物活性，例如抗癌、抗炎、抗糖尿病、抗氧化、抗高血压和抗微生物活性。黄粉虫是一种可食用、高营养的昆虫，因为它含有大量的脂肪、蛋白质、维生素和矿物质，在许多国家已用作食品原料，添加到食品中。黄粉虫蛋白水解产物已被证明具有抗血栓活性，抑制 α-葡萄糖苷酶，保护细胞免受氧化损伤，并降低大鼠高血压的功能。此外，与未水解的黄粉虫蛋白相比，水解物对 DPP-4 表现出更高的抑制活性。尽管研究人员推测来自黄粉虫蛋白的肽 APVAH 是一种 DPP-4 抑制肽，但迄今为止，黄粉虫蛋白肽的氨基酸序列及对 DPP-4 活性具有抑制作用还不清楚。笔者团队近年的研究中，使用风味蛋白酶水解黄粉虫蛋白，鉴定分析了具有 DPP-4 抑制作用的活性肽，并研究了这些肽与 DPP-4 的结合相互作用。研究结果表明，黄粉虫蛋白肽可用作天然 DPP-4 抑制剂，具有缓解糖尿病的潜力，为黄粉虫相关功能性食品的开发提供了研究基础[55]。

参考文献

[1] 焦富颖. 黄粉虫蜕制备壳寡糖及其应用[D]. 重庆：重庆工商大学，2018.

[2] 马丽红. 黄粉虫不同发育历期消化道超微结构的比较研究[D]. 西安：陕西师范大学，2019.

[3] 韩润林，孙庆林，额尔敦夫，等. 黄粉虫幼虫中抗菌肽的诱导及其抗菌活性的初步研究[J]. 内蒙古农牧学院学报，1998(03)：119-122.

[4] 汤军芝，刘玉东，刘苗，等. 黄粉虫雄性生殖系统研究[J]. 安徽农业科学，2010，38(06)：2886-2887+2907.

[5] 杨兆芬，曾兆华，曹长华，等. 黄粉虫成虫繁殖力的研究[J]. 华东昆虫学报，1999(01)：103-106.

[6] 代春华，马海乐，沈晓昆，等. 黄粉虫幼虫及蛹中营养成分分析[J]. 食品工业科技，2009，30(04)：315-318.

[7] 孙国峰，戎安江，向钊. 发酵鹌鹑粪便饲养黄粉虫的研究[J]. 畜禽业，2010(02)：40-42.

[8] 曾祥伟，王霞，郭立月，等. 发酵牛粪对黄粉虫幼虫生长发育的影响[J]. 应用生态学报，2012，23(07)：1945-1951.

[9] 钟敏，苏州，钟云平，等. 利用发酵牛粪制备黄粉虫饲料技术探索[J]. 江西饲料，2016(02)：1-3.

[10] 陈建兴，萨如拉，李静，等. 驴粪作为黄粉虫饲料的研究[J]. 赤峰学院学报（自然科学版），2017，33(17)：9-11.

[11] 尹素真，王晨. 黄粉虫资源化处理畜禽粪便的可行性研究[J]. 再生资源与循环经济，2018，11(06)：35-38.

[12] 朱云芬，李蓉，向极钎，等. 羊粪资源化利用的研究进展[J]. 湖北农业科学，2021，60(11)：12-15.

[13] 陈美玲，凌源智，黄儒强，等. 响应面法优化黄粉虫幼虫处理餐厨垃圾饲养条件的研究[J]. 环境工程学报，2015，9(05)：2455-2461.

[14] 张帅，张连俊，张广杰，等. 新疆餐厨废弃物养殖黄粉虫技术[J]. 新疆农业科技，2019(05)：28-30.

[15] 张连俊. 黄粉虫和黑水虻联合转化厨余垃圾及虫沙应用初探[D]. 乌鲁木齐：新疆农业大学，2021.

[16] 卓少明，刘聪. 几种废弃物作添加料养殖黄粉虫的试验[J]. 中国资源综合利用，2009，27(09)：17-19.

[17] 傅小娇. 黄粉虫综合处理厨余垃圾与降解塑料方法研究[D]. 雅安：四川农业大学，2020.

[18] 吉志新，温晓蕾，余金咏，等. 喂食玉米秸秆对黄粉虫经济指标的影响[J]. 安徽农业科学，2011，39(33)：20520-20522.

[19] 谢剑. 利用棉花秸秆、灰绿藜饲养黄粉虫的初步探讨[J]. 新疆农垦科技，2011，34(05)：35-36.

[20] 骆伦伦. 秸秆对黄粉虫生长发育、消化酶和肠道微生物的影响[D]. 杭州：浙江农林大学，2017.

[21] 王圣印，骆伦伦，丁筠，等. 不同秸秆对黄粉虫生长及海藻糖含量变化的研究[J]. 环境昆虫学报，2018，40(01)：52-57.

[22] 徐世才，刘小伟，王强，等. 玉米秸秆发酵制取黄粉虫饲料的研究[J]. 西北农业学报，2013，22(01)：194-199.

[23] 王春清，马铭龙，丁秀文，等. 不同比例麦麸和玉米秸秆对黄粉幼虫生长性能的影响[J]. 中国畜牧兽医，2013，40(01)：210-212.

[24] Yang S S, Chen Y D, Zhang Y, et al. A novel clean production approach to utilize crop waste residues as co-diet for mealworm (Tenebrio molitor) biomass production with biochar as byproduct for heavy metal removal[J]. Environmental Pollution，2019，252：1142-1153.

[25] 张叶. 黄粉虫降解秸秆废弃物及其粪便生物炭对重金属的吸附研究[D]. 哈尔滨：哈尔滨工业大学，2020.

[26] 王崇均，熊晓莉，李涛，等. 发酵玉米秸秆饲养黄粉虫[J]. 饲料研究，2015(11)：66-69.

[27] 吕树臣，王春清，马铭龙，等. 发酵玉米秸秆对黄粉虫幼虫生产性能的影响[J]. 畜牧与兽医，2013，45(05)：42-44.

[28] 王洪亮，王丙丽，李卫海，等. 铜胁迫对黄粉虫幼虫3种保护酶活性的影响[J]. 广东农业科学，2011，38(23)：129-131.

[29] 李小龙，熊晓莉，李宁. 基于极端顶点混料设计优化黄粉虫秸秆饲料配方[J]. 昆虫学报，2018，61(05)：596-603.

[30] 李小龙. 秸秆的黄粉虫过腹转化及残渣的综合利用[D]. 重庆：重庆工商大学，2019.

[31] 王哲，信昕，刘吉元，等. 黄粉虫取食塑料的研究进展[J]. 应用昆虫学报，2019，56(01)：24-27.

[32] 周尔康，单玉昕. 黄粉虫取食塑料的特征研究[J]. 绿色科技，2019(10)：185-186＋188.

[33] 殷涛，周祥，王艳斌，等. 泡沫塑料的取食对黄粉虫和大麦虫生长的影响[J]. 甘肃农业大学学报，2018，53(02)：74-79.

[34] 张可，胡芮绮，蔡珉敏，等. 黄粉虫取食和消化降解PE塑料薄膜的研究[J]. 化学与生物工程，2017，34(04)：47-49.

[35] 沈叶红. 黄粉虫肠道菌的分离和取食塑料现象的研究[D]. 上海：华东师范大学，2011.

[36] Brandon A M, Gao S-H, Tian R, et al. Biodegradation of polyethylene and plastic mixtures in mealworms (larvae of tenebrio molitor) and effects on the gut microbiome[J]. Environmental Science & Technology，2018，52(11)：6526-6533.

[37] 孔芳，洪康进，徐航，等. 基于啮食泡沫塑料黄粉虫肠道菌群中聚苯乙烯生物降解的探究

[J]. 微生物学通报，2018，45(07)：1438-1449.

[38] 李宁，幸宏伟，熊晓莉. 黄粉虫资源开发与利用[M]. 北京：中国农业科学技术出版社，2017.

[39] 葛继志，葛盛芳，阮圣义. 黄粉虫幼虫对尼罗罗非鱼摄饵引诱作用初探[J]. 淡水渔业，1997(02)：10-11＋15.

[40] 任顺，于宏，初宇轩，等. 黄粉虫代替鱼粉对锦鲤血浆及肝脏生化指标的影响[J]. 饲料研究，2021，44(18)：53-57.

[41] 唐扬，陈思，朱传忠，等. 黄粉虫粉替代鱼粉对牛蛙生长、体组成、消化酶活力及肝脏生化指标的影响[J]. 畜牧与饲料科学，2019，40(07)：35-42.

[42] 李垚垚，郭冉. 黄粉虫粉替代鱼粉对大菱鲆幼鱼生长性能的影响[J]. 河北渔业，2016(05)：17-21.

[43] 冯麒凤，黄旺，李虹，等. 黄粉虫对大鲵生长性能、摄食、消化和抗氧化能力的影响[J]. 饲料工业，2021，42(08)：42-47.

[44] 张铁涛，张海华，孙皓然，等. 饲粮添加黄粉虫对育成期水貂生长性能、营养物质消化率和血清生化指标的影响[J]. 动物营养学报，2015，27(12)：3782-3788.

[45] 申红，潘晓亮，王俊刚. 饲喂黄粉虫对胡子鲶鱼苗品质和血液生化指标的影响[J]. 黑龙江畜牧兽医，2006(04)：84-86.

[46] 马群，周宇燔，愈晓刚，等. 黄粉虫对丝羽乌骨鸡的饲养效果研究[J]. 安徽农业科学，2017，45(09)：107-109＋154.

[47] 张建建，胡大瑞，雷孝彬，等. 黄粉虫及其基料对鹌鹑生长性能的影响[J]. 畜牧兽医科学(电子版)，2019(10)：8-10.

[48] 王国泽，曹鑫涛，宁巧，等. 黄粉虫对鹌鹑生长性能与肉质的影响[J]. 畜禽业，2010(08)：14-15.

[49] 徐瑞，王改琴，邬本成，等. 脱脂黄粉虫对保育猪生长性能及生化指标的影响[J]. 中国饲料，2019(09)：41-44.

[50] 黄方巧. 黄粉虫油脂、蛋白质和甲壳素平衡提取方法研究[D]. 海口：海南大学，2016.

[51] 郑文雅. 黄粉虫幼虫油脂、蛋白质及甲壳素的制备工艺研究[D]. 太原：山西农业大学，2015.

[52] 熊晓莉，熊屿吾，林辉，等. 黄粉虫粪饵料对小龙虾生长性能的影响[J]. 饲料研究，2023(04)：59-64.

[53] 熊晓莉，熊屿吾，林辉，等. 乳酸发酵提升饲料中水溶性钙的研究[J]. 应用化工，2022，51(11)：3257-3260＋3266.

[54] 李宁，史锦辉，熊晓莉，等. 仿木完全可生物降解复合材料及其制备方法和应用：CN113278267B[P]. 2022-11-04.

[55] Tan J, Yang J, Zhou X, et al. Tenebrio molitor proteins-derived DPP-4 inhibitory peptides: preparation, identification, and molecular binding mechanism[J]. Foods, 2022, 11(22): 3626.

第四章
黑水虻对有机固体废物的处理

第一节　黑水虻简介

一、黑水虻的形态特征

黑水虻是一种完全变态的昆虫，它一生要历经卵、幼虫、蛹、成虫四种形态。

1. 卵

黑水虻的卵单个整体为椭圆形，直径约为 1 mm，而且黑水虻的虫卵不以单个的形态进行孵化，它是由大量的卵堆积而形成的卵团，每个卵团有大概 500 只虫卵，从外形上看酷似柚子内部的果肉。虫卵产生初期是淡淡的乳白色，但随着时间的推移，虫卵颜色慢慢变深，直至成为奶黄色。

2. 幼虫

在经过 3～4 天的孵化之后，虫卵会形成黑水虻的幼虫，幼虫体型比较丰满，比起整体饱满的身躯，它的头部显得十分小，黑水虻幼虫扁平无足，靠蠕动进行运动，身体除头部以外可分为 11 节，每一节都长有毛，幼虫在孵化之初呈乳白色，身长在 1.5～1.8 mm 不等，幼虫龄期可分为六期，在前三期幼虫的取食能力较弱，而一旦到达三期之后食量突飞猛进，并且它的活动区域会随着食物的移动而发生迁移，在经过六个龄期的生长发育之后，黑水虻幼虫的颜色逐渐加深至褐色，体长已经增加到 18～20 mm，此时的幼虫已经发育完全，进入了预蛹期，会主动脱离食物聚集处转而寻找阴凉隐蔽的场所进行化蛹。值得一提的是幼虫是黑水虻整个生命周期中唯一还存有口器的时期，整个幼虫期会在环境适宜的状态下持续 15 天左右。

3. 蛹

在黑水虻末期，幼虫寻觅到自己心仪的场地之后，随即化为虫蛹。幼虫在预蛹期为褐色，化蛹之后虫蛹的颜色进一步加深为深褐色。虫蛹的皮肤比起幼虫期更加硬实、坚韧。整个虫蛹状态会在黑水虻最适宜生长的 28～30 ℃条件下持续 10 天左右，但如果所处环境的温度不合适的话，整个虫蛹期的持续时间会增长到几周甚至半年。

4. 成虫

经过一定时间后，黑水虻成虫会从虫蛹里面破壳而出，黑水虻成虫比普通家蝇的体型要大，此时的成虫已经长出了翅膀，具备飞行的能力，翅膀成整体的灰黑色，口器已经完全退化，只能偶尔吸食树叶里的汁液获取营养，身长为 14～20 mm，雄虫和雌虫体型有一定的差距，雄虫普遍小于雌虫，黑水虻成虫的触角比较宽扁，长度较长，成虫的整个虫体都显黑色，成虫相比于幼虫还进化出了足，成虫足的胫节是白色，其余的部分都和虫身一样呈黑色。一般来说，破蛹后的成虫即为完全生长成熟的黑水虻，也就代表黑水虻的雌虫和雄虫即可进行交配，在 2～3 天之后黑水虻雌虫即可进行产卵，并且每次的产卵量在 500～1 000 只不等。黑水虻的成虫生活环境与幼虫相比，会发生极大变化，此时它们不再以靠近食物为栖息环境的主要依据，转而选择栖息在布满矮灌木的绿地。黑水虻成虫和蜜蜂一样，都有着向花聚集的性质，目的在于吸收花露，雌性黑水虻成虫具有趋味性，在预产卵的时候会通过气味来寻找适合产卵的场所，往往将虫卵产在垃圾处理厂、养殖厂等对于它们的幼虫来说具有营养物质的场地附近的干燥缝隙中。成虫的寿命很短，一般在 7～8 天，一些研究还表明雄虫的寿命平均要比雌虫短 1 天左右。

二、黑水虻的解剖学结构

（1）黑触角　和大多数体表具有触角的昆虫一样，黑水虻的触角在其进行摄食、繁殖、栖息、防御和迁徙等一系列生命活动中起着极其重要的作用，周凯灵等使用扫描电镜发现黑水虻的触角和其他昆虫的触角一样，可以大致分为梗节、柄节、鞭节三个部分，它的触角一般处于两只复眼之间，黑水虻的触角分布着许多不同的传感器，正是这些传感器的存在使得黑水虻的触角能充分发挥功能[1]。

（2）下颚须　黑水虻的下颚须是其最主要的嗅觉器官之一，下颚须在黑水虻进行一系列生命活动，特别是选择食物进行摄食时起到极其重要的作用。和触角一样，黑水虻的下颚须也分布有传感器，而且或许是下颚须和触角一样都起到了嗅觉器官作用的原因，它们的传感器组成也十分相似，分为毛形传感器、腔锥形传感器、刺形传感器。

（3）外生殖器　黑水虻是有性生殖的昆虫，因此它具有位于体表之外的生殖器，这能为黑水虻提供交配和繁殖的功能。

① 雌虫的产卵器　雌虫的产卵器位于其腹部末端，产卵器整体分为 4 节，前三节长度近似，但是末节最小，形态为稳定的三角形形状，末节的腹面稍向内凹进，密集分布着大量细微的毛，在这些微毛之间还分布有很少的长短不一的刺形传感器，使得产卵期末端显得极为突出。与此同时，产卵器末节两侧都各自分布着一条尾须，尾须上分布有数量不均的刺形传感器和锥形传感器。尾须分为基部和端部两个部分，基部和端部两个部位都分布有一定数量的刺形传感器，这些传感器长度不一。

② 雄虫的交配器　黑水虻雄虫的交配器异常发达，其中作为最主要部分的阳茎体，整体呈直管状位于交配器中央的凹陷地带，阳茎体的管壁表面十分光滑而且没有观察到有明显的传感器，阳茎体前沿的口部通过扫描电镜的观察，可以发现其呈波浪状。在交配器的两侧还生长有抱握器，抱握器和阳茎体一样都是整个交配器的重要组成部分，所以抱握器也是异常发达，抱握器和其他器官一样，同样可分为基部和端部，它的基部比较粗壮，相比之下端部较细，整体的形态也像人类拳头的形状一样向内部稍微弯曲。但是在关于传感器分布的问题上，它和阳茎体的情况不一样，抱握器器表面分布着大量的、长度不一的毛形传感器。

三、黑水虻的生活习性

黑水虻具有趋味性、广食性以及 pH 耐受性，除此之外它还具有极高的生命力以及环境适应能力，虽然它作为腐生性生物，喜欢在阴暗潮湿的环境下进行生命活动，但是在干旱、缺氧并且食物紧缺的情况下，它依然能存活。在正常情况下，黑水虻会选择在阴暗潮湿环境的缝隙中进行繁殖和产卵行为，卵的孵化时间根据季节和温度而呈现些许的差异，温度适宜的条件下，3～4 天会使虫卵孵化成幼虫，而幼虫会从缝隙处爬出来，再从附近区域摄食食物，之所以黑水虻选择将卵产在离食物更远而且具有一定深度的缝隙，可能是黑水虻成虫故意将食物与卵分开，避免自身和幼虫在摄取食物之时不小心把虫卵也吃了，保证虫卵的孵化率。

1. 温度的影响

很多非生物方面的因素都会影响到黑水虻的繁殖能力以及生长发育的质量，因为黑水虻最早起源于美洲的草原上，这里是热带和亚热带地区，这就表明了黑水虻更习惯于在温度较高的环境下生存。黑水虻的最佳生长繁殖温度为 28～30 ℃，而且温度不宜过高，当温度超过 36 ℃之后，黑水虻的死亡率会随着温度的升高而不断增高。当生长环境的温度低于 26 ℃，黑水虻的繁殖和产卵行为也会有降低的趋势，直到把温度升到最适温度 28 ℃左右时，这种不利状况才有所减缓。

2. 湿度的影响

除温度外，食物的含水率也能显著影响黑水虻的生长状况，黑水虻喜欢湿度更高的食物，较低的含水量会使黑水虻幼虫发育缓慢；而更低含水量（比如50％）的食物，则会使幼虫生长之后，比正常发育的幼虫体型小；如若食物的含水量进一步降低（比如 30％），此时的黑水虻幼虫会营养不良，根本无法化蛹。

当温度达到 28 ℃最佳温度之后，生活环境和食物的湿度达到 75％时，黑水虻的生长发育速度快，生长品质好，繁殖率高。

3. 光照的影响

光的照射会影响到黑水虻成虫的交配与繁殖，阳光是诱导黑水虻产生交配行为的主要环境因素之一，阳光的照射会提高黑水虻的繁殖率和产卵率，促进其更多的繁殖行为。养殖黑水虻的虫卵日产量在 1 kg 以下，一般情况下没有安装补光灯的必要。碘钨灯和高压钠灯可作为黑水虻补光灯，其他类型的灯效果不佳。

4. 广食性和宽 pH 耐受性

黑水虻的食量相当大，特别是其处于幼虫期的时候，会不停地对食物进行摄取，所以人们在关于使用黑水虻对有机废弃物进行处理的实验研究中，往往都选择黑水虻的幼虫，黑水虻的幼虫可以不断吃下废弃果蔬、腐烂食物、餐厨垃圾等各种垃圾，然后将这些物质的营养充分吸收，转化成自身生长所需的养分，经过对黑水虻幼龄期幼虫和末期幼虫的体重进行测量，发现在整个幼虫期，黑水虻的体重会暴增数千倍。通过黑水虻的过腹转化，废弃垃圾不断减少，黑水虻的体重增加，群体数量通过不断繁衍也不断增加，能对更多的有机污染物进行处理，而且很多用作处理垃圾的昆虫及生物都对垃圾具有选择进食性。对于液态和含水量高的物质，很多昆虫，如黄粉虫，不能食用太湿的食物，甚至对湿的食物具有厌食性，而黑水虻恰恰相反，它更倾向于这些高湿度废弃物，因此在处理这些湿物料时，黑水虻往往是首要选择。

黑水虻的广食性和宽 pH 耐受性，也使其能摄食各种物质，这为使用它处理各种垃圾提供了新思路。

5. 黑水虻与苍蝇的区别

仅通过肉眼来观察黑水虻的外表，会发现其不管是幼虫还是成虫时期，都和普通的蝇蛆高度相似，而且生活环境也高度重合，两者都经常出现在畜禽类动物的养殖场地、城市的垃圾桶与垃圾场，还有一些老式的公共厕所以及一些其他的垃圾堆放环境中。从昆虫分类角度来说，二者同属双翅目，而且都是腐食性昆虫，但苍蝇的繁殖周期要小于黑水虻，正常情况下，黑水虻从卵至成虫要历经40天左右的时间，而苍蝇的生长周期只需要15天，这就意味着当黑水虻才从虫卵变为幼虫的时候，苍蝇已经完成了虫卵到苍蝇成虫的转变。

其实大规模应用黑水虻前，就有研究者曾经将目光聚焦过家蝇。因为家蝇也能摄食粪便，所以在20世纪50年代，研究者尝试过使用家蝇来处理粪便，一开始实施得十分顺利，粪便的处理量也不错，但家蝇的自身生理特性限制了其进一步应用与推广，这其中最主要的原因是家蝇成虫除了要吃粪便之外，还要摄食其他各种人类的食物，频繁出入人类的居所，这种行为会传播各种病毒、病菌、病原体，会导致传染病以及其他疾病的发生，相比之下，黑水虻成为成虫之后，没有了口器，完全无法摄食人类的食物，而且黑水虻天性胆小，害怕人类，也不用担心黑水虻出入人类居住场所。

虽然黑水虻不如苍蝇一样会传播传染病和其他疾病，但因为我国传统观念的原因，苍蝇一直被视为四害之一，而以肉眼观察到的黑水虻外形酷似苍蝇，黑水虻的大量繁殖势必会影响到人们的视觉感官，故黑水虻也因为外表常常不受人待见。

6. 料虫比的适当搭配

虫子的数量和料的数量一定要搭配好，不然会导致虫子成长至商品虫的时候饲料没有吃完，黑水虻会和残余饲料一起保持着还是很湿很黏的状态，滚筒筛和振动筛都不能将其筛分出来，只能人工分离，增加成本。

四、黑水虻的经济价值

黑水虻体内营养成分丰富，可成为豆粕的完全或部分替代品（表4-1、表4-2）。此外，从黑水虻体内可提取到高效、抗菌谱广的抗菌肽以及具有抗菌性能的己二酸。黑水虻幼虫体内具有丰富的油脂以及以月桂酸为首的各种脂肪酸，这些物质都具有很好的抗菌性能。随着提取技术和诱导技术的发展，尚有一些其他的活性物质不断被发现并提取出来。除医用价值外，黑水虻体内的高脂肪也预示着它能作为昆虫油的优质原料。黑水虻的生态循环模式见图4-1。

表 4-1　黑水虻幼虫中营养成分含量[2]

原料	水分/%	粗蛋白质/%	粗脂肪/%	粗灰分/%	钙/(mg/kg)	铜/(mg/kg)	锌/(mg/kg)
黑水虻	69.12①	37.60	36.00	5.46	126.30	0.84	1.40
黑水虻幼虫粉②	6.03	32.79	43.75	6.58	—	—	—

续表

原料	水分/%	粗蛋白质/%	粗脂肪/%	粗灰分/%	钙/(mg/kg)	铜/(mg/kg)	锌/(mg/kg)
黑水虻脱脂幼虫粉	6.12	57.7	0.19	10.22	—	—	—
豆粕	11.00	44.20	1.90	6.10	0.33	24.00	46.40
鱼粉	10.00	53.5	10.00	20.80	5.88	8.00	88.00

①鲜虫的含水率。

②不同文献的测试值，供参考。

表 4-2　部分常见蛋白质来源与食用昆虫蛋白质来源的蛋白质含量[3]

蛋白质来源		蛋白质含量（占干物质）/%	蛋白质来源		蛋白质含量（占干物质）/%
常见蛋白质来源	大豆	40.4	昆虫蛋白质来源	棉蚜	48.0
	猪肉	35.2		蝈蝈	71.3
	牛肉	45.6		蚕蛹	69.7～71.7
	鱼粉	53.50～60.4		蟋蟀	66.7
	豆粕	44.2		蚂蚁	42.0～67.0
昆虫蛋白质来源	蝉	72.0		黄蜂	81.0
	大麦虫幼虫	51.0		中华稻蝗	63.1～68.6
	黄粉虫幼虫	54.3		东亚飞蝗	58.5
	黄粉虫虫蛹	58.7		黑水虻幼虫粉	32.79
	黄粉虫成虫	64.3		黑水虻脱脂幼虫粉	57.77

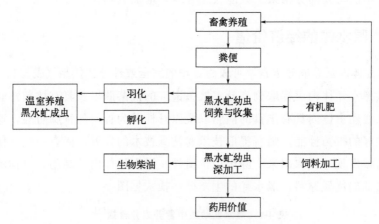

图 4-1　基于黑水虻的生态循环模式[4]

　　但规模化的黑水虻养殖需要大型的场地。以餐厨垃圾为黑水虻饲养的原料，建议原料成本不能超过（人民币）100 元/t。每 1 t 虫子需要最少 5～10 t 的原料养殖，1 g虫卵能养殖2～3 kg的黑水虻鲜活虫。

目前黑水虻的产品形式主要有低温干虫，收购价格在5 000～8 000元/t。以饲料厂收购为主；活虫，收购价格约为2 000元/t，为保证存活率只能就近销售，一般以养殖户为主；冰鲜虫，收购价格为2 500～3 000元/t，用于虾蟹的喂养；微波干虫，价格在8 000～10 000元/t；黑水虻虫卵，1 500元/kg。1 t虫子最好的利润在500～800元。

第二节　黑水虻对畜禽粪便的转化处理

一、引言

在处理畜禽类动物粪便时，科研人员尝试过选择金黄指突水虻，这是一种适合处理粪便并且自身经济价值较高的昆虫，但在后续的研究表明，与它相比，黑水虻的繁殖能力远远强于它。屎壳郎、埋葬虫等甲虫的生活习性也表明，它们拥有解决畜禽类动物粪便的潜力，可他们的生存能力和繁殖能力均不敌黑水虻，这会使得整个处理过程的周期拉长，而且这些甲虫只能在浩瀚的大自然中无拘束地生长，无法在类似养殖厂这种隔离的空间里世世代代发展下去。综合考量，黑水虻就成为处理这些粪便的主要昆虫之一。

关于使用黑水虻通过自身的消化系统来处理各类垃圾的研究最早起源于20世纪80年代的美国，那个年代处在畜牧业发展高峰期，畜牧动物的大量养殖同时意味着它们排泄物的激增，为了防止这些动物的粪便引发的环境污染问题，科研人员们提供了不同解决思路，其中就包括使用黑水虻来处理，这开辟了黑水虻处理垃圾的先河，这种思路随即在畜牧业同样发达的欧美国家中得到了推崇，到了20世纪的90年代，我国科研人员受到他们的启发，也准备使用水虻类昆虫对堆积的绿色有机废弃物进行处理，研究伊始，因为黑水虻还没有在我国广泛分布以及国际上存在一些相关专利的问题，我国旨在研究我国本土指突水虻类的昆虫，直到2005年才正式开始对黑水虻的系统研究，探究出黑水虻除了能有效处理畜禽类动物粪便之外，还能处理农业废弃物、各类油脂物质等有机物，在经过十年的实验研究以及推广，全国各地都意识到了黑水虻自身的环保价值以及它能带来的经济价值，于是黑水虻的相关养殖工程及技术都得到了极大发展，在此基础上大量关于黑水虻的养殖场所也在不断地建设，直到目前为止，我国对于黑水虹无论是在科学研究还是产品出口等各个方面，都处在全球的领先地位，成为了该产业最发达的国家。

我国成为该产业最发达国家有几个原因：首先，欧美一些发达国家人口较少，人口密度远远小于我国，因此让他们有足够空闲的耕地、土壤消纳畜禽粪便，而且因为近现代工业化革命以及各方面发展迅速的原因，这些发达国家对粪便无害化处理的工艺确实要领先我国，因此将畜禽类动物粪便收集起来统一无害化处理后再用于施肥的这种方法更容易获得他们的青睐；其次，黑水虻作为完全变态的昆虫，各个时期都有着完全不同的生活习性，因此各阶段的生活环境都有所不同，很难同其他生物一样流水线进行管理，必须使用人工来进行饲养才能使得黑水虻拥有较好的品质和产量，而在发达国家里，人工成本相比于我国要高出很多。因此这两大原因使得他们不得不渐渐放弃黑水虻的规模化养殖。

黑水虻处理畜禽类粪便有以下优势：黑水虻幼虫时期食谱性广、食量大、处理能力强；黑水虻能抑制粪便中携带的病原微生物（如大肠杆菌与沙门菌）以及残留的抗菌药物，整体起到了对废弃物的无害化作用；黑水虻和家蝇虽然都能摄食粪便，但是黑水虻不会摄食人类的食物，也不会靠近人类的居所，可家蝇与之恰恰相反，它会经常性地出入人类场所，还能在人类食物上停留和摄食，这就会导致其携带病毒、病原体、病菌进到人类的生活环境之中导致多种疾病的发生。黑水虻的生长能抑制家蝇的生长，从而有效减少家蝇的数量。

二、处理示例

1. 对鸡粪的转化处理

Dieners 等[5] 研究出了一套黑水虻处理鸡粪的处理工艺，用于处理当地产量极大的鸡粪，整个摄食过程的饲料转化率可达 41.8%。

郭会茹等[2] 先使用豆粕和麦麸喂养黑水虻幼虫 4~5 天后，再将其接种到鸡粪中。此时黑水虻幼虫刚好处于食量最大的阶段，能最大程度处理鸡粪，待处理 8 天之后，再将黑水虻幼虫收集起来，对剩余的鸡粪（虫沙）、黑水虻幼虫的营养成分的含量进行检测，结果（表 4-3）表明：处理后的鸡粪相较于处理前的鸡粪，其干物质、粗蛋白质、粗脂肪均有所下降。

黑水虻幼虫可将家禽粪便转化为自身体内的粗蛋白质和粗脂肪，是一种十分优异的昆虫类饲料。经黑水虻幼虫处理之后的虫沙有机质含量和总养分含量均达到了农业行业标准 NY/T 525—2021《有机肥料》的要求，且在对虫沙内有害微生物的检测中，未发现大肠杆菌群的存在，证明了黑水虻幼虫能有效抑制鸡粪里的有害物质，黑水虻的虫沙可作为良好的有机肥料（表 4-4）。

表 4-3　黑水虻幼虫处理前后的鸡粪营养成分（干物质）[2]

项目	干物质/%	粗蛋白/%	粗脂肪/%
处理前鸡粪	92.48	23.00	2.44
处理后虫沙	89.67	15.75	1.07

表 4-4　黑水虻虫沙成分分析（干物质）[2]

项目	虫沙	NY/T 525—2021 技术要求	项目	虫沙	NY/T 525—2021 技术要求
有机质/%	60.00	≥30	Cd/(mg/kg)	—	≤3
总养分 $(N+P_2O_5+K_2O)$/%	10.60	≥4.0	Cr/(mg/kg)	39.00	≤150
K_2O/%	3.31	—	Pb/(mg/kg)	4.00	≤50
N/%	2.52	—	As/(mg/kg)	2.00	≤15
P_2O_5/%	4.75	—	Hg/(mg/kg)	—	≤2
水分(鲜样)/%	6.00	≤30	蛔虫卵死亡率/%	100	≥95
pH	8.40	5.5～8.5	粪大肠菌群/(个/g)	—	≤100

　　将鸡粪烘干之后，搭配不同比例的其他饲料用以喂养黑水虻幼虫，发现烘干的鸡粪比例占据总饲料的 20% 时，能使黑水虻幼虫的各种生长指标达到最高值[6]。

　　鸡粪是养殖黑水虻时，所有畜禽粪便里效果最好的，产虫量在 15% 左右，但是鸡粪一定要新鲜，1 t 鸡粪能养殖 150 kg 鲜虫，因为鸡粪营养程度小于餐厨垃圾，因此，要注意投放密度，以及鸡粪的堆放厚度，而且在用鸡粪喂养黑水虻前，先做小批量实验，看鸡粪里面的药物是否影响黑水虻。

2. 对猪粪的转化处理

　　杨森等[7] 发现所有实验组的黑水虻幼虫都可以消耗猪粪中 40%～51% 的干物质，最后收获的新鲜虫体干重占处理前猪粪干重的 10%～15% 左右，而且后续对猪粪营养含量的检测表明，相比处理之前其粗脂肪、粗蛋白以及氮、磷、钙等微量元素含量都相应有所减少，说明黑水虻能从猪粪中吸收自身所需的营养。其中所有营养物质中，黑水虻对脂类物质的转化率最高。

　　(1) 发酵猪粪　杨树义等[8] 将新鲜猪粪经过为期 2 天的发酵之后再作为幼虫的饲料，比对其他实验数据，最后结果如下：幼虫对新鲜猪粪的转化率为 38%，而对发酵猪粪的转化率不增反降，这个数值只达到了 23%，说明对猪粪的发酵处理对黑水虻的转化率并没有促进作用。

　　(2) 处理最佳条件　任何生物处理过程，均有一个适宜的处理条件。袁橙等分别将不同养殖床的温度调节至 25 ℃、28 ℃、30 ℃，然后在每个温度之下，又分别设置湿度为 70%、75%、80% 的猪粪，在不同实验组里添加同龄同量的黑水虻幼虫进行喂养。虽然已有研究发现使用常规饲料喂养黑水虻幼虫的时候，含水量以 70%、温度为 27~30 ℃ 为最佳，但是袁橙等人发现黑水虻处理猪粪时，有不同的最佳条件，温度应保持在 28~30 ℃ 最佳，猪粪的含水量保持在 75%，黑水虻幼虫的增重和猪粪的处理量才能达到最大，和其他饲料略有区别[9]。

（3）饲料的复配　为了比较黑水虻初孵阶段采用开口料暂养与直接参与粪便等混合培养料饲养黑水虻幼虫的生长差异，叶家炜等将新鲜猪粪和麦麸按一定比例搭配后，充分混合，形成新的饲料，用于喂养幼虫期的黑水虻[10]。具体喂养方式如下：

对照组，A~D，猪粪∶麦麸依次为 9∶1、8∶2、6∶4、5∶5，采用麦麸作为开口料饲喂 6 天再转为混合培养料饲养；

试验组，E~H，直接饲喂含有猪粪的混合培养料，猪粪与麦麸比例依次同对照组。

在不同时间段对黑水虻幼虫进行称重，结果见表 4-5。从表 4-5 可以看出，在最初喂养的 6 天里，使用全麦麸进行了预喂养的黑水虻幼虫，无论是体重的增加量，还是生长速率，甚至饲料的减少量与利用率等各个方面都要优于从直接使用混合饲料喂养的黑水虻幼虫。究其原因：猪粪的营养含量要远远低于麦麸，所以在开始的生长发育期，食用了全麦麸的幼虫就占据了"生长优势"。且在后续对混合饲料中猪粪和麦麸的配比可看出，猪粪含量过高并不会对幼虫带来有利影响，随着猪粪占比的减少，黑水虻幼虫体重、体长、体宽等多个生长指标都呈现更优的趋势。在所有实验组中，可发现当麦麸和猪粪的配比为 1∶1 时，对于黑水虻幼虫的生长品质、猪粪的处理量来说，都是最优的配比。

表 4-5　不同比例猪粪对黑水虻幼虫体重的影响[10]

处理组	6 日龄	8 日龄	10 日龄	12 日龄	14 日龄	16 日龄
A	0.406 2± 0.059 4b	0.934 5± 0.186 8ab	1.123 7± 0.162 4a	1.159 5± 0.193 6a	1.238 7± 0.137 2a	1.288 1± 0.183 7a
B	0.647 5± 0.047 5c	1.540 5± 0.216 6d	1.695 0± 0.190 5b	1.762 1± 0.097 1b	1.886 5± 0.116 6c	2.014 3± 0.236 7b
C	0.509 3± 0.053 2bc	1.396 9± 0.215 2cd	1.482 1± 0.169 4ab	1.619 5± 0.163 1ab	1.743 8± 0.081 0bc	1.826 0± 0.239 2ab
D	0.612 8± 0.070 3bc	1.528 5± 0.096 0d	2.356 7± 0.451 9c	2.440 5± 0.347 4c	2.554 4± 0.348 9d	2.607 6± 0.358 9c
E	0.175 4± 0.038 8a	0.729 2± 0.066 3a	1.099 6± 0.285 5a	1.296 7± 0.415 8ab	1.337 8± 0.254 4ab	1.452 2± 0.376 6ab

续表

处理组	6 日龄	8 日龄	10 日龄	12 日龄	14 日龄	16 日龄
F	0.649 8± 0.063 1c	1.210 4+ 0.078 6bcd	1.376 6+ 0.131 1ab	1.426 5± 0.214 0ab	1.507 8± 0.201 1abc	1.730 7± 0.327 5ab
G	0.636 7± 0.147 0c	1.149 6± 0.127 6bc	1.259 8± 0.137 8ab	1.349 2± 0.143 2ab	1.482 7± 0.111 6abc	1.570 5± 0.175 4ab
H	0.584 0± 0.169 4bc	1.113 1± 0.206 4ab	1.201 9± 0.174 6ab	1.341 4± 0.160 5ab	1.386 5± 0.159 2ab	1.424 5± 0.155 2ab

注：同列数据后小写英文字母相同代表差异不显著，字母相邻代表差异显著，字母间隔代表差异极显著。

3. 对牛粪的转化处理

直接用黑水虻处理高湿度的牛粪，发现其幼虫对牛粪的处理转化能力和转化速率均很低，可能是高湿度牛粪中有机质含量、营养成分少。若在高湿度的牛粪中混杂一些猪粪和鸡粪，可使处理效率上升，且黑水虻自身的生长发育也加快。添加猪粪组的效果要明显好于添加鸡粪组，猪粪和牛粪的最佳配比为 1∶1[11]。

4. 对鸭粪的转化处理

马加康等[12]研究了黑水虻幼虫对新鲜鸭粪的处理效果以及转化率。

第 1 组为对照组，以玉米粉和麦麸混合而成的普通饲料组成，为排除其他因素带来的影响，将普通饲料的含水量增加至和新鲜鸭粪的含水量一致。

第 2～11 组：新鲜鸭粪取代部分普通饲料，鸭粪占比分别为 10%，20%，30%，…，100%，在不同的时间段对黑水虻的幼虫进行称重。

试验结果见表 4-6。从表中数据可以看出，当饲料里新鲜鸭粪含量＜60%时，随着鸭粪含量的增高，黑水虻幼虫的体重、生长发育以及鸭粪的减少量都不断增高；但当鸭粪的含量＞70%，尽管黑水虻幼虫还是能通过摄食将鸭粪进行处理，但是自身的生长发育比较迟缓且对粪便的利用率也会降低。故建议鸭粪的最优占比应为 60%。

表 4-6 不同比例的新鲜鸭粪对黑水虻幼虫体重的影响[12]

组别	初始重	7 日龄	10 日龄	13 日龄	15 日龄
1	46.214±9.651	103.165±13.472	209.964±12.716	239.721±15.896	235.224±7.914
2	45.982±11.426	102.843±14.132	218.883±7.716	261.766±11.003	250.348±12.725
3	46.413±10.047	106.761±15.143	227.863±14.478	247.325±4.752	278.745±5.716
4	46.208±7.038	120.167±11.721	222.341±13.156	259.428±13.462	266.563±15.736
5	46.147±8.113	110.904±15.175	213.700±10.812	262.169±13.954	250.941±10.891
6	46.120±9.721	127.825±12.138	219.181±6.575	258.903±12.713	274.883±13.993

续表

组别	初始重	7 日龄	10 日龄	13 日龄	15 日龄
7	46.047±10.039	129.846±8.791	228.284±12.795	262.224±13.954	286.427±13.487
8	45.912±7.468	102.841±17.018	208.841±9.196	230.629±11.871	253.414±8.364
9	46.247±8.489	100.780±8.712	185.763±13.851	213.487±14.961	207.708±5.561
10	46.331±7.135	95.203±14.136	175.926±9.962	182.142±13.882	198.564±13.472
11	46.136±9.076	97.067±10.772	175.929±24.713	185.048±12.973	196.289±13.972

三、处理效果分析

大量的研究表明，黑水虻处理鸡、鸭等小型禽类动物的粪便的效果要好于大型畜类动物（如牛、猪）的粪便，能更好地促进幼虫期黑水虻的摄食，使幼虫的生长发育速率和品质更高，禽类粪便减少量多于同种处理方法的大型畜类动物粪便。究其原因：与动物本体的消化以及排泄系统有关，猪、牛等大型动物因为体型和生理构造原因，它们的消化系统和排泄系统更加发达，每一个部位都能最大化地吸收食物的营养物质和养分，故排出的粪便营养物质含量低；相比之下，鸡、鸭等小型动物的消化系统和排泄系统就显得很简单，它们在摄食食物之后很快就能排出粪便，消化系统不能很好地将其吸收，排出的粪便含有大量未被利用的高营养物质。因此，黑水虻处理禽类粪便时，无论在处理量还是黑水虻自己发育方面都要优于大型畜类动物粪便。

四、鸡、黑水虻共养模式

卢文学等提出鸡粪经过近地微发酵处理之后，直接用以喂养黑水虻，然后黑水虻发育成熟后，一部分用于化蛹和羽化为成虫，在场地之内搭设新的干燥木质缝隙以供成虫产卵；而另一部分用于充当鸡的饲料，因黑水虻富含蛋白质和脂肪，能很大程度代替鸡类的其他饲料，除了能减少养殖成本之外，鸡类在取食黑水虻之后自身的蛋白质、脂肪含量都会有所提升，因此在这种养殖系统里肉鸡的肉质一般更紧实，更受到人们的喜爱[13]。

此模式还可以进行多种类鸡的联合饲养，比如除了肉鸡之外还可以饲养一部分蛋鸡，蛋鸡在吃了黑水虻之后，鸡蛋的产量有所提升。除了提升肉的品质和蛋的产量之外，黑水虻体内富含的抗菌肽随着黑水虻自身被鸡所进食也跟着一起迁移到了鸡的体内，提高了鸡的免疫力。关于使用养殖系统里的黑水虻来喂养鸡类的方式总共分为两种，一种是将黑水虻进行烘干后，将其烘干、粉碎成虫粉用以添加到鸡的日粮中；而另一种则是更简单的直接喂养，将大量黑水虻活虫投放到鸡的饲料中，但此种方式需要注意的是，鸡类对黑水虻的喜好程度较高，常常引起它们的争食现象，需要防止这种现象造成诸如鸡之间互残而导致的其他经济损失。

五、家蝇、黑水虻共养模式

国外科学家通过将黑水虻和寻常家蝇进行共养，发现黑水虻和家蝇在生长发育过程中，两个群体会形成竞争关系，通常黑水虻的竞争力会大于寻常家蝇。畜禽粪便聚集处，家蝇和黑水虻都喜欢食用，如果有黑水虻的存在，家蝇的数量就会很少，而且家蝇成虫会为了躲避黑水虻，在选择产卵场地时往往会避开黑水虻幼虫聚集的地方。由此可进一步推广为用黑水虻来抑制家蝇的过度繁殖。

夏季是最适合家蝇和黑水虻繁殖的季节，于是在夏季将养殖场的鸡粪收集起来，用以喂养黑水虻，待黑水虻处理之后将剩余的鸡粪放置在空地之上，在这之后发现它与完全不做任何处理的鸡粪从而引来大多数家蝇不同，处理后的鸡粪没有家蝇的靠近，说明这样的处理能有效抑制家蝇的繁殖与生长。另一方面，黑水虻幼虫还具有除臭的效果，在幼虫期的黑水虻处理了粪便之后（特别是鸡粪），刺激性气味大大降低，臭味的抑制也在一定程度上减少了吸引家蝇前来的概率，该法从另一方面抑制家蝇在该地区的生长发育以及繁殖。

六、黑水虻对抗生素的降解

随着畜禽类动物养殖规模的不断提升，为了保证畜禽类动物在生长发育过程中不会大规模患病，会向它们注射例如抗生素、硝基咪唑类等一系列抗菌药物，这些人工合成的化学物质虽然能极大程度上预防和治疗畜禽动物的多种疾病，但是也具有安全隐患，对于动物来说大量的注射会造成其抗药性以及后遗症，会对畜禽动物本身有着极大的潜在危险；另一方面，因为这些物质是人工合成的，在流入动物体内之后，动物自身的体内各种系统不能将其完全彻底地降解，大部分的抗菌物质会随着其粪便被排出到体外环境之中，因此粪便含有大量残留的抗菌药物，而这些抗菌药物在外界环境中会和外部细菌大量接触，在一段时间后，细菌也会产生抗药性，进化出更难以消灭的致命细菌、超级细菌，这会对周遭环境和人类的生命健康带来极大的威胁。

面对这个亟待解决的问题，有人提出使用黑水虻来处理，因为他们认为黑水虻幼虫不但能大量高效地通过摄食来处理畜禽类粪便，而且黑水虻还具有能彻底吸收降解有机废弃物的能力。比如在处理农业的相关污染上，外国科学家也实验过使用幼虫期的黑水虻来摄食农业废弃物，因为农户耕作的原因，各类农业废弃

123

物或多或少都含有残留的农药，而这些农药是具有毒性的合成有机物，对人类和一般动物都有害。但是黑水虻却能若无其事地将其摄食，待黑水虻以此为食几天之后，再收集一些末龄期的黑水虻幼虫进行检测，发现在其体内没有检测到这些有机药物的积累，表明黑水虻幼虫有能力去解决因含农药残留物的农业废弃物所造成的污染问题。再把农药残留物和抗菌残留药物做对比，两者都是人工合成的化学有机物，而且残留的抗菌药物往往在畜禽类动物的粪便中，大量粪便堆积的场所比起一般堆积农业废弃物的区域更能吸引黑水虻的聚集，而且黑水虻幼虫被认为在处理畜禽动物粪便的时候，还能有效处理粪便里面大量的残留抗菌物质。

国内有团队研究了用黑水虻幼虫处理四环素药物的生物学机制和黑水虻幼虫对此类药物的降解途径。在黑水虻的相关处理作用下，将近97%的四环素在12天内被逐渐降解。在不使用黑水虻的条件下，四环素类物质的处理和降解可通过堆肥来实现，但堆肥的过程一般都比较长，黑水虻幼虫对其降解速度远远快于堆肥的时间，这无疑为处理此类物质开辟了一条新道路。黑水虻幼虫对四环素的降解主要是通过其肠道内部的各个微生物群共同进行，具体机理包括了各种微生物对四环素水解、氧化、脱氨、去甲基化等联合作用。

Liu等尝试使用黑水虻幼虫来处理富含土霉素的残留抗菌药物。实验选用3日龄的黑水虻幼虫，使其在土霉素浓度不同的粪便中进行生长发育，在经过几日的处理之后，对粪便里面土霉素的含量进行了测定，发现经过黑水虻处理后土霉素的降解率达到了70%~81%，对幼虫体内检测中也没有观测到土霉素的存在，可以佐证黑水虻幼虫对这些残留的有机物都有降解作用，后续的对这些黑水虻幼虫的观察中，发现吸收了土霉素并不会对这些幼虫造成不良影响，依然能进行正常的生长发育[14]。

七、黑水虻对大肠杆菌的抑制作用

除了药物残留，动物粪便中往往还含有数量极多的大肠杆菌，这种细菌会引起人们的腹痛、贫血，甚至肾功能衰竭，因此在处理畜禽类动物粪便时，特别要注意避免大肠杆菌等病原微生物通过渗入地下水等一系列途径进入到人类的日常生活之中。

随着对黑水虻幼虫研究的深入，发现黑水虻幼虫似乎不受这些病原微生物的干扰，而且它们还能通过自身体内的作用将一些微生物降解。

刘巧林等使用绿色荧光蛋白对奶牛粪便里的大肠杆菌进行标记，并随即选用适龄的黑水虻幼虫对其进行处理，经过几天的处理后，将奶牛粪便和黑水虻幼虫分开，再进行检测，发现被绿色荧光蛋白标记的大肠杆菌被有效地抑制了，证明黑水虻能处理大肠杆菌，同时也为未来新型的处理各种病原微生物的技术提供了新的思路[15]。

第三节　黑水虻对餐厨垃圾的处理

一、引言

喂养黑水虻的物品主要有：餐厨垃圾，禽畜粪便，豆腐渣，过期食品，酒糟，烂瓜果蔬菜。目前一般都是以餐厨垃圾和粪便为主，在这两者之间效果最好的还是餐厨垃圾。使用生物处理法能同时实现对餐厨垃圾的无害化、减量化、资源化，因此受到了相当大的推崇。一般来说使用黄粉虫和蚯蚓都能较好地对餐厨垃圾进行处理，但是它们的取食特性限制了它们对餐厨垃圾的处理范围（比如黄粉虫只喜欢吃干燥的食物，而对湿性饲料食多易死亡）。黑水虻有较广的食谱性和对湿性食物的喜爱特性，故对湿度较高的餐厨垃圾有更好的处理能力，它能将废弃物里的各种营养转化为昆虫蛋白，且餐厨垃圾的堆积地本身就是黑水虻成虫首选的产卵地，由此可见使用黑水虻处理餐厨垃圾确实是一种有效可行的方法。

对黑水虻处理餐厨垃圾的情况进行调研发现，仅广东省就有广州、汕头、佛山、梅州、湛江等地级市都有使用黑水虻处理餐厨垃圾的工厂。根据各地因城市自身的发展程度和待处理垃圾的量不同，黑水虻的养殖和处理规模也会有所不同，但是处理效果却大同小异，平均每个相关场地处理 10 t 的餐厨垃圾之后，场地内的黑水虻可借助餐厨垃圾里的营养生产出 2 t 的幼虫以及 1 t 的虫沙，处理完毕之后，餐厨垃圾只剩 4%～5% 的剩余物，这些剩下的物质都是厨余垃圾里含有的塑料、木制品、金属等黑水虻无法降解的物质[16]。

二、处理示例

1. 黑水虻对饲料的选择性

餐厨垃圾种类繁多，随时间、地域不断变化，且每一种餐厨垃圾物料的性质也不相同，故餐厨垃圾的种类会直接影响黑水虻的取食倾向。为了考察黑水虻对不同饲料的取食能力，任立斌等分别选择了以米饭、莲藕、山药、萝卜、土豆、白菜等食物为主要成分的不同餐厨垃圾（主要营养成分如表 4-7 所示），将不同主要成分进行混合配比，将混合物喂养黑水虻，实验结论为：黑水虻对米饭和鸡肉的饲料转化率最低，而且使用黑水虻处理以这两种为主要成分的餐厨垃圾时，垃圾的减量值也最小；相反地，黑水虻幼虫对莲藕、山药、白菜、甘蓝的转化率是最高的，这些废弃物减量的值也是最高的。虽然米饭中碳水化合物成分极高，但是莲藕、山药、白菜、甘蓝四种物质的含水量远远超过了米饭的含水量，因此莲藕、山药、白菜、甘蓝对于黑水忙幼虫的适口性更高[17]。

表 4-7　餐厨垃圾中不同组分的营养成分[17]

组分	能量/kJ	脂肪/g	碳水化合物/g	蛋白质/g	膳食纤维/g
米饭	486	0.3	25.9	2.6	—
莲藕	276	0.1	16	1.6	3.1
山药	485	0.1	27.5	1.5	3.9
萝卜	53	0.2	3.6	0.7	1.6
土豆	323	0.2	17.2	2	0.7
白菜	50	0.2	2.2	1.1	0.8
甘蓝	121	0.1	6.7	1.8	1.1
菠菜	96	0.3	3.8	3	2.4
韭菜	130	0.5	5.7	2.6	1.4
黄瓜	63	0.1	2.6	0.8	0.7
番茄	73	0.3	3.1	0.7	1
番瓜	97	0.1	5.3	0.7	0.8
茄子	146	0.2	8.7	0.8	2.5
木耳	54	0.2	5.2	0.6	5.2
平菇	88	0.2	6.6	3.4	3.7
金针菇	155	0.3	7.8	2.7	2.7
香菇	234	0.2	14.4	1.6	2.1
鸡肉	556	5.0	2.5	19.4	—

2. 投料量对黑水虻生长的影响

投料量是生物反应器中很重要的一个指标，投料量过低，餐厨垃圾处理效率低，且黑水虻因食物不足生长不良；投料量过高，反应器中的餐厨垃圾不能在预计的时间内完成转化，导致餐厨垃圾变质变味。李峰等研究了大学食堂的餐厨垃圾和豆腐渣，探究黑水虻对这两种废弃物的处理效果。为了保证黑水虻幼虫初期的正常生长发育，对所有的黑水虻幼虫都预投喂了 3 天的全麦麸，3 天之后再分别投加等量的餐厨垃圾和废弃豆腐渣。经过一段时间的检测发现，若投喂的两类有机废弃物的量在不断增加，两个实验组中的鲜虫增重和料重比的变化量都会不同；在综合考量增重量、料重比等所有效益带来的经济利润之后，得出这两种废弃物的最佳投喂量范围：每 0.5 g 虫卵投喂的餐厨垃圾和豆腐渣应分别保持在

1.87~2.20 kg、1.90~2.13 kg 的范围之间。在达到最佳范围之后，此时黑水虻
幼虫的增重、发育质量等各个生长指标能达到最高，各种经济效益在此时也达到
最大（表 4-8）[18]。

表 4-8　餐厨垃圾投喂量对幼虫增重及料重比的影响（平均值±标准差）[18]

饲料种类	投喂量/kg	鲜虫增重/kg	料重比
餐厨垃圾组	1.24	0.67±0.016	1.84±0.045
	1.54	0.79±0.096	1.97±0.240
	1.87	0.95±0.035	1.97±0.072
	2.20	1.11±0.061	1.98+0.106
	2.68	1.23±0.014	2.18+0.025
	3.04	1.36±0.085	2.24±0.140
豆腐渣组	1.43	0.35±0.007	4.05±0.085
	1.66	0.36±0.023	4.03±0.219
	1.90	0.39±0.081	5.01±1.125
	2.13	0.37±0.039	5.76±0.586
	2.37	0.35±0.042	6.78±0.788
	2.60	0.47±0.043	5.55±0.520

尹靖凯等[19] 将餐厨垃圾（含水量为 73.1%）按添加量分为 4 个实验组
T1~T4，每组接种 100 g 7 日龄幼虫，8 天后，测试各参数，发现 T1 和 T2 的
餐厨垃圾减量率以及对餐厨垃圾的转化率都明显高于 T3 和 T4 两组。投加量过
多、过低都不好（表 4-9）。综合分析，T2 处理即 100 g 7 日龄黑水虻幼虫处理
3.6 kg 餐厨垃圾的生产性能最佳。

表 4-9　投喂量对餐厨垃圾生产性能的影响[19]

处理	餐厨垃圾		黑水虻		渣干重/g	餐厨垃圾减重率/%	餐厨垃圾转化率/%
	鲜重/kg	干重/kg	鲜重/g	干重/g			
T1	3.0	0.8	884.4±22.4c	280.1±7.1c	192.1±5.9d	76.2±0.7a	30.6±0.9b
T2	3.6	1.0	114 0.7±32.1b	361.2±10.2b	251.7±11.5c	74.0±1.2a	33.9±1.1a
T3	4.5	1.2	121 0.9±7.9b	380.1±17.5ab	371.4±23.2b	69.3±1.9b	28.7±1.4b
T4	5.2	1.4	128 5.5±32.8a	401.7±9.3a	487.4±36.0	65.2±2.6c	26.4±0.6c

注：同列数据后小写英文字母相同代表差异不显著，字母相邻代表差异显著，字母间隔代表差异极
显著。

3. 黑水虻对油盐的耐受性

各个地区的气候条件、发展进程、文化传统等多个原因综合导致了当地居民
的饮食习惯不同，有的地区重油重辣，而有的地区饮食清淡，也导致了最后产生

的餐厨垃圾所含的油脂、盐度都有所不同。尽管黑水虻能高效处理大多数湿性的餐厨废弃物，但高油高盐的环境会对它们的生长发育和处理效果造成影响。

研究表明，含盐量对黑水虻的生长会带来不利的影响。当含盐量一旦超过2%时，幼虫的进食能力下降，导致生长缓慢并且出现营养不足的现象，因此自身增重量小，养殖床里黑水虻总重还会有所下降，而且当超过2%这个数值之后，黑水虻幼虫的后续体重的下降数值会随着含盐量的增高而不断增高，当含盐量达到6%时，幼虫会出现死亡的迹象。

油脂类物质能促进黑水虻幼虫的生长。当油脂率为2%时，幼虫的增重、生长速度、对餐厨垃圾的处理效果达到最大值，表明黑水虻幼虫有良好的耐油性。

4. 黑水虻对各营养元素的转化效率

在对餐厨垃圾和黑水虻的幼虫以及其虫粉的蛋白质含量以及氮、磷、钾、钠元素含量进行测量之后，发现当黑水虻幼虫摄食餐厨垃圾后，自身的各类物质含量都有所提升，而且还能从它们排出的粪便中同样检测到这些物质（表4-10），足以见明黑水虻一定程度上能有效利用这些营养成分，同时也发现了黑水虻幼虫对餐厨垃圾里的氮元素的转化量、摄取量都远远大于其他元素，说明黑水虻在生长发育过程中需要最多的元素是氮元素[19]。

表 4-10　黑水虻对餐厨垃圾中各元素的转化[19]

指标	N		P		K		Na		蛋白质	
	总量/g	占比/%	总量/g	占比/%	总量/g	占比/%	总量/g	占比/%	总量/g	占比/%
餐厨垃圾	38.7	100.0	12.5	100.0	3.5	100.0	12.2	100.0	242.0	100
虫体	23.7	61.3	4.7	37.6	2.5	71.4	1.7	14.1	148.2	61.3
虫粪	11.4	29.5	7.5	60.0	0.9	25.2	6.1	6.1	71.4	29.5
损失量	3.6	9.2	0.3	2.4	0.1	3.4	4.3	35.5	22.4	9.2

注：为使表格中数据简明扼要，忽略实验偏差。

三、饲料的复配示例

1. 与鸡粪复配

鸡粪中的粗蛋白质含量高，而黑水虻幼虫偏爱的碳水化合物含量却极低；同时餐厨垃圾因成分复杂，其粗蛋白质含量不如鸡粪，但碳水化合物的含量却远远高于鸡粪。两种废弃物来源广泛，成分不同，综合利用可取长补短。黑水虻幼虫对两种废弃物的处理速率、处理效果也相应有所提升。营养成分的综合搭配，能让黑水虻吸收到更平衡的营养，避免摄食单一食物而产生厌食、生长停滞的情况。

张晓林等[20]对餐厨垃圾进行了提油处理后，与蛋鸡鸡粪以不同比例混合成多个实验组。结果发现：混合饲料中，随着餐厨垃圾比例增高，黑水虻幼虫的增重率提高。研究发现，单一鸡粪饲喂黑水虻幼虫，鸡粪的利用率极低（0.149），料虫比最大（15.8）；单一餐厨垃圾饲喂黑水虻幼虫，餐厨垃圾的利用率为0.295，料虫比为7.38；当餐厨垃圾：鸡粪的比例为3：2时，饲料转化率达最大（0.385）、料虫比最小（5.99），此时经济效益最优。但在混合饲料的减量化方面，黑水虻幼虫处理单一餐厨垃圾的效果要高于它对鸡粪和餐厨垃圾混合废弃物的处理效果，单一鸡粪饲喂黑水虻幼虫，鸡粪的减量率为0.437；单一餐厨垃圾饲喂黑水虻幼虫，餐厨垃圾的减量率为0.732；当餐厨垃圾：鸡粪的比例为3：2时，饲料减量率为0.663。究其原因，可能是因为餐厨垃圾的营养成分更易被黑水虻吸收，也可能是因为鸡粪中的碳水化合物和糖类的含量低，鸡粪的加入会降低整体废弃物碳水化合物的浓度，导致黑水虻幼虫对混合饲料的处理效果变差。

2. 添加外源性蛋白和脂肪

黑水虻要正常生长发育，营养必须全面均衡。作为黑水虻生长必需的脂肪和蛋白质，需维持一定的水平，过高或过低的含量都会不同程度地对黑水虻的生长及繁殖造成抑制和不良影响。若饲料中缺乏脂肪和蛋白质这两种主要的营养元素，必须通过外源性的添加来解决问题。

黄林丽[21]向实验组的餐厨垃圾中分别添加了外源脂肪和蛋白质，发现外源蛋白质的添加对黑水虻幼虫的各项生长指标和生长性能都有明显的改善作用。通过在餐厨垃圾里添加不同量的蛋白质，发现当蛋白质的含量为35％时，黑水虻幼虫的存活率以及多项生长指标最高；蛋白含量下降到5％时，存活率以及生长指标都会迅速下降，到达最低值。对黑水虻幼虫而言，最佳脂肪含量为15％。为进一步改进餐厨垃圾对黑水虻幼虫的适口性，将餐厨垃圾通过乳酸菌发酵处理之后，发现黑水虻幼虫能进食发酵的餐厨垃圾，但存活率及各种生长指标不如蛋白质含量为35％和脂肪含量为15％的实验组，故可通过往发酵的餐厨垃圾中添加适量的外源蛋白质和脂肪，来改善黑水虻的各项指标。

3. 添加外源性矿物质

路延[22]研究发现当碳氮比保持在（14：1）～（18：1）范围时，才能提升黑水虻幼虫对餐厨垃圾的转化性能。研究尝试使用含钙矿物来深度处理餐厨垃圾过多的油脂，但实验发现：含钙矿物的增加并不会促进黑水虻幼虫对油脂的处理效果，而且在向餐厨垃圾添加了7％～10％的碳酸钙之后，黑水虻幼虫的生长受到了抑制，对餐厨垃圾的处理效果也降低，添加了5％～10％的氢氧化钙之后，其至还会较大幅度地导致处理餐厨垃圾的黑水虻幼虫的死亡，因此含钙矿物不适用于在整个处理过程中的添加，养殖时也应该极力避免这种物质的介入。

四、处理工艺优化

陈美珠[23]设计了一套黑水虻幼虫对餐厨垃圾无害化、资源化、减量化的方案，如图 4-2。黑水虻幼虫在整个对餐厨垃圾的摄食过程中会产出大量的有益菌群，和堆肥的原理类似，在经过黑水虻幼虫不断蠕动产生热量的前提下，微生物会产生发酵作用，餐饮垃圾因此大量散发热量，水分不断被蒸发，在经过 10 天左右的处理之后，餐厨垃圾的数量大规模减少，转而残留的是大量干燥分散的黑水虻粪便，使用特定的分离装置就可以将粪便里面新生的幼虫和虫粪快速地分离并进行后续的采收。当餐厨垃圾的水分过多时，养殖系统里原本所设定的对应装置会自动脱水，并将脱出后的高浓度垃圾废水回流到原料车间，在下一批餐厨垃圾用于投喂之前，将其混匀到这批餐厨垃圾之中增加水分，用以增加黑水虻幼虫的适口性，以此不断循环，达到可持续地、有效地解决餐厨垃圾问题。

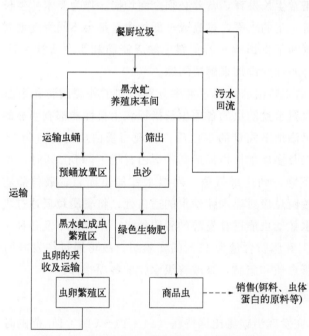

图 4-2　黑水虻处理餐厨垃圾工艺优化示意图

第四节　黑水虻对农业废弃物的处理

一、引言

黑水虻作为大食量的腐食性昆虫，在处理农业废弃物方面有着极大的潜力。当黑水虻的幼虫数量达到一定数量时，其处理废弃物的能力不容小觑。黑水虻幼虫能有效地吸收废弃物里面的营养成分，再将其转化为自身所需的养分。因黑水虻和普通家蝇在同一生存环境中的竞争，会抑制普通家蝇的生长及繁殖，减少家蝇的危害，从而间接地保护了人畜的健康。

二、处理示例

（一）处理条件的影响

张铭杰等收集了大量的农村易腐垃圾，进行压榨和粉碎，且保持含水率70%～90%，然后再通过调节温度和堆制的时间，探究这些因素变化对黑水虻生长和其处理效果的影响[24]。

1. 堆制时间的影响

堆制时间分为3个不同实验组：0～1天，3～5天，8～10天。堆制后立即接种同批次的同龄黑水虻，结果发现，预堆肥8～10天的实验组，黑水虻幼虫的存活率极低，不足50%；相反地，只堆制0～5天的实验组，黑水虻幼虫的生长发育速度和品质都不会受到影响，而且幼虫的存活率高达95%。

2. 饲养温度的影响

设置不同的温度组（℃）：25、28、30、32、35、38、40、43、45。研究温度对黑水虻生长的影响，研究发现：当温度达到45℃之后，黑水虻幼虫的存活率会大幅度降低，甚至不足50%。43℃则为黑水虻幼虫能正常生长的温度上限，38℃则是黑水虻幼虫生长的最适温度，此时的黑水虻幼虫无论是从生长速度还是对这些农业废弃物的处理效果都是最好的。

以农业废弃物作为黑水虻幼虫的喂养饲料时，随着每日添加的农业废弃物投喂量增加，黑水虻幼虫生长质量也得到了提高。为了尽可能高效地处理这些废弃物，按照平均投喂量151 mg/(条·天)，产虫率平均每1 kg的黑水虻幼虫能生长

111.5 g。其虫粉的营养价值如表 4-11。

表 4-11　黑水虻幼虫虫粉的各物质含量（干基）[24]

成分	含量/%	成分	含量/%
粗蛋白	45.21	总凯氏氮	7.23
粗脂肪	33.45	蛋白质氮	5.61
粗纤维	1.21	非蛋白质氮	1.62
灰分	14.3	蛋白质含量	40.03

表 4-11 中黑水虻幼虫的营养成分与表 4-1 的含量有些区别，主要由饲料的差异引起，其次也与虫龄有关。文献的数据都仅供参考，具体各营养物质的含量如何，需根据实际需要进行测定。

（二）对玉米秸秆的转化处理

1. 玉米秸秆与鸡粪复配

玉米秸秆和鸡粪的营养成分见表 4-12。从表中数据可以看出，两种废弃物的营养成分各有侧重，如玉米秸秆含碳量高，而鸡粪含粗蛋白高，故若将二者复配，可以取长补短，有利于营养成分的均衡。覃万郎等[25]喂养黑水虻前，将玉米秸秆与鸡粪的混合物进行了发酵处理，而在整个发酵处理过程中，碳、氮两种元素都会对发酵微生物提供能量和营养，为了防止两种元素的含量过高或过低对微生物产生作用，要及时调节整体的碳氮比，直到达到适当的比例才能有效提高微生物对其的发酵效果。玉米秸秆具有高含量的粗纤维，能和鸡粪中高含量的有机质和粗蛋白结合，让黑水虻幼虫能同时吸取到各种营养物质。为了让混合饲料的发酵效果更好，让营养价值有一定程度的提升，将碳氮比为 20、25、30 的发酵混合饲料分成 3 个实验组，每个实验组中混合饲料都是以 1∶1 的比例将鸡粪和玉米秸秆配比的，最后在这些实验组中接种同龄期的黑水虻幼虫，在经过一段时间的喂养之后，发现三个实验组中，碳氮比为 30 的实验组里面的黑水虻幼虫增重最明显，造成这种结果的原因可能是因为在此碳氮比的条件下进行发酵，玉米秸秆的粗纤维含量降解程度最大，混合饲料里粗蛋白质的含量相对的增加最大，这样更加迎合黑水虻幼虫的适口性，更有效促进它们的摄食和吸收，提高其各项生长指标。

表 4-12　发酵材料主要营养成分（干物质）[25]

物料	含水量/%	有机质/%	粗蛋白/%	粗纤维/%	灰分/%	碳/氮比
玉米秸秆	4.60	21.38	3.63	33.30	13.64	41.3
新鲜鸡粪	65.80	51.89	27.26	10.68	23.64	14.02

2. 秸秆与餐厨垃圾、猪粪复配

秸秆里面含有丰富的有机质、矿物质、维生素，这些物质都是对黑水虻生长发育极为有用的营养物质。许静杨等使用不同的菌群发酵处理，将废弃秸秆中的纤维素含量降低，同时因为秸秆里面的营养物质种类有限，不能单一地使用秸秆作为饲料[26]。在秸秆中添加了不同比例的餐余垃圾和猪粪，不但改良了黑水虻幼虫饲料的营养水平，还能同时对这两种废弃物进行减量，一定程度上减少了猪粪和餐厨垃圾引起的污染问题，最后经过实验探究发现：在经纤维素降解处理之后的秸秆里添加猪粪和餐厨垃圾，能显著提升之前那些单一摄食秸秆的黑水虻幼虫的体重体长、发育质量等一系列生长指标，在此基础上，再对猪粪和餐厨垃圾两种添加剂进行比较，发现添加餐厨垃圾实验组里的黑水虻幼虫生长发育情况优于添加猪粪实验组里的黑水虻幼虫，当秸秆与餐厨垃圾废弃物的添加比例达到1∶1时，其各项生长指标能达到较好水平。

（三）对腐烂水果的转化处理

林兴雨等[27]用黑水虻和腐烂的水果（葡萄、大枣）作为实验对象，在温度为25 ℃、湿度为60％的养虫室对其进行实验。发现面对葡萄这种带皮的水果，黑水虻幼虫不能取食它们的水果皮，但是能待其腐烂皮质松软之后，吸取到里面的果肉，在待这些黑水虻幼虫充分吸取了营养，进入到临近化蛹期的阶段之时，有相当一部分黑水虻幼虫会选择迁移到那些不能被取食的水果皮附近进行化蛹，在最后将幼虫、蛹、剩下还未被处理的腐烂水果以及虫沙进行分开处理之后，发现在以这些废弃水果为饲料的黑水虻幼虫能产出较多的新鲜虫沙，而且幼虫自身的发育生长不受废弃水果限制，体内的各种营养物质仍然十分丰富，所以无论是黑水虻处理腐烂水果的技术，还是处理之后产生的相关产物均有着极为广阔的应用前景。

（四）对中药渣的转化处理

中药渣是一种常见的有机废物资源。中药渣的资源化利用，备受人们关注。中药渣目前的主要处理方式是填埋、焚烧或堆肥。

王慧姣等[28]使用黑水虻幼虫处理中药渣和花生饼，对比这两种物质对黑水虻幼虫生长状况的影响以及黑水虻对这两种物质的处理能力。结果表明：黑水虻幼虫对以上两种有机废物有较好的处理能力，中药渣和花生饼的投喂量不同，鲜虫的增重和料重比也会有所不同，考虑到鲜虫的增重和料重比的综合效益，为了最大化提高经济效益，每0.5 g黑水虻虫卵最佳投喂量分别为：中草药渣在

2.35～3.05 kg 之间、花生饼应保持在 2.69～3.31 kg 范围之内，可分别得到 0.3 kg、0.4 kg 左右的鲜虫。

（五）对病死猪的转化处理

杨燕等[29]以猪伪狂犬病和高致病性蓝耳病两种疫病致死猪病料喂养黑水虻，并观察和检测黑水虻对病料处理的可行性与效果。最后发现分别摄食两种病原体的病死猪组织的黑水虻幼虫体内并不存在相应的病原微生物，在这之后的虫体排泄物也没检测到这些病原体的存在，这说明黑水虻幼虫体内的消化降解系统有足够的能力将这些病原体完全降解。这也为无害化、减量化病疫致死动物尸体提供了一条全新的道路。

三、黑水虻对有机废物中氮素的转化作用

大量的农业废弃物中均含有氮素，在微生物作用下，氮素不断进行循环与转化，氮素的转化途径，目前已知的主要有 4 种：氨化、硝化、反硝化和氨同化。目前学术界研究最多且最复杂的无机化学循环之一是氮循环。氮素在自然界中存在多种形态，如有机氮、氨氮、硝态氮、氨气、氧化亚氮和氮气等，如图 4-3。

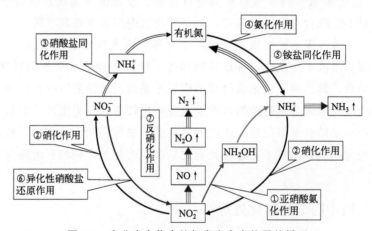

图 4-3　农业废弃物中的氮素在大自然界的循环

从图 4-3 可以看出，氮素循环过程，将有机氮转化为无机氮，产生大量氮氧化物气体，成为空气的污染源，或者将有机氮转化为氮气，造成氮素损失。如何将氮素保留下来，是一项很有意义的事情。黑水虻可以高效转化农业废弃物，实现将废弃中的氮向虫体蛋白的转化。然而，哪些氮素形态能被黑水虻转化？如何实现将氮向虫体蛋白的转化？不同氮素形态的转化利用能力有何差异？这一系列问题都具有研究价值。

陈江珊等[30]研究发现，添加黑水虻幼虫能促进鸡粪有机氮矿化成铵态氮，与对照组（未添加黑水虻幼虫）相比，其底物有机氮分解率提高了15.1%，而且底物铵态氮含量高于对照组。另外对照组的氮素减少量中，92.35%转变为氨气排放，而黑水虻幼虫处理组中氨气排放占比显著降低为64.64%，其中23.37%氮素转变为虫体生物质。黑水虻幼虫能利用多种氮元素，其中吸取有机氮蛋白质能极大程度促进黑水虻虫体蛋白的合成，相比没有任何处理的情况，氨气数量有了明显的下降。

第五节 黑水虻的利用

一、黑水虻的初级利用

黑水虻在垃圾聚集处处理和摄食大量废弃物时，它们能从中摄取到充足的养分并且能有适宜的场地进行生长繁殖。黑水虻的生长周期比普通家蝇长，但是产卵数量依旧可观，整个种群数量能实现稳步的增加，这也意味着无论是使用黑水虻处理何种垃圾都会造成它数量的增长，虽然它对人类没有危害，但是数量的激增会导致质变，不加以管控和后续的处理，可能会打破生态平衡的稳定性。另外，对人工养殖来说，没有持续效益，就无法维持下去。为了充分利用黑水虻的价值，找到合适的销路，科研人员对黑水虻体内的各种营养成分、酶、激素、其他提取物质进行了研究，以使能充分利用黑水虻的价值。

（一）黑水虻营养价值

黑水虻营养价值高，不同季节、不同虫龄阶段、不同饲料养殖的黑水虻，其营养价值具有一些区别，如表4-13所示。

表4-13 不同饲料养殖的黑水虻、鱼粉和豆粕的营养成分含量[31]

项目	黑水虻虫粉				豆粕	鱼粉
	麦糠鸡粪	常规饲料	纯鸡粪	餐余垃圾		
干物质/%	97.2	97.4	93.5	96.5	88.0	90.0
粗蛋白质/%	33.1	30.1	36.3	34.2	48.0	65.0
粗脂肪/%	30.0	35.6	15.3	33.1	1.00	9.70
钙/%	5.13	2.49	7.54	5.51	0.34	3.96

项目	黑水虻虫粉				豆粕	鱼粉
	麦糠鸡粪	常规饲料	纯鸡粪	餐余垃圾		
磷/%	1.16	0.93	1.37	0.75	0.25	3.05
粗灰分/%	19.8	16.5	28.3	17.2	6.02	14.5
必需氨基酸（占总蛋白的含量）/%						
精氨酸	4.99	4.38	5.02	4.65	7.50	5.47
组氨酸	3.57	3.32	3.50	3.39	5.52	3.91
异亮氨酸	3.48	3.32	3.58	3.42	4.53	4.10
亮氨酸	5.71	5.51	5.76	5.41	7.67	7.29
赖氨酸	6.05	5.61	6.37	5.64	6.19	7.55
蛋氨酸	1.51	1.33	1.54	1.60	1.31	2.71
苯丙氨酸	3.56	3.32	3.50	3.39	5.52	3.91
苏氨酸	2.27	2.19	2.45	2.16	2.80	3.56
缬氨酸	7.65	6.40	7.11	7.28	4.62	4.81

1. 黑水虻幼虫主要营养成分对比

黑水虻与豆粕和鱼粉的营养成分见表 4-14。

表 4-14　黑水虻幼虫、豆粕、鱼粉营养成分含量

项目	黑水虻幼虫			豆粕	鱼粉
	全脂	部分脱脂	高度脱脂		
干物质/%	93.9	94.7	96.7	88.8	95.7
粗蛋白质/%	43.7	55.9	63.9	43.9	63.3
粗脂肪/%	31.8	11.0	3.4	1.2	9.7
粗灰分/%	6.0	7.7	10.7	6.4	16.1
粗纤维/%	10.1	10.9	13.2	6.6	0.2
总能量/(MJ/kg)	24.1	21.1	19.3	17.8	18.8

注：由于豆粕和鱼粉来源不同，含量数据与表 4-13 略有差异。

郑丽卿等对处理生活垃圾的黑水虻幼虫进行了营养成分分析，结果见表 4-15[32]。

表 4-15　黑水虻幼虫营养成分分析[32]

营养成分	含量/(g/100g)	营养成分	含量/(g/100g)
蛋白质	47.3	胆固醇	172.7
脂肪	32.6	维生素 B_1	0.235
灰分	7.0	烟酸	9.395
氨基酸态氮	0.28	烟酰胺	ND

从以上的数据可以看出，全脂黑水虻虫粉中粗蛋白质与豆粕相当，脱脂黑水虻虫粉中粗蛋白质与鱼粉相当。总能量高于豆粕和鱼粉。

2. 黑水虻幼虫氨基酸种类及含量

黑水虻体内的氨基酸种类十分丰富，大多数氨基酸组成与鱼粉和豆粕的相似，包括不限于蛋氨酸、精氨酸、异亮氨酸、亮氨酸、赖氨酸、苯丙氨酸、缬氨酸和苏氨酸等，在这其中以最重要的必需氨基酸为例，黑水虻与鱼粉的必需氨基酸组成十分类似，比如赖氨酸、亮氨酸等都占据了相当的比例，当中应属赖氨酸最为突出，占据了整个粗蛋白质含量的 6%～8%，除此之外，黑水虻幼虫体内的脯氨酸和酪氨酸的含量也明显比鱼粉和豆粕高出不少（表 4-16）。

表 4-16　黑水虻幼虫的氨基酸含量[33]

氨基酸种类	含量/%	氨基酸种类	含量/%
甲硫氨酸（Met）	0.9	色氨酸（Try）	0.2
赖氨酸（Lys）	3.4	酪氨酸（Tyr）	2.5
亮氨酸（Lcu）	3.5	天门冬氨酸（Asp）	4.6
异亮氨酸（Llc）	2.0	丝氨酸（Scr）	0.1
组氨酸（His）	1.9	谷氨酸（Glu）	3.8
苯丙氨酸（Phe）	2.2	甘氨酸（Gly）	2.9
缬氨酸（Val）	3.4	丙氨酸（Ala）	3.7
精氨酸（Arg）	2.2	脯氨酸（Pro）	3.3
苏氨酸（Thr）	0.6	胱氨酸（Cys）	0.1

3. 黑水虻幼虫的脂肪酸组成

黑水虻粗脂肪含量也高，所含脂肪酸的种类与含量也极为丰富（表 4-17）。邝哲师等在同样的生长环境下，利用猪粪为主要饲料饲喂的黑水虻体内的脂肪含量大约为 28%，造成此时数值略低于正常情况下的原因：猪作为大型的畜牧类动物，消化吸收系统相当完善，所以这些粪便在成型和排出之间，很大一部分营养都被动物本体所吸收，所以幼虫从猪排出的粪便中能吸收的油脂十分有限。如若想尽可能多地从黑水虻体内提取到油脂物质，可以考虑使用富含油脂的饲料进行投喂饲养[34]。

表 4-17　黑水虻幼虫的脂肪酸组成[33]

脂肪酸种类	组分含量/%	脂肪酸种类	组分含量/%
癸酸	1.6	硬脂酸	1.7
月桂酸	53.2	油酸	12.4
肉豆蔻酸	6.6	亚油酸	8.8
棕榈酸	8.4	—	—

于怀龙等[4]选用了在两种生长环境下生长的黑水虻幼虫：以鸡粪为食和以餐厨垃圾为食，将其烘干碾碎之后制成黑水虻幼虫虫粉，再对虫粉脂肪酸的比例和种类进行测量，发现取食餐厨垃圾实验组的虫粉中不饱和脂肪酸占比为 61%左右，而必需脂肪酸占比为 24%左右，而取食鸡粪实验组虫粉中不饱和脂肪酸的占比相对低了不少，只达到了 34%左右，必需脂肪酸也只占了总脂肪的 8%左右。

4.黑水虻预蛹的主要营养成分

通过上文一系列数据可以看出，黑水虻幼虫的营养价值较高。事实上，不仅是黑水虻幼虫，黑水虻的预蛹也具有很高的营养价值。预蛹的粗蛋白质含量约为 43.2%，粗脂肪含量约为 28%，粗纤维含量约为 7.0%，灰分含量约 16.1%[35]。预蛹态的黑水虻已经接近于成熟，在幼虫期摄食了足够的食物后化蛹，加上预蛹不能活动，几乎没有物质、能量的损耗，黑水虻的预蛹体内不再像幼虫一样含有大量的水分，此时黑水虻预蛹体内水分只占了 16%左右的比例，故此时黑水虻体内所储存的营养含量处于巅峰值，且黑水虻预蛹的块头与韧度也比幼虫高出一些，故黑水虻的预蛹更便于收集，减少了人工成本。

（二）黑水虻作为水产动物饲料

黑水虻幼虫的虫粉受到了许多养殖户的青睐。截至目前，中国、欧盟、美国等许多国家和地区都允许用黑水虻制品作为水产动物饲料。在国家政府的大力支持和推动下，科研人员纷纷开启了研究的新篇章，旨在使用黑水虻代替不同比例的豆粕、鱼粉等传统饲料原料，降低水产养殖的成本，同时提高所饲养水产动物的生长品质。

可是黑水虻在作为水产动物的饲料时会因为自身脂肪含量高而受到限制，研究显示在饲料中投入适宜比例的黑水虻幼虫及虫粉，会对诸如凡纳宾对虾、鲈鱼、鲢鱼、锦鲤等水生动物有促进生长作用，对于另一些水产动物，即使不能促进生长，它们的存在仍然能代替一部分的鱼粉并且不会对进食的动物产生不良影响；在有些鱼类的饲养中，投入过量的黑水虻虫粉会影响鱼类的肉质，比如虹鳟，当黑水虻虫粉的比例超过 40%，鱼肉中的多不饱和脂肪酸含量会大幅度减少；在喂养鲈鱼幼鱼的饲料中黑水虻虫粉含量达到 50%时，幼鱼的脂肪含量会沉积增加，其肝脏和肠道会面临受到损伤的危险。黑水虻体内含有几丁质，这种物质在鱼类动物体内会影响脂肪酸的合成，这也是引起鱼类肝脏系统和肠道系统受到损伤的主要原因[36]。

因此在关于黑水虻相关制品的不断探究中发现，大多数产品在制作时都要将黑水虻幼虫进行脱脂处理才能增加利用率。目前国内外用作饲料的黑水虻制品多为脱脂的虫粉，除了对幼虫进行处理，还可以通过提高黑水虻食物中的不饱和脂肪酸含量这一方法加以解决油脂含量问题。

下面以几种经济鱼为例，来说明黑水虻作为鱼或其他水产动物饲料的可行性以及使用效果。

1. 作为泥鳅饲料

在泥鳅饲料中，添加适量的黑水虻幼虫，具有和鱼粉一样的诱食作用，可促进泥鳅的进食，但是添加的幼虫一旦过量，随着黑水虻幼虫占比的增加，泥鳅的摄食率不断下降。添加的黑水虻含量达到13％时，泥鳅的存活率和摄食率大幅度下降，造成这样的原因正是因为添加的黑水虻为活性饲料，这些幼虫未进行脱脂处理，高含量油脂造成泥鳅进食后的不适应性，以至于泥鳅产生了厌食情绪，这严重影响了泥鳅的各种生理指标。黑水虻的适宜含量应在9％～11％之间[37]。

2. 作为大黄鱼饲料

大黄鱼幼鱼饲料中，可添加脱脂黑水虻虫粉，替代部分鱼粉。随着虫粉替代水平提高，大黄鱼幼鱼的各项生长指标也在不断提高，在替代超过40％之后，这个规律会呈现完全相反的趋势，在使用虫粉完全替代鱼粉时，这些指标的数值达到最低。幼鱼体内的脂肪酶活性和蛋白酶活性，还有营养成分均会随着虫粉替代水平的不同而出现变化，因此在综合考虑了多方因素之后，认为使用虫粉替代40％的鱼粉蛋白，对大黄鱼幼鱼才是最适宜比例[38]。

3. 作为鲤鱼饲料

使用黑水虻替代不同含量的鱼粉饲料投喂锦鲤一个月，存活率均为100％。在黑水虻替代50％、70％鱼粉时，对锦鲤的生长性能、体长、尾柄长、增重率、肥满度、肝体比、体型无显著性影响。锦鲤血浆谷丙转氨酶活力显著降低，但血浆和肝胰脏超氧化物歧化酶活力显著增强，肝胰脏丙二醛含量显著降低。研究表明，黑水虻可增强锦鲤抗氧化性和抗病能力，且黑水虻替代鱼粉的比例不宜超过70％[39]。

将不同比例的黑水虻幼虫油作为饲料脂肪源替代饲料豆油、脱脂黑水虻幼虫粉作为饲料蛋白源替代鱼粉，分别添加至建鲤幼鱼饲料中，配成等氮等脂饲料，研究他们对建鲤幼鱼生长性能、营养利用及健康状况的影响。经过为期59天的饲养后，测量相关指标的变化。随着添加比例的增加，鲤鱼的肝脏系统和肠道绒毛呈现受伤的概率也在逐步增加。建鲤日粮中黑水虻油添加至2.5％，可提高建鲤肌肉中DHA（二十二碳六烯酸）含量，黑水虻油可能通过提高PPARα表达水平，促进脂肪水解，从而降低建鲤腹脂沉积。脱脂黑水虻幼虫粉可以添加至

5.3%，可降低肝脏脂肪蓄积并通过提高过氧化氢酶活性而增强鱼体抗氧化能力。但当添加水平大于 7.9% 时，会造成日粮应激和鱼体肠道损伤[40]。

4. 作为黄颡鱼饲料

实验发现，黑水虻虫粉的替代比例在小于或等于 50% 时，不会影响黄颡鱼的存活率；无论虫粉的替代量有多少，都不会对黄颡鱼的粗脂肪、粗灰分含量造成显著影响；但随着虫粉替代水平的不断上升，黄颡鱼肌肉粗蛋白质含量呈现上升趋势，当虫粉替代比例一直上升到 50%，此时的黄颡鱼幼肌肉粗蛋白含量达到了所有实验组中的峰值；而在虫粉替代比例达到 30% 时，能够降低幼鱼体内的血清谷丙转氨酶和谷草转氨酶活性，甚至还能降低尿素和甘油三酯含量[41]。

5. 作为大菱鲆饲料

大菱鲆又名多宝鱼，人工养殖大菱鲆的饲料常以 50%~60% 的鲜杂鱼绞成鱼浆，添加 3%~5% 的鱼油，再配以 40%~50% 的其他辅料挤压调配而成。也有用鱼粉代替鲜鱼浆的。实验发现，在多宝鱼饲料中，以黑水虻的脱脂虫粉替代 20% 的白鱼粉时，对多宝鱼体内的粗脂肪、粗蛋白、粗灰分等营养成分、血清生化指标、肝脏的抗氧化性能进行测量，结果表明，20% 的替代量，不影响多宝鱼的生长和健康，可节约成本并保证多宝鱼品质[42]。

6. 作为杂交鳢饲料

杂交鳢是乌鳢和斑鳢的杂交后代，也称生鱼。杂交鳢对饲料蛋白质量需求较高。如何在不影响品质和生长速度的前提下，降低饲料的成本，是杂交鳢的养殖户关心的重要问题之一。往基础料中添加 3% 的乌贼膏为对照组，分别添加 5% 的黑水虻幼虫干粉和 10% 的黑水虻鲜幼虫浆为试验组，3 组饲料为等氮等能饲料，考察杂交鳢增重率等生长指标和体内粗蛋白、粗脂肪、灰分等营养物质含量，结果见表 4-18。从表中数据可以看出，大多数指标都能和对照组的相应指标所持平，但黑水虻组生长更好，饵料系数降低[43]。

表 4-18 三种不同投喂组合的杂交鳢的摄食、生长性能和背肌营养组成[43]

项目	对照组	5%干虫粉组	10%鲜虫浆组
末均质量/g	177.50±5.59	213.25±3.13	199.67±9.43
质量增加率/%	113.08±6.64	156.26±3.79	139.96±11.58
特定增长率/%	1.06±0.04	1.33±0.02	1.23±0.07
摄食量/(g/尾)	304.66±0.47	304.29±0.09	304.20±0.30
饵料系数/%	3.26±0.19	2.34±0.06	2.65±0.20
肥满度	1.46±0.17	1.46±0.09	1.52±0.14
脏体比/%	7.98±1.52	8.67±0.82	8.57±1.25

续表

项目	对照组	5%干虫粉组	10%鲜虫浆组
肝体比/%	1.73±0.49	1.92±0.32	1.86±0.31
肠体比/%	0.71±0.23	0.67±0.29	0.75±0.22
水分/%	76.08±0.52	75.61±0.06	75.88±0.48
粗蛋白/%	19.96±0.13	19.81±0.12	20.06±0.17
粗脂肪/%	1.00±0.23	1.70±0.12	1.10±0.11
灰分/%	1.14±0.02	1.17±0.02	1.13±0.01
钙/%	0.03±0.01	0.02±0.00	0.02±0.00
总磷/%	0.20±0.00	0.21±0.00	0.21±0.00

7. 作为鲈鱼饲料

胡俊茹等发现当黑水虻虫粉的替代比例保持在50%以下时，不会对鲈鱼的各项生长指标和体内的营养指标造成显著影响，但是随着黑水虻虫粉替代水平的不断提高，特别是当虫粉替代了基础饲料里50%的鱼粉时，鲈鱼的脂肪沉积会急剧增大，它的肝脏系统也发生病变，体内的肠道发育也受到较大的损害[44]。

Magalhtes等[45]使用欧洲鲈鱼作为实验对象，探究黑水虻在鲈鱼食物里的添加能否引起鱼类体内氨基酸的缺失。发现使用黑水虻预蛹虫粉作为新的蛋白质来源饲料时，并不会引起欧洲鲈鱼体内氨基酸的缺失，并且还会提高欧洲鲈鱼对饲料中精氨酸和组氨酸的消化能力，但是随着其替代水平的不断增大，欧洲鲈鱼的生长受到的抑制作用也会不断增大。

8. 作为蟹饲料

黑水虻体内蛋白质含量高，若以黑水虻虫粉作为饲料时能给拟穴青蟹带来何种影响？通过不同替代水平的实验组里青蟹的存活率、生长性能综合分析，黑水虻虫粉替代50%的鱼粉时，是最适宜青蟹生长的饲料替代水平，在这个比例下，拟穴青蟹的脱壳时间最快，且平均壳长增加率与平均体质量绝对增加率表现较好，对其生长和发育的促进作用最明显，当替代的比例一旦超过50%，各项指标都会有所下降，会对拟穴青蟹的生长发育造成负面影响，甚至会加大死亡率[46]。

9. 作为虾饲料

南美白对虾，又称凡纳宾对虾，原产地南美洲太平洋区域，但是因为其对环境的高适应能力，在出口全世界之后，一跃成为世界上养殖最为广泛的虾类，而且因为它自身肉质丰满，营养价值高，在我国也受到了许多人的热爱。易昌金等人研究指出：凡纳宾对虾能够较高效地利用黑水虻幼虫粉中的粗蛋白质和粗脂肪，而具体的利用率和幼虫生前所取食的食物主要成分息息相关，在人工配制凡纳滨对虾饲料时，可以在里面加入一定量的黑水虻虫粉，能减少饲养的成本[47]。

以上仅以集中经济水产动物为例进行示例，事实上，黑水虻幼虫还可以代替鱼粉或豆粕，投喂鲫鱼、草鱼、罗非鱼、蛙、黄鳝等经济水产动物。黑水虻作为饲料用在水产领域还是在虾蟹中应用最为广泛。将黑水虻幼虫和蚯蚓作为部分鱼种的饲料进行比较后，发现鲤鱼、鲢鱼、黄颡鱼更偏好黑水虻幼虫一些。

通过以上应用示例，黑水虻在水产养殖中应用情况可以归纳如下：

黑水虻虫粉和鲜虫，可以用于水产养殖，但添加量需要根据水产动物的特征进行分别把握。超过适宜的添加量后，水产动物的存活率会在达到峰值后下降。出现这样的情况很大一部分是因为：黑水虻体内含有丰富的抗菌肽、溶菌酶等抗菌物质，在虫粉投加比例适量时，这些物质被鱼类充分吸收，提高了鱼的免疫力，减少了其患病的概率，进而提高了生存能力；但是当投加量或投加比例过大时，由于黑水虻中的脂肪酸致使鱼类的肝脏受损，形成"弊大于利"的情况，免疫力的提升也无法阻止鱼体组织结构的破坏，从而使鱼类的死亡率上升。而且对于这些鱼类来说，随着黑水虻虫粉在饲料当中替代比例的增加，饲料总体的饱和脂肪酸含量也在不断增加，从而增加了鱼类的消化负担，使其体内对脂质的消化能力和利用能力有所降低；在蛋白质和氨基酸方面，黑水虻虫粉的添加，不会对体内和肌肉中的蛋白质含量造成显著影响，但是对于如黄鱼的少数鱼类来说，虫粉的添加量过多会导致蛋白质含量下降，适当的虫粉添加也会增高鱼体中的风味氨基酸和鲜味氨基酸含量。

（三）黑水虻作为畜禽饲料

畜禽类动物在人工养殖时需要大量的蛋白质原料，随着养殖规模的扩大，对饲料蛋白质来源的需求有所上升。传统的蛋白质供应来源，使蛋白饲料很难满足如此大规模的养殖行业，同时饲料成本的昂贵也使得养殖户们所能收获的利润大幅度下降。黑水虻自身具有的营养物质种类和含量，使它也能作为畜禽类动物的优良蛋白质来源饲料。于是以黑水虻为原料的相关制品作为畜禽类动物的新型饲料为解决饲料及成本问题提供了一种全新的思路。

黑水虻和其他昆虫作为蛋白饲料源，得到了联合国粮食及农业组织（FAO）的认可，并在 2013 年发布的《可食用昆虫：食物和饲料安全的展望》（Dible Insects：Future Prospects for Food and Feed Security）中，对这一系列昆虫进行了具体的分类和阐述，并在报告的最后向全球各地力推使用昆虫来作为动物类人工养殖的新型饲料，以此解决全球蛋白质来源饲料紧缺的问题，而其中，黑水虻也是解决蛋白质来源的一种资源昆虫。

下面以几种经济畜禽动物为例，来说明黑水虻作为畜禽动物饲料的可行性以及使用效果。

1. 作为鸡饲料

作为鸡饲料，可以是鲜虫，也可以是干虫（粉）。从与基础饲料更容易混合的角度而言，干虫粉更容易实现均匀混合。黑水虻幼虫烘干后，制成虫粉，投加到蛋鸡的饲料之中，研究黑水虻虫粉作为蛋鸡饲料的可行性。王海堂等人选择了生长状况和健康状况都良好的 10 周龄蛋鸡用于实验当中，每组添加不同比例的黑水虻虫粉（分别添加 3%、6%、9%的虫粉），然后将蛋鸡喂养至 16 周龄的时候，对蛋鸡的各种生长指标进行测量，最后发现在黑水虻虫粉的添加量为 3%时，能促进蛋鸡的增重、饲料利用率等一系列生长指标，鸡平均日增重和平均日采食量高于对照组，耗料增重比低于对照组，干物质、有机物、粗蛋白质和粗脂肪消化率高于对照组，但添加量超过 3%时，随虫粉添加水平升高，系列指标变差。以上研究成果，也被后来的研究所证实[48]。

黑水虻虫粉的添加除了会使得蛋鸡自身的生长性状和品质有所提升，同时它还能提高蛋鸡所产鸡蛋的营养价值。如张金金在蛋鸡的饲料中加入了不同比例的黑水虻虫粉（分别以比例为 0 的对照组，以及比例为 1%、2%、3%的实验组），待这些蛋鸡产下鸡蛋之后，对蛋鸡的产蛋量和鸡蛋的蛋重、蛋白高度等一系列鸡蛋品质进行详细测定，结果表明，添加 2%和 3%黑水虻虫粉的时候，能显著提高蛋鸡的产蛋率，其中特别是当添加比例达到 3%时，可以大大降低产蛋软蛋率（表 4-19）[49]。

表 4-19　黑水虻幼虫粉对蛋鸡生产性能和鸡蛋品质的影响[49]

项目	指标			
	0（对照组）	1%	2%	3%
产蛋率/%	85.36±3.42	85.95±2.34	86.52±2.82	87.51±3.49
料蛋比	2.22±0.06	2.18±0.03	2.13±0.04	2.10±0.05
破软蛋率/%	0.68±0.89	0.54±0.61	0.46±0.74	0.39±0.53
平均蛋重/%	67.17±0.57	67.10±0.38	66.93±0.24	66.98±0.20
平均日采食量/g	126.73±5.44	126.79±4.26	123.67±3.95	125.41±4.63
蛋壳颜色	24.57±2.13	23.71±2.10	21.20±2.33	22.13±1.01
蛋形指数	1.33±0.02	1.32±0.0	1.32±0.02	1.34±0.02
蛋白高度/mm	6.85±0.55	6.86±0.26	6.94±0.36	7.04±0.18
哈氏单位	79.08±2.08	79.46±2.44	80.17±3.26	80.73±1.91
蛋壳厚度 /mm	0.33±0.02	0.33±0.01	0.33±0.03	0.35±0.01
蛋壳强度/(kgf/cm²)	3.97±0.44	4.01±0.13	4.12±0.25	4.15±0.10

续表

项目	指标			
	0（对照组）	1%	2%	3%
蛋黄相对重/%	26.17±1.36	26.32±1.79	25.22±1.23	26.16±0.79
蛋壳相对重/%	9.03±0.41	8.94±0.29	9.41±0.48	8.93±0.84
蛋黄胆固醇含量/(mg/g)	8.96±0.81	8.56±1.27	8.17±1.11	8.03±0.43

注：$1\ kgf/cm^2 = 98.0665\ kPa$。

综上所述，混合饲料中添加3%黑水虻幼虫粉可改善蛋鸡育成期生长性能和饲料养分消化率，提高蛋鸡的产蛋性能和鸡蛋的品质。黑水虻喂鸡，好处是产蛋率和蛋重会有所提高，产蛋时间会提前7~14天，但是鸡吃多了黑水虻会拉稀。

2.作为猪饲料

张放等[50]将猪分为三组，其中一组为完全使用市面上传统饲料喂养的对照组，一组将使用黑水虻干燥虫粉替代豆粕，而在另一组里把鱼粉全部替代成黑水虻虫粉，最后发现与对照组相比，两个实验组中猪的平均增重量、采食量都有所增加，而另一方面的料重比、增重成本、腹泻率均有所下降。而通过对这三组的血清生化指标进行测量，发现其体内的甘油三酯、胆固醇、高密度脂蛋白胆固醇、低密度脂蛋白胆固醇含量没有显著变化。综上所述，黑水虻虫粉替代豆粕和鱼粉，都会促进猪的生长，同时不影响猪自身的免疫系统功能，其中以黑水虻替代豆粕为最佳方案，表明了黑水虻虫粉有作为猪饲料的潜力，投入到实用之中，能极大地减少喂养成本。

余苗等[51]以添加4%的黑水虻和8%的黑水虻为两个实验组，每日喂猪两次，在一段时间之后发现：

① 添加8%虫粉的实验组里，猪对粗蛋白的消化率有所降低，添加4%虫粉的黑水虻组和对照组对该物质的消化率区别不显著；

② 在有机质的消化率方面，两个实验组里猪对其的消化率都要显著高于对照组；

③ 对于干物质、粗灰分、粗脂肪、钙、磷多种物质来说，对照组和实验组的猪对这些物质的消化率都差不多；

④ 虫粉在饲料的添加能影响到育肥猪在生长期间其体内的相关氨基酸合成，比如亮氨酸、缬氨酸、蛋氨酸和其他必需的氨基酸，其中以亮氨酸增加最为显著。

究其原因：添加8%虫粉实验组里的育肥猪对粗蛋白消化率更低，所以在饲粮中添加的最佳比例建议用量为4%。在此比例下，黑水虻可促进调控机体与氮代谢和糖代谢相关的血清生化指标，增加育肥猪对有机物的消化率以及血清中游离氨基酸的含量，这也再次佐证了黑水虻幼虫粉有作为猪饲料的强大潜力。

进一步，在饲料中添加不同比例的虫粉之后，再对育肥猪的盲肠食糜主要微生物数量和代谢产物的影响进行测量和分析研究。当黑水虻虫粉的添加量达到4％时，显著改变了育肥猪盲肠食糜微生物的组成，使育肥猪体内潜在致病菌数量有所降低，表明黑水虻幼虫粉的添加维系了肠道菌群的稳态并对肠道健康具有益生作用。而肠道的微生物菌群结构或数量的改变通常也会伴随着其他代谢产物发生变化，这种变化大部分情况下都是有益的，还能更深层次地维持肠道健康和机体能量。

目前，我国关于黑水虻作为饲料的研究主要集中在猪、鸡两种畜禽动物上，事实上，也可尝试黑水虻饲喂其他多种动物的研究，比如生长兔、鹌鹑、火鸡、番鸭等多种畜禽动物，饲喂时可以往这些动物的饲料里添加不同比例的黑水虻虫粉、鲜虫、虫油、脱脂蛋白粉。现有的研究证明，黑水虻相关制品在饲料里的添加，能促进相关动物的生长发育，摄食了黑水虻的动物相比其他只摄食了普通饲料的动物而言，拥有更高的增重率、饲料转化率，各项生长指标都有显著提升，同时动物自身的发育品质、生产性能、存活率并不会受到影响，甚至还会促进其体内脂肪代谢速度和肠道的生理发育。当然这一系列指标提升的前提条件是添加的相关制品必须保持在适宜的范围之间，当超过范围之后，会使得动物自身的机能受到影响。总的来说，只要不过度使用，黑水虻及其相关制品仍然能作为各种动物的良好饲料。

二、黑水虻的深层次利用

（一）黑水虻油脂的提取

要想提炼虫油，必须具备以下几个特点：自身所含的脂肪量一定要够大；脂肪酸的组成一定要合理，不对会其他生物质造成不良影响；虫的品质要有保障；要有足够的数量和稳定的供给。

黑水虻生长周期较短，而且生命力顽强，繁殖能力强，现有的养殖技术已日趋完善。若以黑水虻作为提炼油脂的原材料，那么这个加工过程是可持续的。在喂养黑水虻时，随着喂养食物里原料的含量有所不同，黑水虻在自身发育时，相应的一些脂肪酸也会或多或少发生一系列改变，尽管如此，通过使用不同食物喂养黑水虻，不管是摄食哪种食物，在经过黑水虻消化成长之后，其体内的饱和脂肪酸中月桂酸含量都是最高的。

月桂酸甘油酯是一种重要的油脂，它在人体之内具有良好的抗病毒和抗菌作用，能增强人类的免疫力。另外，黑水虻油脂中不饱和脂肪酸含量最高的是油酸和亚油酸，这些都是对人体具有较高营养价值的物质。除了能用作人类的保健产品之外，黑水虻体内油脂的大部分脂肪酸都能用于制作洗涤产品。

使用不同的提取方法，油脂的提取率和组成会有差别。不同虫龄、不同饲料养殖的黑水虻，其油脂含量与组成也有差异。

常用的油脂提取法有压榨法、有机溶剂浸出法、亚临界萃取法等。表 4-20 列出了用不同方法得到的黑水虻油脂的组成及含量的情况。从表 4-20 可以看出，不同方法提取的脂肪酸的组成略有差异。

表 4-20　不同方法提取的黑水虻油脂肪酸组成比较[52]　　　　单位：%

脂肪酸种类	压榨法	浸出法	亚临界丁烷萃取法
月桂酸	17.96	16.407	19.498
豆蔻酸	5.292	5.206	5.268
软脂酸	16.607	16.816	16.239
棕榈油酸	4.905	5.195	5.036
硬脂酸	8.106	11.918	6.210
油酸	21.852	18.295	22.712
亚油酸	22.171	22.696	21.743
亚麻酸	2.037	2.265	2.189
花生四烯酸（ARA）	0.590	0.641	0.609
EPA	0.480	0.507	0.496
饱和脂肪酸 合计	47.965	50.401	47.215
不饱和脂肪酸 合计	52.035	49.599	52.785

若只以提油率作为单一衡量指标，浸出法（91.56%）＞亚临界丁烷萃取法（78.95%）＞普通压榨法（54.10%）。三种方法提取到的油脂有着些许不同，比如压榨法所得的黑水虻油脂里的水分含量和酸值在三种方法中是最高的；浸出法所得的黑水虻油脂的水分含量低于其他两种提油方法，而过氧化值是最高的；亚临界丁烷萃取法所得的黑水虻油脂的酸值和过氧化值都是最低的[52]。

也有研究得出了不同的结论，如黄宏飞等[53] 分别使用了压榨法、有机溶剂浸提法以及亚临界法三种不同的方法对黑水虻体内的油脂进行提取，经过对 3 种方法的提油率、物质利用率、产能大小、实用性等多种因素的考察，发现使用亚临界法对黑水虻体内的油脂进行提取是最为优良的方法。

因工艺原因，黑水虻原油颜色较深，同时带有强烈的刺鼻气味，还会有许多颗粒杂质混在其中，限制了其应用领域。故对粗提物，需加大后续处理，得到精炼油脂。一般的处理工艺为：粗油→过滤→脱胶→脱酸→脱色→脱臭→精炼油。上述工艺，也可根据具体情况，适当调整工艺顺序或省略某些工艺步骤。研究发现，精炼后的黑水虻油脂的脂肪酸虽然有少量的损失，其中原本含量最高的月桂酸和油酸的含量有所下降，但是整体上不会对总体利用价值造成影响。精炼后的黑水虻虫油的酸价、过氧化值和挥发物有较大幅度的下降，虫油外观为清澈的黄色，符合工业用油的标准，具体详见表 4-21[53]。

表 4-21　黑水虻油精炼前后典型理化性质比较[53]

名称	精炼前含量/%	精炼后含量/%	名称	精炼前含量/%	精炼后含量/%
月桂酸	18.271±0.013	15.269±0.010	硬脂酸	9.709±0.030	11.563±0.026
豆蔻酸	5.06±0.020	4.934±0.012	油酸	21.918±0.029	20.127±0.018
软脂酸	15.298±0.034	16.427±0.045	亚油酸	16.531±0.018	16.727±0.022
棕榈油酸	4.941±0.012	4.653±0.016	亚麻酸	5.048±0.022	6.549±0.013
不饱和脂肪酸合计	48.438±0.081	48.056±0.0162	饱和脂肪酸合计	48.338±0.097	48.193±0.093
酸价/(mg KOH/g 油)	2.47	0.22	碘值/(g/100g)	41.25	42.86
			水分及挥发物/%	1.34	0.16
过氧化值/(mmol/kg)	1.08	0.68	颜色	黑色	黄色
			透明度	浑浊	澄清

溶剂法提取前，应将黑水虻幼虫烘干粉碎。所用的溶剂主要有石油醚、溶剂油、石油醚与异丙醇的混合物、正己烷、无水乙醇等。溶剂的量越多，油脂与所添加溶剂的浓度差也就会越大，越容易使油脂分子扩散至溶剂当中，因而提取效率也就越高，但随着溶剂用量增加，在后续挥去溶剂的操作过程中，耗能耗时，也会损失部分油脂分子。

（二）抗菌肽的提取

黑水虻的生存环境往往在各类废弃物堆积处，各种细菌、微生物滋生，生存环境恶劣，但在恶劣环境下黑水虻仍然能正常地进行生长发育、交配繁殖，说明它有极强大的免疫能力。在对昆虫免疫系统机制的研究中发现，在昆虫在受到外界环境刺激时，其体内会在血淋巴中产生抗菌肽，抗菌肽在受到外界刺激和外源微生物物质侵入时，为昆虫提供了巨大的防御作用。黑水虻天生的生活环境就要比其他昆虫更加恶劣，这也造成了黑水虻体内的抗菌肽活性更高、抗菌谱更广。

本书前文提到，在使用黑水虻喂养水产动物和畜禽类动物之后，这些摄食了黑水虻相关制品的动物除了生长性能得到了提高，它们的免疫能力也得到了一定程度的提升；而且在黑水虻对鸡粪、猪粪等畜禽类动物粪便的处理当中还发现，这些动物粪便含有以大肠杆菌为首的大量有害细菌，但是在经过黑水虻摄食处理之后，这些有害细菌的数量都受到了有效的抑制。究其原因，主要归功于黑水虻体内抗菌肽的作用，因此，为了人类更美好的未来，全球各个国家都进行了有关黑水虻抗菌肽的研究，意图弄清黑水虻抗菌肽的作用机理以及对抗菌肽更好的提取，以黑水虻抗菌肽为原料制成相关医药制品，应用到医学领域中去。

Cecropins（天蚕素）是一种被人类最早发现的昆虫抗菌肽，它在许多昆虫体内都有，黑水虻也不例外，唐庆元等以黑水虻体内抗菌肽 Cecropins 作为实验对象，通过实验，发现黑水虻抗菌肽 Cecropins 对维氏气单胞菌（*Aeromonas veronii*）具有较好的抗菌活性，但是却对大肠杆菌、金黄色葡萄球菌和李斯特菌这类有害菌的抗菌活性较差，这说明 Cecropins 不是黑水虻在抑制大肠杆菌、金黄色葡萄球菌这类有害菌的"主力军"，黑水虻抗菌肽 Cecropins 对革兰氏阴性菌也具有显著的抑菌效果，并且 Cecropins 在发挥对有害菌类抑制作用的同时，还能保证其对哺乳动物细胞安全。如今，大多数细菌已对传统抗生素产生耐药性，黑水虻抗菌肽 Cecropins 因为这种特性表明其具有成为一种新型抗生素的重要潜力，后续对黑水虻抗菌肽 Cecropins 的溶血活性进行研究，发现其很难出现溶血趋势，拥有作为药物原料的巨大潜力[54]。

1. 提取方法

昆虫体内的抗菌肽，需要进行诱导，才能产生较大量的活性成分。不同的诱导方法虽然都能够产生抗菌肽，但是产生机制及程度不尽相同。抗菌肽的诱导方法分为物理法和化学法两大类，常用的诱导方法有菌液注射诱导法、菌液针刺浸泡诱导法、超声波诱导法、热诱导法、电击诱导法等。

Park 等[55] 使用污染针头对黑水虻幼虫进行针刺、耐甲氧西林金黄色葡萄球菌菌液对其进行浸泡，引起它的免疫应答，最后使用高效液相色谱法进行提取，发现抗菌肽粗提取物能有效抑制耐甲氧西林金黄色葡萄球菌，证明了此时产生的抗菌肽抗菌活性和抗菌谱广度都要大于其在自然生长条件下产生的抗菌肽。从黑水虻幼虫体内提取到的抗菌肽粗提取物对金黄色葡萄球菌、大肠杆菌、产气肠杆菌及白色念珠菌等有害菌均表达了高抑制活性。

影响抗菌肽活性的因素有很多，如使用不同的诱导方法，不同的菌液，不同的超声波频率，不同的诱导浓度，不同的诱导时间，甚至包括诱导之后的提取时间，不同的虫龄，都会引起抗菌肽抑菌活性有所不同。

在对黑水虻抗菌肽的研究中发现[56]：

① 虫龄的影响　随着黑水虻幼虫龄期的增大，其体内抗菌肽的活性也在不断增大，在 5 龄期的时候达到了峰值；

② 时间的影响　在黑水虻幼虫体内注射大肠杆菌菌液并饲养 24h 之后，其产生的抗菌肽活性和抑菌性最强；使用菌液针刺浸泡诱导法时，使用大肠杆菌菌

液针刺浸泡 60s 产生的抗菌肽抗菌活性达到最高；

③ 诱导频率的影响　使用超声波诱导法的时候，将超声波的诱导频率调节至 100 Hz 时，诱导黑水虻幼虫 20 min 并饲养 24 h 之后产生的抗菌肽抑菌活性最高。

以上实验说明，无论是外部的破伤、外源微生物的入侵和感染，都能激活黑水虻相应的防御机制产生免疫应答，从而产生抗菌肽。不同的诱导方法产生的抗菌肽的量和活性，受影响的因素很多，需要在相对固定的条件下，才能得到稳定的抗菌肽活性和含量。

2. 对癌细胞的作用

田忠等[57]研究了抗菌肽对鼻咽癌细胞凋亡率的影响。最后结果显示黑水虻抗菌肽之所以能产生一定的抑菌活性，很大一部分都要归功于黑水虻抗菌肽中的 HI-3 组分，正是这一组分能赋予了抗菌肽以抗菌活性，而且 HI-3 能有效抑制鼻咽癌细胞的体外增殖，还能通过改变其细胞膜通透性促进鼻咽癌细胞的凋亡，降低鼻咽癌细胞的迁移，具有较好的抗肿瘤、抗癌效应。

冯群等[58]选择 5 龄的黑水虻幼虫，并使用金黄色葡萄球菌对其进行诱导，诱导之后再饲养 24h，随后提取菌肽粗提液和抗菌肽粗体物粉末。再选择生长良好的结肠癌细胞株（HCT-8）、肺腺癌细胞株（A549）、宫颈癌细胞株（HeLa）、卵巢癌细胞株（SKOV3），正常人胚肾细胞株（HEK293），把这些细胞分成不同的实验组，每个实验组分别添加不同浓度的黑水虻抗菌肽粗提液，最后将其放回培养箱继续培养，在 24h 之后观察这些细胞的生长状况并计算出它们的抑制率。研究结果表明：不同浓度的黑水虻抗菌肽对这 4 种癌细胞具有抑制作用，而且所添加的黑水虻抗菌肽粗提液浓度越高，对这 4 种癌细胞的抑制作用也越强，同时却不会对人胚肾细胞产生不良影响，因此该实验表明黑水虻抗菌肽对癌细胞有选择性作用，特别是对结肠癌细胞有着极高的抑制活性，同时对人的正常组织细胞不会造成不良影响，充分表明了其有着作为新型抗癌药物的极大潜力。

（三）蛋白质的提取

黑水虻作为一种资源昆虫，无害化处理各种有机废弃物后，其体内储蓄了丰富的蛋白质。如要将蛋白质提取出来，大致需要经历以下步骤：

黑水虻→干燥→粉碎→脱脂→提取→蛋白质

大部分蛋白质都可溶于水、稀盐、稀酸或碱溶液，少数与脂类结合的蛋白质则溶于乙醇、丙酮、丁醇等有机溶剂中，因此，可采用不同溶剂提取分离蛋白质。蛋白质的分离纯化方法很多，主要有：盐析法、等电点沉淀法、低温有机溶剂沉淀法、透析与超滤法、凝胶过滤法、电泳法和层析法等。

许彦腾等[3]得到了提取虫体蛋白的最佳实验条件：碱溶剂中的 NaOH 浓度 2.44 g/100 mL，液料比保持在 22 mL/g，提取温度 53 ℃，提取时间 2 h，在这一系列条件下最终得到黑水虻虫体蛋白的提取率达 88.49％，蛋白质纯度为 91.31％。分别测定了这些虫体蛋白的总还原力、超氧阴离子、羟基以及其对 DPPH 自由基和 ABTS 自由基的清除活性、螯合金属离子与其在脂质体系中抗氧化的能力等系列指标之后，证明黑水虻虫体蛋白具有良好的体外抗氧化性，在保健品、药物、抗氧化剂领域有一定的应用前景。

采用了碱溶酸沉法和分级提取法，分别从黑水虻体内提取到清蛋白、球蛋白、醇溶蛋白和谷蛋白 4 种不同的溶解性蛋白，在脱脂幼虫粉中的占比分别为 23.58％、19.46％、1.52％和 8.44％[59]。

（四）蛋白胨的提取

蛋白胨是一种由动植物蛋白经过酸、碱、酶水解形成的一种水溶性物质，它作为一种来源天然的营养物质，有着十分广泛的应用范围，特别是在医疗和微生物研究领域经常能看见它的身影，它能作为培养微生物时的重要氮源而被应用到微生物的培养基之中，还能在医药相关制品中作为良好的辅助剂。除此之外，在养殖业上蛋白胨也有较重要的地位，蛋白胨的前身就是蛋白质，蛋白胨有着丰富的各类氨基酸，能为所喂食的各类动物提供营养，已有研究证明，蛋白胨能一定程度上替代鱼粉用于鱼类和鸡类的生产。

在水解黑水虻脱脂虫粉的操作中，使用胰蛋白酶对其的水解比木瓜蛋白酶、中性蛋白酶、菠萝蛋白酶、碱性蛋白酶水解的效果要好很多。在胰蛋白酶水解黑水虻脱脂虫粉的时候额外添加 0.025 mol/L 浓度的 NaH_2PO_4-Na_2HPO_4 缓冲液能显著提升水解能力，使其水解效果达到最好。将得到的蛋白胨与某商品蛋白胨对比，其总氮和总氨基酸含量均高于某商品蛋白胨，见表 4-22，说明黑水虻蛋白胨拥有更高的营养特性，适合作为一种新型的蛋白胨原料[60]。

表 4-22　黑水虻蛋白胨与商品蛋白胨对比[60]

项目	HK/QW-SJS-35	商品蛋白胨	黑水虻蛋白胨
总氮	≥12.00％	12.66％±0.13％	13.56％±0.10％
氨基酸	≥3.00％	3.43％±0.04％	8.11％±0.05％
水分	≤6.00％	5.41％±0.05％	5.25％±0.04％
灰分	≤10％	8.69％±0.18％	6.73％±0.16％
2％水溶液 pH	5～7	5.88±0.11	6.78±0.06

（五）甲壳素和壳聚糖的提取

甲壳素是一种多糖物质，广泛应用于工业、农业、医药、化妆品等行业，其功效和作用机制详见有关专著。

黑水虻提取甲壳素的主要步骤如下：

虫→粉碎→脱盐→脱脂→脱蛋白→脱色→甲壳素产品→脱乙酰→壳聚糖产品

选取 6 种资源昆虫的成虫和幼虫，并从中提取甲壳素，发现昆虫的各虫期甲壳素差别较大，见表 4-23。从表中数据可以看出，除了大麦虫的成虫态和幼虫态的甲壳素得率相差不大之外，其他资源昆虫在成虫期和幼虫期的甲壳素得率差异都比较明显，尤其以黄粉虫成虫和黑水虻成虫的甲壳素得率最高[61]。

为什么黄粉虫和黑水虻的成虫的甲壳素含量高？可能是因为黄粉虫和黑水虻是完全变态的昆虫，幼虫期和成虫期自身的构造、所含物质成分都完全不同。幼虫期它们都是外表皮柔嫩的状态，甲壳素一般附着在昆虫和动物的体表之上，幼虫柔嫩的外表皮不适合甲壳素的产生，而成虫期的它们恰恰相反，都分别变态发育成了甲壳类昆虫和蝇类昆虫，外表皮都变得坚硬，这种状态下能产生大量的甲壳素，造成了幼虫期和成虫期甲壳素得率相差巨大的现象。

表 4-23　6 种昆虫的甲壳素得率[61]

虫期	昆虫种类	甲壳素得率/%	虫期	昆虫种类	甲壳素得率/%
成虫	黄粉虫	24.79	幼虫	黄粉虫	3.51
	蟑螂	14.60		—	—
	家蝇	7.52		家蝇	4.93
	黑水虻	19.83		黑水虻	3.07
	大麦虫	12.44		大麦虫	12.10
	蝗虫	10.77		—	—

徐齐云等[62]得到了黑水虻蛹壳中壳聚糖制备的最佳工艺条件：脱钙，盐酸浓度为 5%；脱蛋白，NaOH 浓度为 12%，温度 90 ℃，时间 2 h；脱乙酰，NaOH 浓度约为 40%，反应温度 90 ℃。

以上仅列举了黑水虻利用的一些文献报道，随着研究的不断深入，相信黑水虻的资源化利用的报道会越来越多。

参考文献

[1] 周凯灵，周琼，李芷瑜，等. 黑水虻成虫体表超微感器（Ⅰ）：触角和下颚须[J]. 电子显微学报，2018, 37(01)：84-90.

[2] 郭会茹，王清华，刘奇凡，等. 黑水虻幼虫处理鸡粪后虫体饲料和鸡粪肥料的评价[J]. 中

国畜牧杂志，2020，56(08)：213-217.

[3] 许彦腾，张建新，宋真真，等. 黑水虻幼虫蛋白质的制备及体外抗氧化活性[J]. 核农学报，2014，28(11)：2001-2009.

[4] 于怀龙，黄小燕. 黑水虻资源化利用研究[J]. 饲料工业，2018，39(06)：60-64.

[5] Dieners S，Zurbrügg C，Tockner K. Conversion of organic material by black soldier fly larvae：establishing optimal feeding rates[J]. Waste Management and Research，2009，27：603-610.

[6] 杨安妮，杨石龙，唐红军，等. 黑水虻幼虫在鸡粪中生长发育规律的研究[J]. 甘肃畜牧兽医，2019，49(12)：46-49.

[7] 杨森. 热带地区连续培养亮斑扁角水虻(*Hermetia illucens* L.)和生物转化猪粪研究[D]. 武汉：华中农业大学，2010.

[8] 杨树义，李卫娟，刘春雪，等. 发酵猪粪对黑水虻转化率的影响及黑水虻幼虫和虫沙营养成分测定[J]. 安徽农业科学，2016，44(21)：69-70＋73.

[9] 袁橙，魏冬霞，解慧梅，等. 黑水虻幼虫处理规模化猪场粪污的试验研究[J]. 畜牧与兽医，2019，51(11)：49-53.

[10] 叶家炜，关婉婷，石逸夫，等. 开口料及猪粪对黑水虻幼虫生长的影响[J]. 广东农业科学，2020，47(07)：137-141.

[11] 平磊. 利用亮斑扁角水虻转化畜禽粪便工艺条件的优化及应用[D]. 武汉：华中农业大学，2010.

[12] 马加康，郭浩然，王立新. 新鲜鸭粪对黑水虻幼虫生长发育及粪便转化率的影响[J]. 安徽科技学院学报，2016，30(01)：12-18.

[13] 卢文学，龚胜，黄光云，等. "鸡＋黑水虻"的循环生态养殖新型模式探索[J]. 河南农业，2021(08)：44-45.

[14] Liu C C，Yao H Y，Chapman SJ，et al. Changes in gut bacterial communities and the incidence of antibiotic resistance genes during degradation of antibiotics by black soldier fly larvae[J]. Environment International，2020，142：105834.

[15] 刘巧林. 黑水虻在奶牛粪便中生长对大肠杆菌 ER2566 的影响[D]. 武汉：华中农业大学，2008.

[16] 粟颖. 黑水虻处理厨余垃圾的前景——以广东省为例[J]. 城乡建设，2020(21)：47-49.

[17] 任立斌. 黑水虻生物转化餐厨垃圾试验的研究[D]. 兰州：兰州交通大学，2020.

[18] 李峰，张文蕾，郝小雨. 利用黑水虻处理餐厨垃圾和豆腐渣及幼虫营养价值分析[J]. 河南水产，2020(01)：21-25.

[19] 尹靖凯，龚小燕，孙丽娜，等. 黑水虻对餐厨垃圾养分转化研究[J]. 中国农业科技导报，2021，23(06)：154-159.

[20] 张晓林，段永改，贺永惠. 餐厨垃圾与鸡粪饲养黑水虻幼虫条件优化[J]. 浙江农业科学，2021，62(06)：1200-1203＋1258.

[21] 黄林丽. 公共餐厨垃圾饲料化利用技术研究[D]. 深圳：深圳大学，2020.

［22］路延. 黑水虻转化厨余垃圾中环境及微生物条件研究［D］. 大连：大连理工大学，2021.

［23］陈美珠. 黑水虻处理餐饮垃圾的技术分析与应用探讨［J］. 广东科技，2017，26(11)：59-61.

［24］张铭杰. 利用黑水虻处理农村易腐垃圾技术研究［D］. 杭州：浙江大学，2019.

［25］覃万朗，周俊锋，王为国，等. 玉米秸秆的预处理及以其产品饲养黑水虻的研究［J］. 武汉工程大学学报，2021，43(04)：355-361＋390.

［26］许静杨，李妍，白义川，等. 秸秆废弃物饲喂黑水虻幼虫初探［J］. 山西农业科学，2020，48(07)：1132-1134.

［27］林兴雨，任凯杰，陈俊华，等. 黑水虻处理变质水果研究探讨［J］. 南方农业，2019，13(30)：143-144.

［28］王慧姣，李峰，张文蕾，等. 利用黑水虻幼虫处理中草药渣和花生饼及幼虫营养价值分析［J］. 河南水产，2021(01)：22-26.

［29］杨燕，严欢，赵智勇，等. 以黑水虻为媒介处理两种疫病致死猪的安全性检测［J］. 养猪，2016(04)：85-86.

［30］陈江珊. 水虻转化农业有机废弃物过程中氮素形态及转化效率研究［D］. 武汉：华中农业大学，2021.

［31］王斌，邹仕庚，彭运智，等. 黑水虻在畜禽饲料中的应用研究进展［J］. 中国畜牧杂志，2021，57(06)：8-15.

［32］郑丽卿，崔锦良，王月晖，等. 黑水虻幼体营养成分分析研究［J］. 甘肃畜牧兽医，2019，49(02)：55-56.

［33］安新城，吕欣. 黑水虻的生物学特性及营养价值［J］. 养殖与饲料，2007(11)：67-68.

［34］邝哲师，李鑫，周鹏飞，等. 黑水虻蛋白在海水鱼养殖业中替代鱼粉的应用概况［J］. 中国饲料，2021(07)：101-105.

［35］喻国辉，陈燕红，喻子牛，等. 黑水虻幼虫和预蛹的饲料价值研究进展［J］. 昆虫知识，2009，46(1)：41-45.

［36］Schiavone A，Cullere M，DE Marco M，et al. Partial or total replacement of soybean oil by black soldier fly larvae (*Hermetia illucens* L.) fat in broiler diets：effect on grow th performances，feed-choice，blood traits，carcass characteristics and meat quality［J］. Italian Journal of Animal Science，2017，16(1)：93-100.

［37］林启训，林静，吴珍泉. 饲料中水虻幼虫含量对泥鳅摄食率的影响［J］. 饲料工业，2000(08)：23-24.

［38］韩星星. 脱脂黑水虻虫粉在大黄鱼幼鱼配合饲料中的应用研究［D］. 厦门：集美大学，2019.

［39］刘兴，孙学亮，李连星，等. 黑水虻替代鱼粉对锦鲤生长和健康状况的影响［J］. 大连海洋大学学报，2017，32(04)：422-427.

［40］李森林. 黑水虻幼虫在鲤鱼饲料中的应用研究［D］. 杨凌：西北农林科技大学，2017.

［41］陈晓瑛，胡俊茹，王国霞，等. 黑水虻幼虫粉替代鱼粉对黄颡鱼幼鱼生长性能、肌肉品质

及血清生化指标的影响[J]. 动物营养学报，2019，31(06)：2788-2799.

[42] 贾玲芝，史雪莹，郭金龙，等. 全脂黑水虻幼虫粉替代鱼粉对大菱鲆养殖性能、生理代谢及体色的影响[J]. 渔业科学进展，2022，43(02)：80-88.

[43] 王国霞，莫文艳，范怡杰，等. 黑水虻对杂交鳢生长、肌肉组成和血清指标的影响[J]. 水产科学，2019，38(05)：603-609.

[44] 胡俊茹，王国霞，莫文艳，等. 黑水虻幼虫粉替代鱼粉对鲈鱼幼鱼生长性能、体组成、血浆生化指标和组织结构的影响[J]. 动物营养学报，2018，30(02)：613-623.

[45] [124]MagalhtesR，SNchez-LPez A，LealR S，et al. Black soldier fly (*Hermetia illucens*) pre-pupaemeal as a fish meal replacement in diets for European seabass (*Dicentrarchus labrax*)[J]. Aquaculture，2017，476：79-85.

[46] 黄伟卿，王永贵，张艺，等. 黑水虻虫粉替代鱼粉对拟穴青蟹成活、生长和水环境的影响[J]. 饲料研究，2021，44(16)：48-51.

[47] 易昌金，胡俊茹，胡毅，等. 凡纳滨对虾对黑水虻幼虫粉营养物质的表观消化率[J]. 饲料工业，2018，39(04)：21-26.

[48] 王海堂，李孟孟，王桂英，等. 黑水虻幼虫粉对蛋鸡育成期生长性能和养分消化率的影响[J]. 中国畜牧杂志，2021，57(08)：206-209.

[49] 张金金，王瑞华，张邦，等. 黑水虻幼虫粉对蛋鸡产蛋后期生产性能、蛋品质及血液生理生化指标的影响[J]. 动物营养学报，2020，32(04)：1658-1665.

[50] 张放，朱建平，张政，等. 黑水虻虫粉对育肥猪生长性能、血清指标和养分消化率的影响[J]. 河南农业科学，2017，46(06)：130-133＋146.

[51] 余苗，李贞明，陈卫东，等. 黑水虻幼虫粉对育肥猪营养物质消化率、血清生化指标和氨基酸组成的影响[J]. 动物营养学报，2019，31(07)：3330-3337.

[52] 孔凡，黄宏飞，杨晨，等. 不同方法提取黑水虻油工艺优化及品质比较分析[J]. 中国油脂，2021，46(06)：15-20.

[53] 黄宏飞. 黑水虻油脂制备的研究[D]. 武汉：武汉轻工大学，2020.

[54] 唐庆元. 黑水虻 Cecropin 的抗菌活性及作用机制研究[D]. 合肥：安徽农业大学，2021.

[55] Soon - Ik Park，Byung Soo Chang，Sung Moon Yoe. Detection of antimicrobial substances from larvae of the black soldier fly，*Hermetia illucens* (Diptera：Stratiomyidae)[J]. Entomological Research，2014，44(2)：58-64.

[56] 夏嫱，赵启凤，廖业，等. 黑水虻抗菌肽诱导条件优化及粗提物活性研究[J]. 环境昆虫学报，2013，35(01)：44-48.

[57] 田忠. 黑水虻抗菌肽分离纯化及活性成分对 CNE2 细胞影响的研究[D]. 遵义：遵义医学院，2017.

[58] 冯群，高嘉敏，夏嫱. 黑水虻幼虫抗菌肽粗提物敏感肿瘤细胞株筛选及溶血作用研究[J]. 医学综述，2020，26(06)：1214-1218＋1223.

[59] 黄超. 黑水虻幼虫蛋白质体外消化特性与抗氧化活性研究[D]. 武汉：武汉工程大学，2019.

［60］朱辉. 利用黑水虻幼虫制备胰蛋白胨的工艺研究［D］. 广州：华南农业大学，2017.

［61］刘冉. 六种常见养殖昆虫甲壳素提取的比较［D］. 保定：河北大学，2018.

［62］徐齐云，喻国辉，安新城. 黑水虻蛹壳中几丁质的提取及壳聚糖制备研究［J］. 广东农业科学，2012，39(05)：87-88＋102.

第五章
蚯蚓对有机固体废物的处理

第一节　蚯蚓简介

一、蚯蚓生理特征

蚯蚓体圆而长，它的整体由许多相似的体节组成，节与节的连接处往往伴有一个深槽，通常将其称为节间沟，在每个体节上都还有较浅的沟称体环。蚯蚓的头部为了适应阴暗的土壤内的穴居生活从而发生了退化，最后变成和身体部分相似。虽然从宏观上看，蚯蚓的两端并没有明显的差异，但是仔细辨别的话会发现蚯蚓的身体前端会有明显的肉质突起，这是蚯蚓的口前叶，为蚯蚓提供了摄食、掘土及感触的功能。口前叶光滑平整，没有触手和触条的存在。蚯蚓的肛门长在身体的末端，身体表面存在有刚毛，刚毛是蚯蚓的运动器官，当其在土壤穴内或地面爬行时候起支撑作用。

截至目前全世界已发现存在有6000多个蚯蚓品种，其中分布在我国的大概有300余个。蚯蚓的适应力较强，除了冰川、沙漠、南北极等极端环境之外，它们的生活踪迹遍布于各种生态环境中，特别是在森林、草地、花园和田间等地更是数量繁多。在这么多种类的蚯蚓中，大多数都为野生品种，而且并不适合人工的大规模养殖，当今国内适合人工养殖的蚯蚓种也只有太平二号（赤子爱胜蚓，也称大平二号）、北京条纹蚓、北星二号蚯蚓、威廉环毛蚓、太平三号（也称大平三号）蚯蚓等少数几种。根据蚓种的不同，它们的生长年限也会相对应地有所区别，比如赤子爱胜蚓，四十天左右即可成熟。

蚯蚓一般喜欢居住在潮湿、疏松且富于有机物的泥土中，特别是在肥沃的庭园、菜园、耕地等地。蚯蚓有畏光的特性，尤其是害怕强烈的阳光、蓝光和紫外线的照射，所以蚯蚓喜欢白天蛰居泥土洞穴中，在夜间外出活动，就算是在白天它的采食和交配等活动都是在阴暗的情况下进行的。在摄食方面，蚯蚓也是腐食性动物，它们以腐烂农作物和腐烂的植物为食，以获取其中的有机物质和营养物质，因为在摄食过程中对食物没有选择性，所以还会不自禁吞食土壤及砂粒。它在土壤中的一系列活动也能给土壤带来极大效益，比如可以提高土壤渗透能力，同时能提高土壤的蓄水保肥能力，而且在促进 C、N 的循环和有机物的分解和矿化过程以及其他物质的分解转化过程中起着极大的推动作用。

二、蚯蚓的解剖学结构

1. 蚯蚓的呼吸及繁殖

蚯蚓的身体构造不存在呼吸器官，其呼吸作用是通过自身体表附着的大量微血管网完成气体之间的交换而进行的。蚯蚓在生殖特征上是雌雄同体的生物，虽然是雌雄同体，但它依旧是有性生殖的动物，它前端的体节内有着明确的生殖器官进行异体受精的活动。

2. 蚯蚓的免疫系统

（1）蚯蚓的防御屏障　蚯蚓常年生活在潮湿阴暗的土壤之中，这种区域难免会相比其他生活环境拥有更多的细菌、微生物以及病原体等，因此蚯蚓为了适应不利的生存环境，它的机体经过进化形成了一套十分特别且高效的免疫系统。而根据目前的研究结果显示，它的免疫防御体系由防止异物侵入的外部屏障结构和防止异物成功侵入后进一步在体内蔓延的内部免疫机制所组成。

其中，蚯蚓的体壁是蚯蚓的第一道保护屏障，其是由呈胶原状态的角质膜、上皮、环肌层、纵肌层和体腔上皮等构成。体壁最外层由单层柱状上皮细胞组成，这些细胞的分泌物可以形成具有一定保护作用的角质膜，在这些上皮细胞之间还夹杂着一些腺细胞，它们是由黏液细胞和蛋白细胞组成，这些细胞都能分泌黏液，可使蚯蚓的体表变得湿润、光滑。当蚯蚓遇到外界的巨大压力和挤压作用等外界刺激下，它的这些细胞就会分泌大量蚯蚓黏液，包裹住蚯蚓的整个身体形成一层厚厚的黏液膜，具有很大的保护作用。另外，蚯蚓的角质层能较强地抵抗各类化学物品的侵蚀，这层物质虽然密封着抵抗化学物品的侵入，但是仍然带有气体通透性，不影响蚯蚓的透气。蚯蚓在抵御外界异物侵袭的过程中，角质层中的上角质层突起物以及在游离面中的微绒毛发挥了极其关键的作用[1]。

（2）蚯蚓的细胞免疫　蚯蚓细胞免疫防卫系统的三大标志是：排除速度快、

特异性小、记忆时间短[2]。蚯蚓还能在体内分化出一种专门用来行使吞噬功能的细胞（类似巨噬细胞），对异物具有有效的趋化移行作用，主动地在蚯蚓体内吞噬并破坏入侵的异物，达到保护的作用。

蚯蚓体内还会行使包囊作用，其最终目的是保护蚯蚓免遭寄生虫侵害。因为对于太大的外源物质，体内的吞噬细胞无法达到保护目的，所以此时的防御方式通常是通过体腔内形成颜色为褐色的物质发挥防御性质的包囊作用。

（3）蚯蚓的体液免疫　蚯蚓自身在生活中会产生一些对应的杀菌物质，由此获得的免疫通常被称为获得性免疫。蚯蚓的获得性免疫多是由自身体液反应表现出来，其中蚯蚓的杀菌物质主要有凝聚素和抗菌肽等几种活性物质组成。它的凝集素主要是通过与微生物表面的糖原进行结合，从而对侵袭物质产生凝集作用，这一过程对蚯蚓体内的噬菌和包囊作用起着辅助地促进作用，从而加大了抵御病原菌侵袭的效果。而抗菌肽是所有动物免疫防卫系统都会产生的一类抵抗外来病原体的防御性多肽物质，其分子量一般在 10k 以下。蚯蚓体内的抗菌肽种类和数量都极为丰富，能有效地推动蚯蚓体内的防御建设。除此之外，蚯蚓体内的抗原结合蛋白、溶菌酶、蚯蚓素、蚯蚓碱等其他物质都对蚯蚓的免疫系统起着不同程度的有益作用。

第二节　蚯蚓的人工养殖技术

蚯蚓是广为人知的"益虫"，在农业方面可以疏松土壤、提高土壤含量，对农业带来很高的效益；在药理方面蚯蚓也被证实具有抗菌消炎、抗氧化、抗凝血、抗肿瘤、平喘止咳、降压等作用；而在养殖业中，蚯蚓因为自身的营养价值而成为十分重要的高质量蛋白质饲料来源，除能成为陆地畜禽类动物的饲料来源之外，蚯蚓也是水产方面的理想饲料。

蚯蚓在各个领域的高价值在逐一被发掘之后，首先是发达国家从中嗅到了巨大商机，以美国为首的发达国家，其畜牧业处于全世界领先地位，蚯蚓成为其动物性蛋白质饲料的重要来源之一，所以自然而然地，蚯蚓的相关人工养殖也是蓬勃发展。

随着学者对蚯蚓应用的研究深入，蚯蚓的作用被逐一发掘，蚯蚓的养殖成为了新兴的热门产业。人工养殖蚯蚓伴随着我国水产养殖、特种养殖、畜牧业等行业的崛起，也被越来越多的人所接受和熟知，特别是近几年，我国对于不同蚓种蚯蚓的养殖规模以及整个蚯蚓的养殖产业都在不断扩大，从事蚯蚓研究的科技工作者、推广人员、养殖人员数量庞大。

一、养殖场地的选址

养殖场的选择要考虑蚯蚓的生活特性，首先蚯蚓大多生活在潮湿的环境中，所以场地选择要考虑是否合理，同时，还要考虑是否方便使用喷水器或者水管，以便及时地补充整个养殖场地的水分，保证环境达到蚯蚓存活所需的条件。浇水可以铺设地管，然后以喷雾的形式进行补水，也可以从水井或者河边运水进行浇水操作，水必须是干净的水。

选场地也要避免山丘林立、坡度过高的地域，尽量以地势平坦的土地为参考目标。

为了达到解决使用蚯蚓解决畜禽粪便、有机废物垃圾、植物的腐烂茎叶等碎片的根本目的，选址应靠近饲源，可将人工林、畜禽养殖场、乡村庭院等地的附近区域作为蚯蚓养殖场地的选择依据，能大量减少这些废弃物的交通运输费用。

场地的土壤也有要求，尽量避免选择水泥硬化后的场地，这样的场地不适宜蚯蚓的活动，严重者甚至会造成大量蚯蚓的四散逃离。

场地周围做好排水沟，进行除草工作，将地基压实压紧，整个场地尽量方方正正，养殖床的铺向一定要顺着坡度来铺，这样才能保证积水顺利排入排水沟。

二、养殖床的建设

1. 蚓床的铺设

养殖床是蚯蚓生长、交配、繁殖等所有生命活动最基本的场所，养殖床建设的规模和质量直接影响蚯蚓的生长发育、产出数量与质量。养殖床完全建好后的标准高度为 50 cm，底座宽度要达到 120 cm、顶部宽 75 cm 的梯形，每一条养殖床的长度建议不超过 50 m。如果没有发酵的粪便，可以直接使用新的粪便进行铺垫，宽度大概保持在 1 m 左右，不能超过 1.2 m。饲料的投喂宽度要保持在 80 cm 左右（宽度过低会使蚯蚓产量降低），堆置的模型不能成冒尖的三角模型，而是呈梯形状，厚度保持在 10cm 左右，每当饲料快吃干净时，以同样的方式进行投喂。

之后对蚯蚓床进行自然发酵，直至蚓床表面变色，然后翻转，使里面的粪便也自然发酵变色，待整条蚯蚓床变成干块之后，浇水进行冲洗，洗去霉菌和有害物质，然后使用叉子或器械使得床内变得松软之后再进行播种，两条蚯蚓床为一组，每组间留下足够宽的空地便于添粪。

2. 蚯蚓床发酵时间

一般是 5～20 天，具体情况根据天气而定，若天气较好，5～7 天即可完成；若是长时间的阴雨天气，则需要延长到 10～20 天。

3. 发酵完成的检查

在为养殖床引进蚯蚓种之前，需要对养殖床整体进行充分的翻抛，保证其内部土壤松散，要保持留有一定的空气。铺设好之后，需要检查发酵的程度。通常可以采用以下几种方法。

① 往蚯蚓床先放入少量的蚯蚓，若环境不适合，则少量蚯蚓不会深入到土壤内部，会停留在表面，或者向外逃逸；若合适，蚯蚓则会钻入养殖床。以此判断当前的养殖床是否适合蚯蚓生存，以便于后面对蚯蚓床进行改进。

② 从气味进行判断，发酵完成后的蚯蚓床没有臭味和酸味，同时具有一股特殊的泥土芳香味道。

③ 从颜色进行判断，蚯蚓床里的粪便应该变为茶褐色。

④ 抓取发酵物料时的手感。发酵完毕后，要进行人为的抓取检验工作，手抓取的发酵物具有弹性、松散性、不粘手等特点。

三、养殖温度

蚯蚓的适宜养殖温度要以基料的温度为准，基料中含水率很大，同时水的比热容较大，它的实时温度与空气温度会存在一定的差距，比如基料温度为 11 ℃时，此时的空气温度则可能会显示为几摄氏度左右。在这个前提下，5～30 ℃都可以为蚯蚓的活动温度，其中 15～25 ℃这个范围则是最适合蚯蚓生存的温度，能极大地提高蚯蚓的生长和繁殖率。

蚯蚓虽说是冬眠动物，但是除了过低的温度，过高的温度也会对蚯蚓的生长造成影响，甚至导致其死亡。生存温度达到 0 ℃以下或者 40 ℃以上都会导致蚯蚓死亡，即使只是达到 32 ℃蚯蚓也会停止生长，蚯蚓在温度低于 5 ℃以下时活动也会变得迟缓，包括觅食在内的所有生命行为会大幅度减少，温度若再次变低则会让蚯蚓们停止生长发育，并进入冬眠期。

以太平二号蚯蚓为例，全国各地都可以养殖。纬度越高的城市，冬天注意保温；纬度越低的城市（如广东、福建、海南等），夏天注意降温，其中降温措施有：

① 降低蚯蚓床的养殖密度；

② 增大养殖基质的疏松透气度；

③ 在养殖床上铺盖一层覆盖物，如稻草、秸秆；

④ 傍晚的时候进行浇水降温操作；

⑤ 增加蚯蚓床厚度 10～20 cm；

⑥ 加遮阳棚、遮阳网或养殖在树荫下、山洞中。

四、养殖季节

养殖蚯蚓的适宜时间一般是 4 月～10 月为主（不同地域气候不同，所以具体时间也会有所不同），当冬季时，养殖床的蚯蚓仍然有所保留，所以常常会遇到基料温度过低的问题，此时养殖户可以外加各种保温物资和设备，实施有效的保暖措施，如覆盖塑料布，增加基料厚度，保证温度的不流失。

蚯蚓养殖除了在封床期都可以进行下种。春天气温经常忽高忽低，造成蚯蚓的不适应，因此需要减少湿度。夏天，遮盖遮阳网或草进行保湿，傍晚进行浇水操作，保证白天蚯蚓在床底进行活动而傍晚开始向上爬行进行采食。秋天，秋高气爽，温度适宜，只需要按时添加粪便，让蚯蚓尽情繁殖便好。冬天，如果温度降低过大，需要用薄的塑料膜对蚯蚓床进行封床处理。

五、湿度管理

水分对蚯蚓生长繁殖的影响主要取决于环境与饲料的湿度。养殖户在进行养殖过程中，会使用喷水机或者其他方式对环境的湿度进行控制，再加上蚯蚓是通过皮肤呼吸的，给蚯蚓定期洒水，能确保良好的透气和通风，环境中具有充足的氧气，蚯蚓的呼吸质量也会得到提高。

蚯蚓自身体内水分的含量在 80% 以上，蚯蚓对水分含量高低十分敏感，而且水分含量的高低会影响到蚯蚓的生理形态，比如养殖床内环境水分含量过低，会造成蚯蚓体内水分的大量流失，极度不舒适的环境会造成蚯蚓的大量死亡；环境的湿度和水分含量过高，也会影响到土壤对蚯蚓的氧气供应，长时间氧气过低会造成蚯蚓死亡。

不同季节浇水的时期：春季、秋季、冬季都选择在中午浇水，而夏季为了避免水过早蒸发，一般选择在下午进行浇水。也有一些养殖户选择在早上 8：00 之前进行蚯蚓养殖场的洒水浇水，其他时间段在非必要的情况下禁止浇水，当养殖床内的水分含量达到 70% 左右时立即停止浇水，再过一段时间后，这些水会在土壤之中经过下流、转移等各种作用后，养殖床水分含量会下降到 65% 左右，此时是利于蚯蚓的生长的。

浇水的频率：要根据天气情况和环境的湿度而定的，一般含水量低于 50% 就应适当地补水。春秋季节的喷水工作平均两日进行一次，夏季时期则需要加大喷水频率，保证养殖床湿度维持在 60% 对蚯蚓有效地保湿，还可避免过高温度造成蚯蚓死亡。

湿度的快速判断：用手进行抓取，基质必须成团，同时好像有水滴落的感觉，但是实际上没有水滴落，此时说明湿度刚刚好，而有明显的水珠滴落，说明湿度过高。

露天养殖时，在阴雨天气来临之前，不能断粪，减少养殖密度，增加通透性，做好后续的排水工作。若出现了长时间的高温天气没有及时地进行防护措施，在造成蚯蚓的伤亡率增大以及繁殖率降低的情况后不要过度焦虑，继续进行正常的添粪加水操作，在 1～2 个月的时间后，蚯蚓的这些损伤将会自行得到改善。

六、蚯蚓投放

在往蚯蚓床投放蚯蚓时，投放方式是分散投放蚯蚓，切不可直接投放一团蚯蚓，以防蚯蚓出现扎堆拥挤的情况，这会导致出现前文所说的密度过高，影响蚯蚓的生长发育以及繁殖，甚至导致成年蚯蚓出逃，造成产蚓量下降的现象。如在赤子爱胜蚓产业化养殖过程中，该种蚯蚓与基质比例为 1:20 时为最佳的接种密度。一般的成年蚯蚓接种入蚯蚓养殖床时，应控制密度在 $2～3\ kg/m^2$，幼年蚯蚓接种的密度可以有所增加，以在 $5～8\ kg/m^2$ 范围为最佳。

七、养殖规模

为了更好地减少蚯蚓的死亡率以及积累养殖经验，以便成为"养殖大户"，养殖户在初期建议的养殖面积最好在 5～20 亩（1 亩＝666.67 m^2）之间，随着时间以及技术的增长，面积可以逐步扩大到 50 亩以上，这种"边养边学"的模式才能更好保障所养殖蚯蚓的质量，减少养殖风险。

八、饲料投放量

牛粪猪粪，建议投放量为 20 m^3/亩。鸡粪鸭粪，建议投放量为 10 m^3/亩。其中，以牛粪为饲料时，除了完全使用牛粪，还可以搭配猪粪、秸秆、生活污泥等物质作为混合饲料进行蚯蚓的喂养。若以猪粪为基本饲料，相关配方有 4 种经典组合：100% 的猪粪；50% 的猪粪、35% 的有机垃圾和 15% 的稻草；60% 的猪粪、40% 的甘蔗渣；70% 的猪粪、30% 的稻草。

使用粪便养殖，必须做好发酵工作。

注意天气预报，在知晓雨季来临之前要为蚯蚓床堆置一定量的饲料，可以利用雨水淋湿粪便提高湿度，减少养殖成本。一般雨季过后再对蚯蚓床进行粪便投喂时，投喂的饲料不能含有过多的草末，这样可避免养殖床温度升高，防止蚯蚓爬出蚯蚓床的现象发生。

九、蚯蚓的采收

当养殖床里投喂的牛粪等饲料略吃干净，但是表面上仍然有薄薄一层饲料的时候，最适合采收蚯蚓。夏天采收蚯蚓时，所用时间要尽量压缩，提高速度，避免长时间暴晒造成蚯蚓大范围死亡。

1. 人工采收

在每组蚯蚓床的过道上铺设好塑料布，将蚯蚓床多余的蚯蚓和粪土铲在塑料布上，然后将粪土抓碎抓散，将其完整平铺。根据蚯蚓畏光的原理，它会不停往下钻，因此只需将粪土一层一层刨开，当粪土只剩薄薄一层时，将塑料布对折，使得粪土重叠达到一定厚度后，用叉子进行疏松工作，继续进行粪土剔除工作，直至能采收到大量蚯蚓。

2. 机械采收

对于土壤黏度不大的，亦可采用蚯蚓分离机进行操作。机械选用专门的蚯蚓收取机，这样会减少收取时间，采收的过程中还会保护蚯蚓，采收时功率不能过大，这样才能保证蚯蚓采收均匀且蚯蚓活性较好。

十、蚯蚓粪的采收

当蚯蚓床变大变宽之后就要及时清除蚯蚓粪，一般播种之后的年底或第二年年初就要收集处理蚯蚓粪。将一部分蚯蚓粪和大量蚯蚓，堆积在每组（每两条为一组）养殖床中间，然后将养殖床底部的蚯蚓粪进行挖掘、装填、运输操作。

十一、病害防治

蚯蚓的天敌很多，这些天敌也是我们身边很多常见的生物，如蚂蟥、青蛙、蝼蛄、蚂蚁、老鼠等，因此在养殖过程中防范天敌是十分重要的。设置好围栏、折网来避免敌害鸟类、青蛙等生物，如发现蚂蚁害虫，可以在蚯蚓床两侧撒些生石灰，有效规避蚂蚁群的入侵。此外还要注意蚯蚓自身的各种病症，它们最常见疾病主要是酸碱中毒、毒气中毒及细菌和真菌感染，其中细菌真菌主要通过蚯蚓的伤口感染，因此在投放时应注意将带伤和状态不好的蚯蚓及时剔除，在每次更换或铺设蚯蚓床的基质时都要做好相应环境的消毒工作。

养殖过程中养殖床会长杂草，会对蚯蚓造成危害，需要及时清理，当这些杂草还是小草的时候可以人为操作，人工清理；若发现不及时，雨季到来杂草疯长的时候可以选择喷洒除草剂，打除草剂时需要注意两点：一是喷打的时候保证蚯蚓必须在牛粪之中，二是要选择在中午最热的时候喷打农药，喷打之后隔2天才继续为养殖床进行补水操作。但需要注意的是，使用过农药尤其是剧毒农药的土壤，一般蚯蚓数量极少，蚯蚓不愿意在其中停留或者会导致土壤里的蚯蚓大量死亡。

在蚯蚓养殖行业，蚯蚓有"七喜七怕"之说，即"喜湿怕浸泡、喜温怕冷热、喜酸怕盐碱、喜甜怕辛辣、喜静怕震动、喜暗怕强光、喜通怕闷气"。下面稍微展开说明一下：

① 喜湿怕浸泡：喜欢湿润的环境，在前文已有描述。蚯蚓若被水淹，会马上四散逃逸，来不及逃走的，身体会逐渐肿胀发白，生活能力下降直至死亡。

② 喜温怕冷热：蚯蚓喜温暖，既怕冷又怕热，前文已有具体的描述。

③ 喜酸怕盐碱：这里所说的喜酸是两方面的，一是指蚯蚓的生存环境喜偏酸或中性土壤。如果找不到适宜土壤，需要对盐碱性土壤调整酸碱度，可用磷酸二氢盐适度调整，否则蚯蚓不能生存。此外，是指蚯蚓喜欢偏酸性的食物，最好把饲料调至弱酸性，或吃自然偏酸性的废弃物。盐含量高、pH偏碱性的生存环境和食物，蚯蚓不喜欢。

④ 喜甜怕辛辣：蚯蚓喜吃酸甜、腥味食料，像腐烂的西红柿、水果、西瓜皮、洗鱼水等，皆是蚯蚓最爱。最怕吃辛辣麻味食料，如胡椒、花椒、大葱、大蒜、辣椒等，若用餐厨生活垃圾饲喂蚯蚓，尽量要避免辛辣食料，同时建议充分发酵后再行饲喂。但特别甜的食物，蚯蚓也是没法食用的。

⑤ 喜静怕震动：喜欢安静的环境，铁路、工地、公路附近不适合养殖蚯蚓，受震动的影响，蚯蚓会逃逸。

⑥ 喜暗怕强光：蚯蚓喜黑暗而畏强光，具有负趋光性，尤其是阳光、蓝光、紫光，养成了蚯蚓昼伏夜出的习性，蚯蚓对红光不敏感，故阴暗的养殖场所可以用红光照明。蚯蚓感光器官遍布蚯蚓全身，强光对蚯蚓的生长、繁殖极为不利。所以蚯蚓喜暗处活动，平时多于培养土壤中或钻在基料中觅食，夜间也可见到蚯蚓爬出地面觅食。故养殖环境应选择阴暗避光处，可选择林下养殖，或养殖蚯蚓的地方铺盖些稻草、秸秆等。蚯蚓的收获也是利用蚯蚓怕光的原理。

⑦ 喜通怕闷气：蚯蚓需良好的空气流通环境，对刺激性气味（如氨气）比较敏感，故判断有机肥料是否腐熟，通常可以蚯蚓是否往肥料里面钻作为判断的依据之一。闷气的环境容易导致蚯蚓逃逸甚至死亡。

第三节　蚯蚓对畜禽粪便的转化处理

一、引言

蚯蚓具有食腐性的特性，体内也含有多种多样的分解酶，分解能力突出，再加上蚯蚓具有类似肾小管的产尿管和类似肝细胞的体组织等结构具有很强的解毒功能，使得蚯蚓能长时间存活在恶劣的污染环境中，故可以利用蚯蚓处理垃圾。随着相关技术的发展，直至目前国内外已经建造了一定规模的蚯蚓繁殖场和垃圾处理厂，旨在使用蚯蚓对畜禽粪便、餐厨垃圾、绿色废弃物、活性污泥等有机废弃物进行处理。

畜禽粪便含有大量的有机物，因此能将畜禽粪污进行堆积发酵后，再统一收集对蚯蚓进行投喂，接着在蚯蚓的消化系统（各种蛋白酶、脂肪分解酶、纤维酶、淀粉酶等）的作用下，将其迅速分解、转化成腐熟的肥料。畜禽动物的粪便作为蚯蚓的饲料，在解决污染问题的同时还能降低蚯蚓的饲养成本问题。这一产业在许多发达国家中已经形成了相当的规模。如意大利佛罗伦萨的居民在奶牛养殖场附近建立了蚯蚓养殖场，利用蚯蚓来集中处理牛粪并减少了人工运输的成本，减轻了牛粪对环境的污染，还提升了相关行业的经济效益。

我国规模养殖蚯蚓的历史和产业规模与发达国家相比存在一定的差距。在20世纪70年代末，上海市从日本引进红蚯蚓、太平二号，天津从日本引进北星二号等蚓种。80年代末开始对蚯蚓处理垃圾进行一系列试验，90年代初十余个省市的各个科研机构，也开始进行堆制废弃物养殖蚯蚓的研究。在使用多种蚓种进行处理的过程中，目前国内广泛养殖的是赤子爱胜蚓（商品名为大平二号或太平二号），这类蚯蚓采食性非常广泛、繁殖力强、繁殖速度快、抗病能力强，而且适应性极强，从而能够在禽畜粪便的处理中"脱颖而出"，还因为其食量大，每天能处理的粪便重量能与自身体重持平，故在禽畜粪便处理中得到广泛使用。

二、对牛粪的转化处理示例

用蚯蚓转化处理牛粪的报道较多，但大部分新闻报道缺乏数据支持。总的来说，蚯蚓处理牛粪的难度并不高，故本书只列举几篇关于蚯蚓处理牛粪的报道，以便读者对蚯蚓处理牛粪的效果有所了解。

不同饲料喂养得到的牛粪，其营养价值有所不同，不同文献报道的牛粪的营养成分有差别。本书前文已经列出了牛粪的基本营养物质，见表1-1。

成钢等[3]对太平三号蚓种进行研究后得出结论：蚯蚓对各类畜禽粪便的摄食喜爱程度和利用效果从大到小依次为牛粪＞羊粪＞猪粪＞兔粪＞鸭粪＞鸡粪，类似现象也被以后的研究人员所证实。向堆肥不同天数后的不同畜禽粪便中，放入赤子爱胜蚓，研究蚯蚓向粪便中转移数量比例，结果见表5-1。

表 5-1　不同堆肥时间蚯蚓在各粪便中的数量百分比及蚯蚓个体平均增重[4]

粪便	0 天	7 天	14 天	21 天	28 天
牛粪	0(127.22)	3.33(157.71)	80(269.63)	96.67(306.41)	100(279.37)
猪粪	0(71.38)	1.67(67.61)	0(156.38)	0(151.44)	0(110.96)
兔粪	10(170.53)	15.00(165.49)	16.67(160.82)	3.33(160.82)	0(168.55)
鸡粪	0(−8.59)	0(14.59)	0(−16.60)	0(−30.48)	0(31.95)

注：括号外数字为数量占比（%）；括号内数字为个体平均增重（mg/条）情况，为简化表格，忽略实验数据偏差。

从表5-1可以看出，新鲜畜禽粪便，除兔粪外，无蚯蚓钻入粪便中。牛粪组在14天后，便有大量的蚯蚓钻入其中。在堆肥初始 0 d，兔粪有10％的蚯蚓选择进入。畜禽粪便进行相同堆肥时间后，用于饲养蚯蚓 2 周，不同处理时间对蚯蚓的增重效果不同。总之，较高的 C/N（牛粪与兔粪的 C/N 分别为 20.72、23.83）能提高蚯蚓采食选择性和繁殖，有机质含量和 C/N 较低的畜禽粪便（如鸡粪，C/N 为 7.75），会降低蚯蚓采食性和繁殖性能。试验表明，蚯蚓生物转化牛粪和兔粪效果最好，猪粪（C/N 为 15.13）次之，鸡粪不能利用蚯蚓进行生物转化[4]。

甘洋洋等[5]经过研究后也得出结论：蚯蚓对有机废弃物的转化作用，会增加物料的全氮、全磷、速效磷、速效钾的含量，降低碳氮比和全钾含量，并将有机碳和pH值维持在最适范围内。高碳氮比、低全氮和低有机碳的环境更有利于蚯蚓的生长发育，高碳氮比、高全氮、高速效钾和低氮磷比的碱性环境更有利于蚯蚓的繁殖；蘑菇渣、牛粪为最适合作为蚯蚓堆制处理饵料，鸡粪最不适合。

针对蚯蚓不能食用鸡粪的问题，笔者团队进行了系统研究，解决了蚯蚓不能处理鸡粪的问题，详见本节第五部分。

处理牛粪后，产生的蚯蚓粪，其全磷、速效磷、速效氮和速效钾均高于牛粪自然堆肥后产生的物质，说明了蚯蚓的堆肥作用能提高牛粪里面相关物质的矿化速率，还降低粪便中氮元素的流出，减少氮流失所引起的一些污染问题，提高了堆肥后物质的营养成分[6]。相似的结果也在其他文献有所报道。研究人员使用太平二号处理没有经过任何处理的牛粪，再与经自然堆制后形成的腐熟牛粪投喂给蚯蚓做对比实验，经蚯蚓堆肥处理后的牛粪中的磷含量和矿质氮含量与自然堆置的实验组相比都有明显的提高，同时还发现蚯蚓堆肥处理后的腐熟牛粪拥有更多种类和数量的有益微生物[7]。

畜禽粪便进行堆制预处理，再利用蚯蚓自身强大的食腐特性，将这些粪便过腹转化，不能消化吸收的部分以蚯蚓粪（蚯蚓粪能作为良好的土壤改良剂，有效改善土壤的性质；还能成为绿色肥料，促进植物生长）的形式排放出来。经过蚯蚓的处理，加速了畜禽粪便里面有机质的转化，进一步增加了腐熟度，畜禽粪便的臭味也受到了有效抑制，故很大程度上解决了粪便的污染。

三、对猪粪的转化处理示例

新鲜猪粪并不适用于蚯蚓的处理养殖，因为新鲜猪粪质量密实，透气性极差，在这其中生活的蚯蚓的呼吸将受到极大的影响，且猪粪含水量不低，容易滋生各种细菌及有害微生物，综合考量上述种种原因，在用其投喂之前对猪粪进行充分晾晒，再使用混合菌种发酵处理，才能作为蚯蚓的养殖饲料使用。

如将猪粪和秸秆混合后作为蚯蚓的投喂饲料，发现蚯蚓对混合饲料的分解量显著高于纯猪粪；在此基础上，发现添加玉米秸秆的混合饲料的减少量高于添加水稻秸秆的混合饲料。调节 pH 值，减少氨态氮的同时调高硝态氮的含量，像改变土壤一样改变猪粪的理化性质，即使蚯蚓无法完全摄食干净，余下的猪粪仍然完成了"无害化"处理，从根本上杜绝了污染的传递[8]。

在晾干的猪粪（含水率 20%）和小麦秸秆混合物中，添加 1% 的枯草芽孢杆菌进行堆肥，发现堆肥初始 C/N 比为 30 时，堆肥温度能达到 $50\sim70\ ℃$，堆肥腐熟后养殖蚯蚓效果最佳[9]。

四、对羊粪的转化处理示例

羊粪的营养物质见表 1-1，羊粪与兔粪、牛粪有很多相似之处。羊粪也可用蚯蚓来处理。在适宜的养殖温度（$20\sim28\ ℃$）下，将羊粪和辅料堆肥发酵一定时间后，待堆制温度接近常温后，放入蚯蚓。发现蚯蚓能较好地处理羊粪，羊粪数量减少，而且蚯蚓的生长状况良好。在蚯蚓养殖中，羊粪的影响因素和牛粪的影响因素相似，但羊粪质地干且产量低，难以做到牛粪一样的大规模养殖蚯蚓，若只考虑对羊粪的减量化，而忽视蚯蚓的规模化养殖的话，选择蚯蚓来处理羊粪是一个十分不错的选择。将羊粪与垫草混合堆成高度为 50 cm 左右的粪堆，浇水，堆藏 4 个月左右，直至 pH 达到 6.5~8.2，粪堆内温度低于 28 ℃时，即可引入蚯蚓进行处理[10]。

五、对鸡粪的转化处理示例

蚯蚓对鸡粪的处理降解能力比不上牛粪，特别是若只给蚯蚓喂养单一的鸡粪，最终会使得大量蚯蚓死亡或逃离。除了鸡粪湿度太高蚯蚓不喜摄食的原因之外，鸡粪中有机质含量高，制成的饲料基料容易自发升温导致蚯蚓死亡；氮含量高易引起蚯蚓"蛋白质中毒"；还有纯鸡粪发酵前后黏度大，不利于蚯蚓的摄食及进入；鸡粪黏度大，发酵过程中，空气难以进入鸡粪内部，导致鸡粪发酵不彻底；以上都是鸡粪养殖蚯蚓效果差的原因。

为了防止蚯蚓在处理鸡粪时死亡或繁殖能力降低，可以向鸡粪中添加牛粪、玉米秸秆、红薯秸秆等，甚至添加麦麸等物质，以有效改变适口性，让蚯蚓也能在拥有鸡粪的环境中进行生长。若将鸡粪收集起来之后再进行堆肥，经过长时间的堆肥发酵过程，鸡粪的腐熟度得到提升，湿度也会有所下降，再将其作为基料投喂给蚯蚓，则蚯蚓的存活率、繁衍率、增长率相比全部投喂腐熟鸡粪（对照组）有明显的提高。

此外，笔者团队在鸡饲料或鸡的饮用水中，添加菌酶混合物，可以显著降低鸡粪的黏性，提高发酵速度，提升发酵效果，该技术目前已获得国家发明专利授权，提供技术方案如下：

（1）配制菌酶组合物：将枯草芽孢杆菌、产朊假丝酵母、乳酸菌、中性淀粉酶、葡聚糖酶和木聚糖酶以一定质量比混合，各菌酶混合物的比例为（10～100）∶（10～100）∶（1～20）∶（1～20）∶（1～20）∶（1～20）。

（2）将菌酶组合物混合后喂养鸡。

（3）收集产生的鸡粪，然后在自然条件下进行发酵。

经电镜观察到菌剂随着粪便排出，并在发酵后，观察到枯草芽孢杆菌和产朊假丝酵母的数量显著增多，证明这两种菌剂仍然具有活性，经鸡过腹后仍能发挥作用。发酵后，加了菌酶混合物的鸡粪，黏着力明显低于对照组。

事实上，菌酶混合物也可在鸡粪中添加。但是相对于在鸡粪中添加，本发明的有益效果在于：菌酶组合物与食物在鸡肠道内即混合均匀，增加了菌酶组合物与鸡粪的混合均匀程度，避免了后期加入菌酶组合物导致的不均匀，减少了鸡粪发酵的人工成本；菌酶组合物在鸡粪后续发酵中仍然具有活性，在后续的发酵过程中无需添加其他微生物，即可获得良好的发酵效果，得到低黏着力鸡粪。

（一）鸡粪的发酵

前文已经几次提到，纯鸡粪无论发酵与否，都无法直接饲喂蚯蚓。笔者团队经过实验发现，鸡粪经过适当处理后，是可以由蚯蚓来处理的。实际操作中，与鸡粪混合发酵的物质种类越少、价格越低、越容易推广。

锯末是一种常见的废弃物，具有蓬松、易与其他物质混合、有机质含量高、可吸附畜禽粪便贮存过程中产生的氨气和温室气体。与牛粪单独贮存相比，牛粪锯末质量比为 2∶1 和 1∶1 处理组的总温室气体排放量分别降低了 71.57％（2∶1）和 86.13％（1∶1）[11]。

鸡粪发酵过程中，加入锯末后，有利于空气进入鸡粪，加快发酵腐熟速度，降低鸡粪的黏度。

本节以太平二号蚯蚓生长情况为指标，研究不同碳氮比发酵鸡粪对蚯蚓的影响。

1. 发酵材料

纯鸡粪经过风干后，碾碎，备用；锯末为木材加工厂的实木锯末，泥土取自于花园。三种材料的性质见表 5-2。

表 5-2　发酵材料性质

原料	全氮/(g/kg)	有机碳/(g/kg)	含水率/%	C/N
锯末	3.31	548.25	9.02	165.63
鸡粪	28.68	397.07	11.84	13.84
泥土	2.8	36.2	15.71	12.96

2. 试验方法

每组试验纯鸡粪 50 kg，控制加入锯末的量，调节发酵鸡粪的初始 C/N，A 组不加锯末，B、C、D、E 组 C/N 分别为 15、20、25、30。加入 0.5％经活化的枯草芽孢杆菌混匀，含水率控制在 60％左右，自然堆积发酵，用温度记录仪每 0.5 h 记录一次温度。发酵温度达到最高温后降低 10 ℃ 翻堆一次，直到温度降至室温视为发酵结束。

采用五点取样法取样，测定理化性质并判断腐熟度。

3. 发酵效果的评价

（1）气味。按国际通行 6 级评价法进行气味测试和评价，评分标准见表 5-3。分值越小，表示刺激性气味越小。

表 5-3　腐熟鸡粪气味评分表

考察指标	评分规则（分值）					
气味	无异味	稍有气味	有气味，但不刺激	有刺激气味	强烈的刺激气味	无法忍受的气味
评分	1	2	3	4	5	6

（2）外观。肉眼观察发酵前后样品的颜色。

（3）种子发芽指数（GI）值。取 5.0 g 样品（干重）加入 100 mL 去离子水浸提 1 h，移取 10 mL 上清液于垫有滤纸的 9 cm 培养皿中，取 20 粒绿豆种子在（20±1）℃恒温培养箱中培养 96 h，测定种子发芽率 G 和根长 l，以 10 mL 去离子水作对照，GI 值由式（5-1）计算：

$$GI = \frac{Gl}{G_0 l_0} \times 100\%$$ （5-1）

式中，G、G_0 分别为浸提液、对照组的发芽率，%；l、l_0 分别为浸提液、对照组的根长，mm。

（4）pH 和 EC 值。采用蒸馏水，按固液比 1∶20 的比例浸提样品，在室温下分别使用 pH 计和电导率笔测定。

（5）氮元素变化。全氮（TN）：取 0.5 g 左右鲜样于消解管中，加入 10 mL浓 H_2SO_4 和 $CuSO_4$ 与 K_2SO_4（比例为 1∶30）的混合物 3.1 g，置于石墨消解仪上消解冷却后，用凯氏定氮仪测定。铵态氮（NH_4^+-N）：用 2.0 mol/L 的 KCl溶液，在固液比 1∶5 的条件下，浸提收集的样品 30 min，过滤，滤液用靛酚蓝比色法测定。硝态氮（NO_3^--N）：用乙酸溶液从试样中提取硝酸根离子，过滤，得到澄清提取液。利用硝酸根发色团在 210 nm 附近有明显吸收，且吸光度大小与硝酸根离子浓度成正比的特性，对硝态氮含量进行测定[12]。

4. 发酵结果

发酵结束后，获得各组的发酵鸡粪的特征见表 5-4。

表 5-4　各组发酵鸡粪的特征

指标	试验阶段	A，纯鸡粪	B，C/N 15	C，C/N 20	D，C/N 25	E，C/N 30
气味	发酵后	5	5	4	3	2
颜色	发酵后	黄色	黄色	浅黄色	浅黄色	灰褐色
GI 值	发酵前	0.12	0.21	0.30	0.35	0.48
	发酵后	0.43	0.65	0.70	0.82	1.03
pH	发酵前	9.58	9.41	9.21	9.10	9.02
	发酵后	9.51	9.12	8.86	8.50	8.11
EC	发酵前	1.92	1.83	1.28	1.07	0.96
	发酵后	1.51	1.30	1.22	0.90	0.82
TN/(g/kg)	发酵前	27.21	21.25	15.34	12.02	10.13
	发酵后	27.03	22.06	10.81	9.83	8.26
NO^{3-}-N/(g/kg)	发酵前	2.82	2.58	2.16	1.73	1.54
	发酵后	2.22	2.48	1.99	1.49	1.22

续表

指标	试验阶段	A，纯鸡粪	B，C/N 15	C，C/N 20	D，C/N 25	E，C/N 30
NH_4^+-N/(g/kg)	发酵前	0.55	0.48	0.41	0.33	0.29
	发酵后	0.49	0.39	0.28	0.22	0.19
(NH_4^+-N)：(NO^{3-}-N)	发酵后	0.221	0.157	0.141	0.148	0.156

（1）鸡粪发酵后的气味和颜色如表 5-4 所示，根据气味评分表的判定标准，分值越小的试验组，发酵后产生的刺激性气味越小。E 组鸡粪发酵结束时，气味分值为 2，刺激性气味最小。鸡粪中的刺激性气味从一定程度上反映了 NH_3、H_2S 的产生量，气味越小的发酵鸡粪腐熟程度高，对蚯蚓潜在的毒害性小。余杰等人的研究表明，畜禽粪便的碳氮比与含氮臭气成分氨的挥发之间有显著负相关。锯末也有起到减少鸡粪中氨气排放的作用，E 组鸡粪初始 C/N 最大，加入的锯末最多，发酵后刺激性气味明显下降[13]。

（2）发酵温度变化。从图 5-1 可知，鸡粪发酵过程，微生物利用有机物生长、繁殖，释放出热量，由图可知，五组试验都经升温、高温、降温三个阶段。升温阶段，微生物呈指数增长，新陈代谢加快，一部分用于升温，另一部分被环境损耗。五组试验均在第 3 天左右达到 50 ℃，其中 E 组温度保持 50 ℃以上的时间为 7 天，最高温超过 60 ℃。随着有机物分解，微生物能利用的物质减少，第 11 天开始温度逐渐降低进入后腐熟阶段。每次翻堆后，表面未被利用的有机质进入堆体内部，原本坍缩的中心空气流通增加，微生物代谢增强，所以温度会再次上升。C/N 大，加入的锯末多，鸡粪间的空隙大，空气易进入发酵中心，好氧微生物代谢快；加入锯末量少，鸡粪连接紧密，空气进入堆体中心少，微生物增长较慢、产热少、高温持续时间短。发酵结束，五组试验均无活的蛆、蛹或新羽化的成蝇。

根据畜禽粪便无害化处理技术规范 GB/T 36195—2018 要求，鸡粪发酵温度需要维持 50 ℃以上的时间不少于 7d，仅有 E 组满足此规范。

（3）种子发芽指数（GI）常作为判断腐熟和对作物毒性的重要指标。

目前，全世界并未有统一的标准判断堆肥腐熟度。根据现有文献，可用 4 个指标将堆肥腐熟程度分为 4 个等级，这 4 个指标涵盖化学和生物指标，详见表 5-5。

表 5-5　堆肥腐熟度等级

指标	NH_4^+-N/(g/kg)	NH_4^+-N/NO_3^--N	pH	GI/%
完全腐熟（Ⅰ）	<0.4	<0.145	>8.5	>90
基本腐熟（Ⅱ）	0.4~0.5	0.145~0.16	8.0~8.5	80~90

指标	NH_4^+-N/(g/kg)	NH_4^+-N/NO_3^--N	pH	GI/%
未腐熟（Ⅲ）	0.5～1	0.16～0.2	7.0～8.0	50～80
完全未腐熟（Ⅳ）	>1	>0.2	<7.0	<50

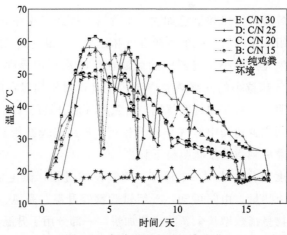

图 5-1 各鸡粪组发酵温度变化

若按 NY/T 525—2021 标准，当种子发芽指数大于 0.7，认为对作物无毒性，发酵腐熟。如表 5-5 所示，发酵结束，C、D、E 组 GI 都大于 0.7，可认为发酵腐熟。但若按照表 5-5 标准，仅从 GI 值角度来说，只有 DE 组为腐熟的。

（4）pH 和 EC 值。目前暂无对腐熟度判断的 pH 和 EC 值具体规定，可以参考 NY/T 525—2021 标准，pH 应在 5.5～8.5 范围内，D、E 试验组的 pH 在此范围内。有研究认为 EC 值（1∶20 浸提液）低于 1.5 mS/cm 达到腐熟标准，由表 5-4 可知，除 A 组外其余组别 EC 值均小于 1.5 mS/cm[14]。

5. 氮素变化

按表 5-5 判断标准，从 NH_4^+-N 和 NH_4^+-N/NO_3^--N 角度来说，B、C、D、E 四组均为腐熟状态。

综上所述，D、E 组堆制效果较好，尤其以 E 组最佳。

（二）鸡粪饲喂蚯蚓

1. 未发酵鸡粪饲喂蚯蚓

（1）鸡粪作为基料 分别用发酵前的 A、B、C、D 和 E 组鸡粪（2 kg，干重）作为蚯蚓生长基料，放在塑料盒（36 cm×27 cm×20 cm，下同）中，锯末基料为对照。每组投放 100 条蚯蚓，每条约 0.5 g，于恒温培养箱中饲喂，温度为 25 ℃±1 ℃，培养箱湿度 80%，每天加适量去离子水，保持基料含水率为 60%～70%，照明强度为 400～800 lx。每隔 7 天观察蚯蚓存活情况，测定蚯蚓存活率和体重增长率，共 21 天，每组重复三次。

结果表明：当以未发酵鸡粪作为生长基料，投加蚯蚓后出现逃逸现象，试验第二天蚯蚓全部死亡。

（2）泥土作为基料 用泥土作蚯蚓生长基料，分别用发酵前的 A、B、C、D 和 E 组鸡粪以饲料形式铺撒于表面，纯锯末为对照组，其余方法同（1）。

结果表明：以泥土为基料饲喂蚯蚓，未发酵鸡粪试验组和对照组，蚯蚓均无死亡，第 7、14 和 21 天体重平均增加−0.1%、−4.5% 和−10.23%。

2. 发酵鸡粪饲喂蚯蚓

（1）鸡粪作为基料

分别用发酵完成后的鸡粪（依次为 BCA、BCB、BCC、BCD、BCE）作为蚯蚓生长基料，纯锯末为对照（BCO），其余方法同 1（1）。

饲喂效果以蚯蚓对腐熟鸡粪的适应性、饲喂后的存活率和体重增长率为评价指标。

① 蚯蚓对鸡粪的适应性。刚投加时，根据蚯蚓的表现对适应性进行分级：不逃逸并钻入基料（Ⅰ）、挣扎且有逃逸倾向（Ⅱ）、大量逃逸（Ⅲ）。

投加以后，为防止蚯蚓逃逸影响存活率、体重增长率等指标，利用蚯蚓的趋光性，对试验组进行光照强，强制阻止蚯蚓逃逸。

② 蚯蚓活跃程度分级：非常活跃（Ⅰ）、活跃（Ⅱ）、不活跃（Ⅲ）。级数越高，适应性越差。每 7 天观察一次，共 21 天。

③ 针刺反应的表现分级：剧烈反应（Ⅰ）、轻微反应（Ⅱ）、无反应（Ⅲ）。级数越高，活力越差。每 7 天观察一次，共 21 天。

蚯蚓对发酵鸡粪基料的适应性情况见表 5-6。

表 5-6 蚯蚓在各组发酵鸡粪饲料中的表现

实验时间	试验组	BCA	BCB	BCC	BCD	BCE	BCO	泥土
第 1 天	逃逸情况	Ⅲ	Ⅲ	Ⅲ	Ⅱ	Ⅰ	Ⅰ	Ⅰ
第 7 天	活跃程度	Ⅲ	Ⅲ	Ⅲ	Ⅱ	Ⅰ	Ⅱ	Ⅱ
	针刺反应	Ⅱ	Ⅱ	Ⅱ	Ⅱ	Ⅰ	Ⅰ	Ⅰ
第 14 天	活跃程度	全部死亡	全部死亡	Ⅲ	Ⅱ	Ⅰ	Ⅱ	Ⅱ
	针刺反应	全部死亡	全部死亡	Ⅲ	Ⅱ	Ⅰ	Ⅰ	Ⅰ
第 21 天	活跃程度	全部死亡	全部死亡	Ⅲ	Ⅱ	Ⅰ	Ⅱ	Ⅱ
	针刺反应	全部死亡	全部死亡	Ⅲ	Ⅱ	Ⅰ	Ⅰ	Ⅰ

适应性是指生物体与环境相适合的现象，本研究中，适应性体现的是腐熟鸡粪作基料时蚯蚓的存活情况，级别越低，蚯蚓适应性越强。当蚯蚓对环境不适应时，蚯蚓会表现出挣扎、逃逸的现象。同时蚯蚓对不适环境也表现出一定的耐受性，蚯蚓长期处于不适条件下，会表现出活力降低，对外部刺激的反应减弱，超过耐受极限蚯蚓就会死亡。如表 5-6 所示，刚投加时，BCE、BCO 两组的蚯蚓直接钻入基料，表现出较强的适应性，其余 4 组都出现了逃逸、挣扎的不适表现。第 7 天，各试验组存活的蚯蚓无逃逸，对针刺反应敏感程度相当，但活跃程度差别较大，BCE 组最活跃。第 14 天、21 天，BCA、BCB 组蚯蚓死亡，其余组蚯蚓活跃程度不变，BCC 组针刺反应减弱。

综合来看，蚯蚓对 BCE 组腐熟鸡粪适应性良好，对照组（BCO）活跃程度低是营养物质少导致的。

④ 蚯蚓存活率。以针刺蚯蚓头部和环节，无反应为死亡标准，计算蚯蚓的平均存活率（％），结果见图 5-2。

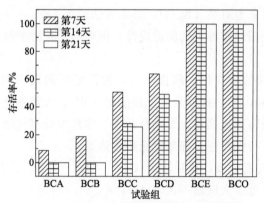

图 5-2　蚯蚓在不同发酵鸡粪中的存活率
（图中 BCA、BCB、BCC、BCD、BCE 分别为纯鸡粪和 C/N 比为
15、20、25、30 的发酵鸡粪试验组，BCO 为锯末）

通过图 5-2 可知，发酵鸡粪作为蚯蚓生长基料时，初始碳氮比越大的鸡粪，发酵后饲喂的蚯蚓存活率越高，BCE 组蚯蚓存活率达到 99.67％，与对照组（100.00％）无明显差异（$P < 0.05$）。BCA、BCB 组的蚯蚓到第 21 天全部死亡，BCC、BCD 两组的蚯蚓在第 21 天存活率分别为 26.12％、44.67％，三次测定过程死亡率逐渐增大。蚯蚓对未腐熟鸡粪的毒性有一定的耐受性，超过限度后死亡。

⑤蚯蚓体重增长率。测定蚯蚓增长率时，先用去离子水清洗，吐泥 5 min 后测定蚯蚓重量。计算蚯蚓的平均增长率（％），结果见图 5-3。

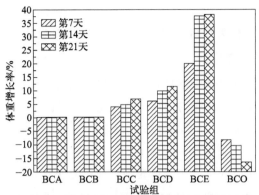

图 5-3　蚯蚓饲用不同发酵鸡粪的体重增长率（发酵鸡粪为基料）
（图中 BCA、BCB、BCC、BCD、BCE 分别为纯鸡粪和 C/N 比为
15、20、25、30 的发酵鸡粪试验组，BCO 为锯末）

如图 5-3，试验组存活蚯蚓的体重都有一定的增长，BCE 组在 21 天后增长率达 38.00％，高于其余五组。而对照组（BCO）体重呈现负增长，说明锯末无法提供蚯蚓生长的营养物质。

（2）泥土作为基料　用泥土作为饲养基料，取发酵好的鸡粪（依次为 FCA、FCB、FCC、FCD、FCE）以饲料形式铺撒于泥土表面，纯锯末（FCO）为对照，其余方法同 1（1）。

结果表明：以泥土作为基料，铺撒发酵鸡粪后，6 组试验均无蚯蚓死亡。

由图 5-4 可知，FCE 组的蚯蚓在第 21 天的增长幅度较大，达到 38.40％。试验组的碳氮比越大，鸡粪腐熟度越高，蚯蚓的增长率也越大。对照组蚯蚓第 7 天增长为 0，到第 14、21 天体重却下降，这可能是泥土能提供蚯蚓较少的营养

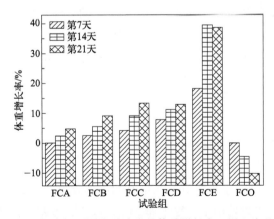

图 5-4　蚯蚓食用不同发酵鸡粪的体重增长率（泥土为基料）
（图中 FCA、FCB、FCC、FCD、FCE 分别表示纯鸡粪和 C/N 比为
15、20、25、30 的发酵鸡粪铺撒于泥土上的试验组，FCO 为锯末）

物质导致。

试验结束时，仅发现 E 组有蚓茧，与其他研究的结果[15]类似。

3. 鸡粪及饲喂产物分析

根据 1 和 2 中的饲喂试验结果，用饲喂效果最好的 E 组腐熟鸡粪进行试验。4 kg（干重）腐熟鸡粪混合均匀后放入塑料盒，按照 1m² 投加 1 万条的密度投加蚯蚓，其余方法同 1（1）。鸡粪被食用完全后，分离出蚯蚓粪（含少量未食完的鸡粪饲料）于冰箱 −20 ℃ 条件下保存。

（1）鸡粪物化性质变化　测定鸡粪物化性质的变化，如 pH、EC 值、NO_3^--N、NH_4^+-N、腐殖酸。腐殖酸的测定参考国家标准 GB/T 34766—2017《矿物源总腐殖酸含量的测定》。结果见表 5-7。

表 5-7　物化性质变化

物料	pH	腐殖酸/%	$NO_3^--N/(g/kg)$	$NH_4^+-N/(g/kg)$
E 组发酵鸡粪	8.11	2.84	1.22	0.19
蚯蚓粪	7.56	3.30	2.55	0.12

如表 5-7 所示，饲喂后鸡粪 pH 降至 7.56，除了 NH_4^+-N 变化，矿物源总腐殖酸（HAC）的增加也是导致 pH 下降的原因。蚯蚓和微生物协同分解鸡粪中蛋白质等有机物，腐殖物质明显增多，腐殖酸总量也增多。

（2）重（类）金属含量测定

① 鸡粪。取出样品后于阴凉处风干，研磨，过 20 目筛。称取 1.000 g（干重）样品于聚四氟乙烯烧杯中，然后加入 20 mL 王水，盖上表面皿，在 150～200 ℃ 电热板上微沸 30 min，移开表面皿继续加热，蒸至近干，取下。冷却后加 2 mL 盐酸，加热溶解，取下冷却，过滤，滤液直接收集于 50 mL 容量瓶中，滤干后用少量水冲洗 3 次以上，合并滤液，定容，混匀，待测。

质量浓度计算方法按式（5-2）计算：

$$c = \frac{c_n V}{m\,(1-w)} \tag{5-2}$$

式中，c_n 为某种元素的检测浓度，mg/L；V 为测定体积，L；m 为样品质量，kg；w 为样品含水量，%。

② 蚯蚓。蚯蚓放入冰箱之前，在垫有滤纸的烧杯中吐泥 24 h，用去离子水洗净，冷冻致死，于烘箱中 120 ℃ 干燥 24 h，取出。冷却后研磨，制成粉末。其余方法同上。

③ 测试结果。E 组的发酵前鸡粪、发酵后鸡粪（BCE）的重金属、类金属

（As）含量变化；饲喂前的蚯蚓（EW）、BCE 饲喂后的蚯蚓（EBCE）的重金属、类金属含量变化；蚯蚓粪（FBCE，含少量未饲用完毕的鸡粪饲料）中重金属、类金属的情况。结果见表 5-8。

表 5-8 重金属、类金属含量变化   单位：mg/kg 干重

元素	E 组发酵前	E 组发酵后 BCE	蚯蚓粪 FBCE	饲喂前的蚯蚓 EW	饲喂后的蚯蚓 EBCE
Cr	6.29	7.08	11.65	14.77	2.33
Mn	275.87	402.80	582.29	70.19	82.00
Fe	3 104.66	4 423.27	6 517.14	3 458.08	990.00
Co	0.66	0.71	1.05	8.04	5.73
Ni	6.60	8.83	14.37	9.81	3.12
Cu	23.29	31.67	45.82	37.26	16.22
Zn	224.57	295.80	438.47	328.57	116.79
As	92.53	121.53	175.44	42.82	49.87
Sr	34.63	50.94	75.73	14.44	15.46
Ba	35.41	49.45	75.48	0.41	1.24
Cd	<0.1	<0.1	<0.1	0.45	2.38
Hg	<0.1	<0.1	<0.1	未检出	未检出
Pb	<0.1	<0.1	<0.1	未检出	未检出

注：表中数据均为实验测试值，部分含量较小的元素，测试误差较大。数据仅供参考。

由表 5-8 可知，饲喂后的蚯蚓体内 As 含量高达 49.87 mg/kg。Hg（汞）、Pb（铅）的含量都低于 0.1 mg/kg。蚯蚓如果作为饲料原料被加工成蛋白饲料，必须符合 GB 13078—2017《饲料卫生标准》中规定的最高限量，参考标准中"水生软体动物及副产品"的要求，可知 As（砷）、Pb、Hg、Cd（镉）和 Cr（铬），其限量分别为（mg/kg）：15、10、0.5、75 和 5，蚯蚓中除 As 外，含量低于标准限量。因此，以上述鸡粪饲喂是蚯蚓不能作为单一原料加工成饲料和预混添加产品使用。

另一方面，鸡粪饲喂蚯蚓后产生的蚯蚓粪，若按 NY/T 525—2021 标准，As、Pb、Hg、Cd 和 Cr，其限量分别为（mg/kg）：15、50、2、3、150。故从表格数据可以看出，该鸡粪饲喂得到的蚯蚓粪，As 的含量高于 15 mg/kg 这一限值。直接还田则需符合 GB/T 25246—2010《畜禽粪便还田技术规范》，此规范下的限量条件如表 5-9。

表 5-9　制作肥料的畜禽粪便中重金属含量限值（干粪含量）　　单位：mg/kg

项目		土壤 pH 值		
		<6.5	6.5～7.5	>7.5
As	旱田作物	50	50	50
	水稻	50	50	50
	果树	50	50	50
	蔬菜	30	30	30
Cu	旱田作物	300	600	600
	水稻	150	300	300
	果树	400	800	800
	蔬菜	85	170	170
Zn	旱田作物	2 000	2 700	3 400
	水稻	900	1 200	1 500
	果树	1 200	1 700	2 000
	蔬菜	500	700	900

　　此外，蚯蚓粪中的重金属是否对土壤造成污染，也可以采用地质积累指数法进行计算和判断。该法不仅考虑了自然中重金属背景值的影响，而且也充分注意了后期人为活动对重金属污染的影响，该法的计算需要已知土壤的背景值。在已知土壤背景值的情况下，通过计算，可以得出蚯蚓粪中不同的重金属对环境的威胁程度，在此不详述。

　　综上所述，鸡粪饲喂蚯蚓后，影响蚯蚓和产生的蚯蚓粪后续利用的因素主要是 As 含量过高。因此，建议与其他物质混合后使用，以此来减少相应产品中 As 的质量浓度。鸡粪中 As 来源于砷类兽药和添加剂，减少此类药物和添加剂的使用或者用其他药物替代的方法，可以从源头上解决 As 超标的问题。

　　④蚯蚓对鸡粪重金富集能力。富集系数按式（5-3）计算。

$$EF = c_1/c_2 \tag{5-3}$$

　　式中，c_1 是蚯蚓中金属浓度；c_2 是腐熟鸡粪中金属的浓度。

　　参考文献方法，将重金属富集程度分为 5 个等级，见表 5-10[16]。

表 5-10　蚯蚓对鸡粪重（类）金属的富集能力

等级	富集系数	富集程度	重（类）金属（富集系数）
0	<1	无富集	Cr(0.33)、Mn(0.20)、Fe(0.22)、Ni(0.35)、Cu(0.51)、Zn(0.39)、As(0.41)、Sr(0.30)、Ba(0.02)
1	1～2	轻微富集	
2	2～5	中度富集	
3	5～20	显著富集	Co(8.7)

等级	富集系数	富集程度	重（类）金属（富集系数）
4	20~40	强烈富集	Cd（>23.8）
5	≥40	极强富集	

畜禽粪便中的重金属被吞食后促进蚯蚓体内金属硫蛋白的形成，为维持细胞内金属离子的稳态，金属硫蛋白与一些物质（Zn^{2+}、Cu^{2+}、Mn^{2+} 和 As^{3+}）结合后富集在体内[17]。黄炜等[18]的研究显示，蚯蚓对重（类）金属富集顺序为 Cr>Cd>Zn>Cu>As。张泳桢等[19]的研究结果显示，蚯蚓对重（类）金属富集效果顺序为 As>Cd>Cr>Cu>Zn>Pb。笔者团队得出的蚯蚓对重（类）金属的富集系数大小顺序为 Cd>Cu>As>Zn>Cr，与他们两人的研究都不同，如表5-10所示。有研究指出蚯蚓组织中的重金属与环境中浓度呈正相关。本试验中 Mn、As、Sr、Ba、Cd 这5种元素，在蚯蚓食用了腐熟鸡粪后，蚯蚓体内重（类）金属总量增加明显。Cr、Fe 在腐熟鸡粪中的浓度高于蚯蚓。综上所述，蚯蚓对重（类）金属的富集除了饲料的浓度还取决于重（类）金属的种类。

（3）重（类）金属形态分析　对 E 组的数据，进一步进行分析，得出重（类）金属的形态。

畜禽粪便中的重（类）金属污染越来越受到关注，重（类）金属进入环境后污染土壤和水，经过食物链可能富集到动植物体内，最终危害人体健康。重（类）金属的危害主要体现在可生物利用性，也是动植物最容易利用的部分上，而残渣态的重金属被认为是难以被生物利用的。现在大部分研究集中于重金属总含量，但很难反映重（类）金属的毒性、生物可利用性和迁移性。在用鸡粪饲喂蚯蚓过程中，探究重金属形态的变化对于解决重金属污染问题具有现实意义。

① 概述。测定金属的形态可采用改进 BCR（European Community Bureau of Reference，欧洲共同体标准物质局）顺序萃取法结合 ICP-OES（电感耦合等离子体）被广泛应用于土壤、沉积物的重金属化学形态分析。通过三步提取，重金属被分成以下4个不同的部分。

酸可提取态：最不稳定形态的重金属，可溶和可交换部分，此形态对环境变化最敏感，在酸性和中性条件下即可释放出来，可以直接被生物利用。

可还原态：一般以矿物的外囊物和细粉颗粒存在，专属吸附作用比较强，在水体氧化还原电位降低或水体缺氧时易被释放。

可氧化态：即与有机物和硫化物结合的部分。

残渣态：通常被认为是惰性部分，其稳定性最高，因为它通常不参与化学反应，被认为生态风险较低[20]。

② 测定方法。酸可溶态：称取 1.000 g 样品于 50 mL 聚丙烯离心管中，加入 0.11 mol/L 乙酸提取液 20 mL，25 ℃下振荡 16 h（250 r/min，管内混合物处于悬浮状态），然后，离心分离（4 000 r/min，20 min），倾出上层清液于聚乙烯瓶中，保存于 4 ℃冰箱中待测。加入去离子水清洗残余物，振荡 20 min，离心，弃去清洗液。

可还原态：向第一步提取后的残余物中加入 0.5 mol/L 盐酸羟胺提取液 420 mL，振荡 16 h，离心分离。其余操作同第一步。

可氧化态：向第二步提取后的残余物中缓慢加入 10 mL 过氧化氢，盖上表面皿，偶尔振荡，室温下消解 1 h，然后水浴加热到 85 ℃消解 1 h，去表面皿，升温加热至溶液近干，再加入 10 mL H_2O_2，重复以上过程。冷却后，加入 1 mol/L 醋酸铵提取液 20 mL，其余操作同第一步。

残渣态：经第三步提取后，转移到 50 mL 聚四氟乙烯烧杯中，加入 20 mL 王水，盖上表面皿，在 150～200 ℃电热板上微沸 30 min，移开表面皿继续加热，蒸至近干，取下。冷却后加 2 mL 盐酸，加热溶解，取下冷却，过滤，滤液直接收集于 50 mL 容量瓶中，滤干后用少量水冲洗 3 次以上，合并滤液，定容，混匀，待测。

所有玻璃和塑料容器都用硝酸浸泡，使用前用去离子水清洗。金属含量和形态含量之和的回收率一般为 90%～110%，表明重金属化学形态的测定可靠。

回收率按照式（5-4）计算：

$$R = \frac{C_T}{C} \times 100\% \tag{5-4}$$

式中，C_T 为 BCR 形态之和，mg/kg；C 为重金属浓度，mg/kg。

③ 测定结果。发酵鸡粪、蚯蚓处理后的金属元素、类金属形态分析结果见表 5-11。

表 5-11 鸡粪经过发酵、蚯蚓处理后重金属、类金属各形态占总量的百分比（%）

元素	酸可溶态			可还原态			可氧化态			残渣态		
	E	BCE	FBCE	E	BCE	FBCE	E	BCE	FBCE	E	BCE	FBCE
Cr	3.94	4.41	3.67	1.44	1.79	1.44	57.22	44.15	44.99	37.4	49.64	49.89
Mn	52.47	37.19	41.18	20.33	20.53	32.99	22.78	32.85	20.78	4.42	9.43	5.05
Fe	0.21	0.14	0.14	0.91	0.18	0.71	40.11	9.06	6.38	58.77	90.62	92.78
Co	—	—	—	—	—	—	73.6	66.25	65.14	26.4	33.75	34.86
Ni	6.96	4.23	1.88	—	—	—	64.65	57.88	57.99	28.48	37.88	40.12
Cu	12.09	6.24	4	0.87	0.59	0.3	58.92	48.51	48.81	28.12	44.66	46.89

续表

元素	酸可溶态			可还原态			可氧化态			残渣态		
	E	BCE	FBCE	E	BCE	FBCE	E	BCE	FBCE	E	BCE	FBCE
Zn	12.67	5.36	19.17	24.43	9.6	21.03	43.71	55.13	41.26	19.18	29.91	18.54
As	33.14	28.45	34.96	17.54	17.39	18.83	27.78	27.66	25.89	21.54	26.5	20.32
Sr	57.86	47.32	59.94	16.07	19.4	19.17	19.82	21.93	15.02	6.25	11.34	5.87
Ba	22.73	12.14	16.04	20.69	15.64	25.6	28.55	9.16	6.79	28.02	63.06	51.57

注：表中数据均为实验测试值，部分含量较小的元素，测试误差较大。数据仅供参考。

（4）（类）金属污染等级分析

重金属形态污染风险的计算按以下 2 种方法进行：

① 风险评价编码法　计算方式见式（5-5）：

$$RAC = \frac{C_{F1}}{C_T} \times 100\%$$ 　　　　　（5-5）

式中，RAC 为弱酸溶解态含量占总量的质量分数，%；C_{F1} 为弱酸溶解态重金属含量，mg/kg；C_T 为 BCR 四态含量之和，mg/kg。

根据 RAC 大小，将风险程度分为 5 个等级：RAC<1%（无风险），1%≤RAC<10%（低风险），10%≤RAC<30%（中等风险），30%≤RAC<50%（高风险），50%≤RAC（高风险）[21]。

鸡粪发酵前后、蚯蚓处理鸡粪后的风险评价结果见表 5-12（括号内为风险等级）。

表 5-12　风险评价编码法污染评价表　　　　　单位：%

组别	E 组发酵前	E 组腐熟鸡粪	蚯蚓粪
Cr	3.94(低)	4.41(低)	3.67(低)
Mn	52.94(极高)	37.19(高)	41.18(高)
Fe	0.21(无)	0.14(无)	0.14(无)
Co	0(无)	0(无)	0(无)
Ni	6.96(低)	4.23(低)	1.88(低)
Cu	12.09(中)	6.24(中)	4.00(中)
Zn	12.67(中)	5.36(低)	19.17(中)
As	33.14(高)	28.45(中)	34.96(高)
Sr	57.86(极高)	47.32(高)	59.94(极高)
Ba	22.73(中)	12.14(中)	16.04(中)
Cd、Hg、Pb	—	—	—

经过好氧发酵，E 组鸡粪的 Cr 风险值有增加，其他重金属污染风险值均降低。从风险等级看，Mn 和 Sr 从极高风险降至高风险。As 从高风险降至中等风

181

险，Cu、Zn 从中等风险降至低风险，其余重金属虽有变化，但不影响评价等级。总体上说，经过好氧发酵，重金属污染风险是降低的。

经过蚯蚓处理，Cr、Ni、Cu 风险降低，但级别未改变，Mn、Zn、As、Ba、Sr 风险增大，Zn 由低到中等，As 由中等到高，Sr 由高到极高；其余种类变化不大。经过蚯蚓处理后，污染风险总体增大，这可能与 pH 有关，这部分酸可溶解态物质，pH 降低就会增大，经过蚯蚓处理后的鸡粪 pH 由 8.11 降到 7.56。当然，也可能是蚯蚓体内的一些酶的作用，具体机制尚不清楚。

RAC 评价方法以可生物利用性和移动性最大的酸可溶解态为指标，比较真实地反映了直接污染风险较大的重金属形态变化趋势，但是对一些此形态含量较低（如 Co），或者其他形态含量较多的重金属，RAC 评价的科学性显得不太严谨。

② 次生相与原生相分布比值法（RSP 法），计算方法见式（5-6）：

$$RSP = M_{sec}/M_{prim} \qquad (5-6)$$

式中，RSP 为次生相与原生相分布比值；M_{sec} 为次生相中的重金属含量，本研究以 BCR 前三态之和为次生相重金属含量，mg/kg；M_{prim} 为原生相中的重金属含量，本研究以残渣态含量为原生相重金属含量，mg/kg。

根据 RSP 大小，将污染程度分为 4 个等级：RSP<1（无污染）；1≤RSP<2（轻度污染）；2≤RSP<3（中度污染）；3≤RSP（重度污染）[21]。

鸡粪发酵前后、蚯蚓处理鸡粪后的次生相与原生相分布比值法得出的污染风险评价见表 5-13。

表 5-13　次生相与原生相分布比值法污染评价表

组别	E 组发酵前	E 组腐熟鸡粪	蚯蚓粪
Cr	1.67(轻)	1.01(轻)	1.00(轻)
Mn	21.45(重)	9.6(重)	18.79(重)
Fe	0.70(无)	0.10(无)	0.08(无)
Co	2.79(中)	1.96(轻)	1.87(轻)
Ni	2.38(中)	1.64(轻)	1.49(轻)
Cu	2.56(中)	1.24(轻)	1.13(轻)
Zn	4.21(重)	2.34(中)	4.39(重)
As	3.64(重)	2.77(中)	3.92(重)
Sr	14.50(重)	7.81(重)	16.04(重)
Ba	2.57(中)	0.59(无)	0.94(无)
Cd、Hg、Pb	—	—	—

从表中数据可以看出，鸡粪经过好氧发酵，Co、Ni、Cu、Zn、As、Ba 的污染风险指数都减少，其中 Mn 的数值变化最大。但经过蚯蚓处理后 As、Zn 污

染等级上升。Mn、Zn、As、Sr、Ba 的 RSP 数值增大。总体上说，蚯蚓处理后污染风险从数值和等级上看，重金属潜在的污染风险加大，被其他生物利用后，可生物直接利用部分可能增大。

综上所述，好氧处理后，重金属的污染风险降低，可能是微生物作用改变了重金属的结合形态，蚯蚓处理后相当于把这部分活化了，但是结合蚯蚓含量看来，污染风险加大的重金属都在蚯蚓体内富集了，很可能是蚯蚓通过自身的作用把活化程度加大的部分富集到体内。

（三）添加剂对蚯蚓生长繁殖的影响

将添加剂加入到蚯蚓养殖中增加蚯蚓的养殖效果，文献并不多见。本研究以三种添加剂加入到养殖饲料中，考察添加剂对蚯蚓生长及产茧的影响，为开发更多更好的添加剂提供思路。

1. 添加方法

研究腐殖酸钠、硫酸钾和维生素 E 对促进蚯蚓生长的适宜浓度范围。预设浓度的添加剂和 4 kg（干重）腐熟鸡粪混合均匀后放入 36 cm×27 cm×20 cm 的塑料盒，每组重复三次，未加添加剂的腐熟鸡粪为对照。每组投放 100 条蚯蚓，每条 500 mg±50 mg，于恒温培养箱中饲喂，温度为 25 ℃±1 ℃，培养箱湿度 80%，每天加适量去离子水，保持基料含水率为 60%～70%，照明强度为 400～800 lx。每隔 7 天观察蚯蚓存活情况，测定蚯蚓存活率和体重增长率，共 21 天。

测试结果如下：

（1）腐殖酸钠　由图 5-5 可知，体重增长率最高的两组中，基料中腐殖酸钠添加浓度为 0.9 g/kg 时，蚯蚓在第 5 天的体重增长率最大（37.65%）；浓度为 0.7 g/kg 时，第 10 天蚯蚓的体重增长率最大（38.19%）。添加浓度为 0.1 g/kg、

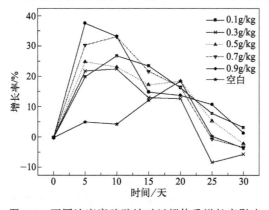

图 5-5　不同浓度腐殖酸钠对蚯蚓体重增长率影响

0.3 g/kg、0.5 g/kg 时，三组蚯蚓的体重增长率变化趋势相近，最大增长率也都出现在第 5、10 天。对照组第 20 天出现最大值，说明腐殖酸钠有促进蚯蚓增长作用，还缩短了得到最大值的时间，浓度为 0.7～0.9 g/kg 最适宜蚯蚓生长。

（2）硫酸钾　由图 5-6 所示，试验组的体重增长率最大值均高于对照组，硫酸钾添加浓度为 1.2 g/kg，饲喂第 10 天增长率最大（32.72%）；添加浓度 1.6 g/kg、2.0 g/kg 两种试验在第 5、10 天增长率低于添加浓度 1.2 g/kg，说明硫酸钾的浓度超过一定限值，对蚯蚓的生长促进作用并不大。

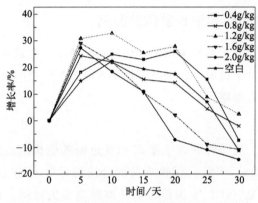

图 5-6　不同浓度硫酸钾对蚯蚓体重增长率影响

（3）维生素 E　在图 5-7 中发现，基料中添加 2 g/kg 的维生素对蚯蚓的体重增长率影响最大，在第 10 天增长了 36.21%，但是和第 5 天的 34.45% 差别不大；添加浓度达到 5 g/kg 时与对照组有相同的趋势，对蚯蚓的体重增长影响较小，说明浓度太大对蚯蚓的体重增长没有提升。因此，浓度为 2～4 g/kg 的维生素 E 最适宜蚯蚓生长。

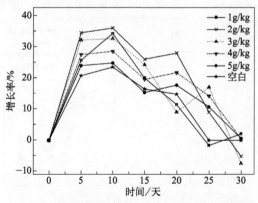

图 5-7　不同浓维生素 E 对蚯蚓体重增长率影响

2. 蚓茧量

单因素试验结束时，对添加维生素 E 的试验组记录蚓茧数。

表 5-14　维生素 E 添加对蚯蚓蚓茧数的影响

添加浓度 /(g/kg)	0	1.0	2.0	3.0	4.0	5.0
蚓茧数/个	22.33±2.52a	23.00±2.65b	32.00±1.00a	31.33±1.53a	32.67±1.15a	34.33±4.62a

注：表中数字后不同小写字母表示差异不显著（$P>0.05$），相同字母表示差异显著（$P<0.05$）。

加入维生素 E 后到试验结束时，各试验产蚓茧数如表 5-14 所示。与对照组相比，第一组的产蚓茧数差异不显著（$P<0.05$），可能是第一组的浓度太小，对蚯蚓的产茧影响不大。其余四组产茧数都有明显增大（$P>0.05$），但是各组间差异不显著（$P<0.05$）。因此，2～5 g/kg 浓度的维生素 E 对促蚯蚓产茧效果差异不大。

（四）抗生素对蚯蚓生长繁殖的影响

1. 抗生素对蚯蚓的潜在毒性

（1）滤纸法　将 10 mL 抗生素溶液倒入垫有 2 张滤纸的培养皿中，滤纸法浓度设计见表 5-15，磺胺甲噁唑不溶于水，可先用丙酮溶解，待丙酮完全挥发后再加入去离子水。各培养皿中分别放入清肠后洗净并用滤纸去多余水分的 10 条蚯蚓，保鲜膜封口、扎孔、置于恒温培养箱内，无光照的条件下培养。每一浓度设置 3 个重复，用去离子水作为对照。定期观察、记录蚯蚓的病理症状和行为，滤纸法培养 24h、48h 各记录一次蚯蚓死亡情况。

表 5-15　抗生素浓度对蚯蚓的潜在毒性实验设计表

抗生素	滤纸法　浓度/(mg/cm²)					土壤法　浓度/(mg/kg)				
盐酸金霉素	0.1	1	10	100	200	0.01	0.1	1	10	100
磺胺甲噁唑	0.1	1	10	100	200	0.01	0.1	1	10	100
氟苯尼考	0.1	1	10	100	200	0.01	0.1	1	10	100

（2）人工土壤法　人工土壤法浓度梯度设计见表 5-15。本文用发酵腐熟好的鸡粪替代土壤，按照预设浓度加入抗生素掺入腐熟鸡粪，混合均匀。转入 500 mL 的塑料瓶中，保鲜膜封口后用解剖针扎孔，置于 20 ℃±1 ℃的恒温培养箱内培养。定期补加水分保持基料湿度到 60%～70%，培养箱湿度保持 80%。每个浓度 3 个重复，对照组不添加抗生素。定期观察、记录蚯蚓的病理症状和行为，土壤法培养 7 d、14 d 各记录一次蚯蚓死亡情况。

2. 抗生素的检测

（1）抗生素的含量测定，采用液相色谱法进行，其测试的色谱条件见表 5-16。

表 5-16　色谱测试条件

抗生素	色谱柱	柱温/℃	波长/nm	进样量/μL	流速/(mL/min)	流动相
氟苯尼考			224		1.5	乙腈：水（3∶7）
磺胺甲噁唑	Agilent EclipseC18 XDB	室温	270	10	1.5	甲醇：0.1%甲酸（7∶3）乙二酸溶液：乙腈：甲醇（10∶3∶2）
盐酸金霉素			375		1.0	

（2）前处理方法

① 氟苯尼考　称取 1.00 g 样品于 50 mL 离心管中，精密加入 1.0%乙腈：甲酸（3∶7）20 mL，超声处理 20 min。6 000 r/min 离心 5 min，取上清液过 0.45 μm 有机滤膜，取滤液供 HPLC 测定。

② 磺胺甲噁唑　取风干样品，研磨过 2 mm 的筛网，备用。称取 1.00 g 鸡粪放入 100 mL 锥形瓶，加入 10.0 mL 1.0%甲酸：甲醇（7∶3，体积比）混合液提取，摇床振荡 2 h，4000 r/min 离心 20 min，重复提取一次，收集提取液，用 0.45 μm 有机滤膜过滤，待测。

③ 盐酸金霉素　称取试样 1.00 g 置于具塞锥形瓶中，加入 10 mL 提取液（丙酮＋盐酸溶液＋水＝13＋1＋6），手摇 2 min，盖紧塞子，置恒温震荡器中（振荡速度 110 r/min）振荡 30 min，将提取液倒入离心管，3000 r/min 离心 15 min，取上清液过 0.45 μm 有机滤膜，待测。

3. 抗生素对蚯蚓的潜在毒性检测结果

（1）校正死亡率

$$D=(1-\frac{n_1}{n_0})\times 100\%　　　　　　　　　(5-7)$$

式中，n_0 为对照组存活率，%；n_1 为试验组存活率，%。

（2）滤纸接触法

① 氟苯尼考。蚯蚓在实验时间段内均无死亡，且没有环节破损等现象。

② 磺胺甲噁唑。在 0～10 mg/cm² 剂量下，蚯蚓并未出现死亡。当剂量达到 100 mg/cm² 时，蚯蚓虽然未死亡，但是蚯蚓体节肿大，出现破损现象。在剂量达到 200 mg/cm² 时，24 h 蚯蚓校正死亡率为 20%，48 h 蚯蚓校正死亡率达到 60%，存活的蚯蚓对针刺仍有反应。在试验过程中，蚯蚓并未出现挣扎，

反应剧烈等现象。

③盐酸金霉素。在 $0\sim10$ mg/cm^2 剂量下，蚯蚓并未出现死亡。当剂量达到 100 mg/cm^2 时，蚯蚓刚放入培养皿时，蚯蚓出现挣扎，有挣脱出培养皿的倾向，表现出强烈的不适感。24 h 后通过针刺蚯蚓头尾部，蚯蚓仍有应激反应，环节同时出现肿胀现象，48 h 后通过针刺蚯蚓反应缓慢，体节腐烂肿大，且出现血色，死亡率为 33.3%。在 200 mg/cm^2 剂量下，蚯蚓放入培养皿出现剧烈挣扎现象，不久蚯蚓分泌黄色液体，24 h 蚯蚓全部死亡。

蚯蚓死亡时的浓度均远大于抗生素在实际环境中的浓度，三种抗生素的致死性较低。通过对蚯蚓生理状态观察也发现，当试验浓度达到 10 mg/cm^2 时，浓度的增加会导致蚯蚓的活跃程度和对针刺的反应减弱。抗生素可能会对蚯蚓体内细胞等结构造成损伤，引起不适。

（3）土壤法　在本试验中，3 种抗生素在 $0\sim100$ mg/kg 范围内蚯蚓无死亡现象。通人工土壤法，可以推断的是三种抗生素的 $LC_{50}>100$ mg/kg。

目前国内尚无兽药对蚯蚓毒性安全评价的标准。参考《化学农药环境安全评价试验准则》评价农药的安全性，根据投毒系数的大小划分为：$LC_{50}>10.0$ mg/kg 土壤，低级毒；LC_{50} $1.0\sim10$ mg/kg，中级毒；$LC_{50}<1.0$ mg/kg 土壤，高级毒。我们采用人工土壤法方法测得的三种抗生素 LC_{50} 均大于 10 mg/kg 土壤，因此三种抗生素毒性都是属于低级。试验结束时，各组蚯蚓体重增长率都在 $36.3\%\sim37.5\%$ 之间，差异性不显著（$P>0.05$）。

4. 抗生素的削减

在 C/N 比为 30 条件下，向鸡粪中添加抗生素后发酵。每种抗生素分成高剂量（50 mg/kg）、低剂量（5 mg/kg）两组。测定发酵 0、2、4、6、8、10 天的抗生素浓度，研究抗生素的削减情况。

抗生素的削减率计算如下：

$$J=\frac{J_0-J_n}{J_0}\times100\%\qquad(5\text{-}8)$$

式中，J_0 为初始浓度，mg/kg；J_n 为第 n 天的浓度，mg/kg。

发酵结果如图 5-8～图 5-10：

由图 5-8～图 5-10 可知，经过好氧发酵，鸡粪中 3 种抗生素氟苯尼考、磺胺甲噁唑、盐酸金霉素都得到一定程度的削减。试验结束时，高剂量、低剂量氟苯尼考降解率分别为 61.33%、80.76%；高剂量、低剂量磺胺甲噁唑降解率分别为 49.59%、69.03%；高剂量、低剂量盐酸金霉素降解率分别为 56.73%、69.17%。从以上数据可以看出，好氧发酵可以去除一定浓度的抗生素，但浓度过高会影响好氧发酵对抗生素的降解率。

故通过好氧发酵，可以有效减少抗生素给蚯蚓带来的毒性。

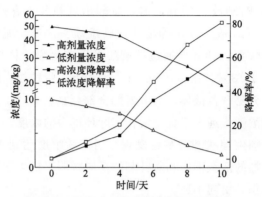

图 5-8　氟苯尼考在鸡粪发酵中的降解率

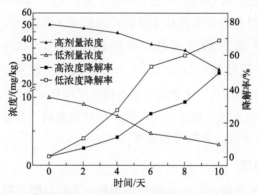

图 5-9　磺胺甲噁唑在鸡粪发酵中的降解率

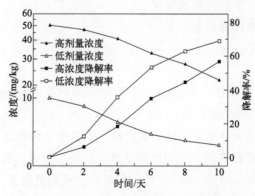

图 5-10　盐酸金霉素在鸡粪发酵中的降解率

第四节 蚯蚓对餐厨垃圾的转化处理

我国于20世纪80年代中期开始系统开展关于利用蚯蚓处理垃圾的可行性研究，通过实验观察，发现蚯蚓会对人类的剩饭剩菜、畜禽粪便、枯枝落叶、废弃果蔬等有机物进行摄食，而对诸如玻璃、水泥、橡胶、塑料等无机物和人工合成的高分子合成物品不能摄食。目前，蚯蚓处理餐厨垃圾的工程实际案例还不多。用蚯蚓处理餐厨垃圾，在一定程度上可有效解决传统垃圾处理的过程复杂、环境二次污染、占用土地等问题。此外，利用蚯蚓堆肥处理餐厨垃圾，蚯蚓可将垃圾中有机废弃物转化成蚯蚓粪（可作为生物肥料）和蚯蚓商品，既解决垃圾处理的问题，又能创造新的经济价值[22]。但在实际应用中，仍有很多问题需要探讨，如蚯蚓处理餐厨垃圾前应将油脂和盐分含量分别预处理至5%和0.2%以下，在这种条件下适合蚯蚓的生长繁殖，并可获得优质的蚯蚓粪肥[23]。

利用热重、荧光、红外等技术可研究有机垃圾蚯蚓堆肥处理的热稳定性和物质转化特征。结果表明，以餐厨垃圾、树叶、废纸（以干重1:1:1物料配比）混合进行蚯蚓堆肥，堆肥周期约2个月，有机物稳定化效果较好。热重分析表明，堆肥前后堆料失重量由71.44%降低至41.44%，堆肥后的活化能降低了6.163 kJ/mol，堆体的稳定性增强。堆肥后，腐殖酸含量增加了20.13%，而蛋白类物质减少了17.3%；与堆肥前相比，蚓粪中的速效氮、速效磷含量分别提高了6.54倍和1.82倍[24]。

在使用蚯蚓处餐余垃圾时，其处理效果通常主要考虑以下几个因素：蚯蚓种类、温湿度、养殖密度。

1. 蚓种

Kaviraj等[25]以及杨天友等[26]的研究表明，赤子爱胜蚓对各种蚯蚓所能处理废弃物的堆肥效益和分解速率远远大于其他蚓种，因此，使用经过人工后期驯化的赤子爱胜蚓来处理有机废弃物，尤其是对餐厨垃圾的资源化处理利用更为合理。

2. 温湿度

不同的蚯蚓种类有着不同的适宜活动温度，因此蚯蚓在垃圾处理过程受温度的影响也很大。如作为垃圾处理"主角"的赤子爱胜蚓，其正常进行生命活动的温度应保持在5～30 ℃之间，其中将温度维持在25 ℃时，它们的生长繁殖情况最佳。基质湿度不能小于 50%。

3. 养殖密度

蚯蚓养殖的密度不能过高，蚯蚓的交配频率会在接种密度降低时达到一个较高的数值，而当蚯蚓的接种密度达到自身种群所能承受的最大值时，交配频率也会相应达到最低。可能是蚯蚓接种密度过大，会加剧种群内对食物与栖息地的竞争关系，就导致了蚯蚓繁殖率、生长率等各个生长指标下降，当然接种密度也不能过小，过小的密度会导致堆肥效率也大打折扣，最后不但蚯蚓的增量不会明显提高，废弃物的处理效果也不好，得不偿失。

若单一蚯蚓处理餐厨垃圾仍然达不到效果，可以考虑多种技术的联合。如利用黑水虻、黄粉虫与蚯蚓联合处理，实现废物的梯级转化[27]。

第五节　蚯蚓对活性污泥的转化处理

蚯蚓作为寡毛纲动物，其适应性很强，甚至能处理污水处理厂的活性污泥。但蚯蚓处理活性污泥，需要合适的处理方法。若直接将蚯蚓置于全是污泥的环境之中，蚯蚓的正常生活会受到影响。但在污泥中添加一定比例的牛粪，蚯蚓的存活率会得到显著的提高。如果在此基础上，再加入一定的小麦秸秆粉末，处理一段时间后，蚯蚓的平均体重还会进一步增加，因为混入小麦秸秆后，饲料的透气性和含氧量更高。蚯蚓除了处理牛粪和活性污泥之外，还可以消耗部分废弃秸秆[28]。

张志敏等[29]提出和总结了两种关于蚯蚓处理污泥的具体工艺：第一种是使用蚯蚓堆肥处理这些活性污泥，在整个堆肥过程中，蚯蚓自身的活动会增加以污泥为主的基质的透气性，它的体表还能分泌蚯蚓黏性液体，有效降低污泥中的重金属活性，体内独特的酶系统还能将污泥中的有机质转化为优良有机肥料。蚯蚓的堆肥工艺可以有效缩短污泥堆肥的处理周期，提高了蚓粪中的营养物质，同时解决了重金属的残留问题；与传统的处理方式相比，它能有效解决污泥的环境污染问题，同时不会占用过多的土地资源；在操作方面，蚯蚓生命力也不弱，而且养殖方法简单，对于普通人来说也能熟练掌握；在成本方面，搭建场址以及各种设备所需花费较少，蚯蚓普遍价格低廉。第二种则是搭建蚯蚓生物滤池系统，它是使用蚯蚓以及其他微生物混合组成的生物降解系统，使用这些微生物和蚯蚓联合处理这些污泥，能使这些有机废弃物得到充分的降解。

对于污泥里面富集的重金属，可以往里面添加秸秆和锯末等物质，这样可加速污泥稳定化，钝化重金属毒性，添加的秸秆和锯末类有机物可在减少重金属毒性的同时，作为蚯蚓的混合饲料，被蚯蚓所摄食。

通过 Elvira 等[30]研究也发现，不同配比的牛粪和污泥会影响蚯蚓的增长量，若基料全为牛粪，蚯蚓的增长率会达到最高值。在基料问题上，张佐忠通过实验也得出与上述一致的结论[31]。

第六节　蚯蚓对其他垃圾的转化处理

一、蚯蚓对果蔬废弃物的处理

果蔬废弃物有高的营养价值，富含氮、磷、钾等元素，且水分含量充足，为了减少资源浪费和环境污染，使用蚯蚓处理此类废弃物是一种适宜的资源化方法。蚯蚓作为环境友好型动物，其体内特有且复杂的各种酶系统赋予了蚯蚓高效分解有机物的能力，在处理果蔬废弃物方面有很大的应用前景。尽管每年的果蔬废弃物都在不断增多，但是因为蚯蚓的食量大、繁殖速率高，处理废弃物的潜力巨大。由于果蔬含水量高、营养物质不全面或其他原因，常需添加干树叶、锯末、猪粪、牛粪、秸秆等物质混合使用。如张修顺使用牛粪、猪粪、蔬菜废弃物并添加了秸秆混合来饲养蚯蚓，取得较好的效果[32]。

据文献测算，以锯末和白菜分别作为基质和处理物料，每克蚯蚓最高的处理效率为每天处理白菜干物质量 0.066 g。对比不同垃圾处理方式，原位蚯蚓堆肥处理的温室气体排放量比采用集中填埋、焚烧和堆肥处理技术分别减少 89.70%、54.12%和 11.26%[33]。蚯蚓处理果蔬的工艺不复杂，处理技术门槛不高，便于推广。

二、蚯蚓对园林绿化废弃物的处理

园林绿化废弃物含有丰富的有机质、氮、磷、钾及多种微量元素，与牛粪的性质对比见表 5-17。

表 5-17　园林绿化废弃物和牛粪理化性质[34]

理化指标	园林绿化废弃物	牛粪	理化指标	园林绿化废弃物	牛粪
pH	6.58±0.03	8.74±0.02	镁/(g/kg)	7.81±0.04	10.49±0.05
EC/(dS/m)	1.11±0.04	3.06±0.05	铁/(mg/kg)	2 694±17	3 206±66
总有机碳/(g/kg)	416.53±2.97	291.77±0.68	铜/(mg/kg)	17.67±0.05	21.66±0.17
全氮/(g/kg)	10.77±0.09	14.34±0.67	锌/(mg/kg)	121.23±0.93	110.55±0.70
C/N	38.69±0.51	20.43±0.97	锰/(mg/kg)	136.87±1.39	110.55±0.70
全磷/(g/kg)	5.38±0.08	7.41±0.03	纤维素/%	38.84±0.15	28.30±0.27
全钾/(g/kg)	5.38±0.08	8.80±0.07	木质素/%	17.76±0.10	23.90±0.22
钙/(g/kg)	75.18±0.73	45.84±1.42			

园林绿化废弃物相较于其他有机固体废物来说有其特殊性，因其含有大量的木质素导致堆肥进程缓慢，时间偏长，处理难度相对较大。园林绿化废弃物在处理时，需要用机器设备将其粉碎为小颗粒，从物理层面协助加快堆肥化进程。此外，还可以加入其他强化措施和辅料，以便改善园林绿化废弃物的处理速度。强化的措施包括加入发酵菌剂、蚯蚓、经常翻堆保湿等措施，辅料包括蘑菇渣、牛粪、竹炭、饼粕等。在蚯蚓处理园林绿化废弃物方面，研究表明，外源添加剂的使用能够改善蚯蚓生长繁殖环境，加快木质素的降解，提高堆肥的效率，提高最终堆肥产物的质量[35]。下面以蚯蚓处理园林绿化废弃物与牛粪为例进行简单阐述。

龚小强等研究了园林废弃物与牛粪相结合喂养蚯蚓的效果。在喂养蚯蚓前，将园林绿化废弃物捣碎至粒径小于5mm，与牛粪按一定比例混合。在原料预堆置3周后，再将混合物进行11周堆肥，利用高温消除对蚯蚓有害的各类物质[34]，结果见表5-18。

表 5-18　牛粪添加对蚯蚓的生长和繁殖的影响[34]

干牛粪：干园林绿化废弃物	堆肥初始成年蚯蚓质量/(mg/条)	成年蚯蚓最大质量/(mg/条)	成年蚯蚓最大生长速率/[mg/(周·条)]	堆肥结束成年蚯蚓质量/(mg/条)	成年蚯蚓死亡率/%	蚯蚓卵最大数量/个	幼蚯蚓最大数量/条
0：100	200.8±5.7a	525.4±4.9b	108.2±1.9b	191.7±3.0c	81.7±1.7a	146.3±11.5c	506.3±18.4c
5：95	205.5±8.6a	536.4±15.8b	110.3±5.4b	227.5±11.9b	63.3±4.4b	166.0±10.8bc	534.3±29.8c
10：90	200.2±3.3a	558.6±4.9ab	119.5±2.5ab	235.6±4.5ab	30.0±5.8c	189.0±8.1ab	608.7±10.7b
15：85	204.7±6.6a	580.5±6.9a	125.3±3.6a	259.1±9.7a	20.0±5.0cd	209.0±5.3a	686.7±21.5a
20：80	5199.8±7.1a	587.2±19.4a	129.1±4.1a	255.3±13.6ab	13.3±1.7d	217.0±12.3a	706.7±17.1a

注：同列不同字母表示处理间存在显著差异（$P < 0.05$）。

通过这五组配比不同的实验可以看出：在使用蚯蚓处理园林绿色废弃物时，相比于未添加牛粪和添加过少量牛粪的实验组，添加牛粪较多的实验组更能有效提高上述蚯蚓的生长速率和繁殖速率，还能提高堆肥之后的剩余废弃物作为新肥料的品质。在其他研究中也观察到类似的实验结果。蔡琳琳等将园林绿化废弃物粉碎后，好氧堆肥 60 天，分别以占饲料总量 0、2%、4%、6%、8% 和 10% 的比例添加未腐熟风干牛粪到发酵的园林废弃物中，混合后饲养蚯蚓，结果见表5-19。

表 5-19　牛粪添加对蚯蚓生长和繁殖的影响[36]

牛粪：园林废弃物（质量比）	成年蚯蚓数量/（条/kg）	单条成熟蚯蚓质量/(g/条)	蚯蚓幼体数/（条/kg）	卵数/(个/kg)
0：100	12.67±0.67c	0.25±0.00c	417.00±14.18c	40.67±3.93b
2：98	16.33±0.33b	0.27±0.00b	672.33±15.98b	43.00±2.31b
4：96	19.33±0.33a	0.28±0.00a	780.67±14.50a	63.67±2.40a
6：94	19.33±0.67a	0.29±0.00a	793.00±28.92a	70.33±3.93a
8：92	20.00±0.00a	0.29±0.00a	780.67±9.96a	69.00±1.00a
10：90	19.67±0.33a	0.29±0.00a	821.67±24.36a	71.67±2.40a

注：同列不同字母表示各组间差异显著（$P<0.05$）。

从表中数据可以看出，比起完全以园林绿化废弃物为饲料的实验组，添加了牛粪的各个养殖组的繁殖速率、生长质量、产卵数量都有所提升，但是此结果也表明添加不同质量分数的牛粪对这三者数量的增值有所不同，其中若要达到繁殖率、生长质量、产卵量的目标，在绿化废弃物里面添加牛粪的最优质量分数需要保持在 4%～10% 这个范围之间。

三、蚯蚓对菌渣的处理

食用菌作为我国第五大农作物，特别是以云南、贵州为代表的西南深山地区，一直是当地人特别钟爱的食物品种。通过人工繁育，目前我国的食用菌年产量已经超过 3597 万吨。食用菌并不是整体都可食用，人们在采集以及后续的烹饪食用菌时，均会弃置大量的废菌渣，这些废菌渣因为来源于菌类本体，因此是营养性极高的废弃有机物，其中大量的蛋白质以及氮、磷、钾等微量元素都未被充分利用。

将收集好的废菌渣和牛粪，再加上猪粪分别按比例搭配成混合饲料喂养蚯蚓，既能实现牛粪和废菌渣的资源化利用，还能节约蚯蚓的饲料成本以及提高蚯蚓的生长品质，并得出使用猪粪搭配菌渣的混合饲料时，控制猪粪含量为 20%，蚯蚓的生长繁殖效果达到最好；而使用牛粪搭配废菌渣的饲料，牛粪的含量占总饲料的 40% 时，蚯蚓的生长繁殖效果会达到牛粪-废菌渣组合中的最高值[37]。

第七节　蚯蚓的利用

一、蚯蚓的传统利用方法

（一）饲用价值

蚯蚓体内含丰富的蛋白质，一般条件下蛋白质占干物质的 40%～60%，最高可达 71.0%。蛋白质中有 17 种氨基酸，其中亮氨酸、精氨酸、赖氨酸和谷氨酸含量都很高。除了蛋白质，蚯蚓体内含有的脂肪含量也很高，约占干物质的 5%～8%，其中，不饱和脂肪酸和亚油酸含量较高，饱和脂肪酸含量相对较低，除蛋白质和脂肪外，所含的其他营养物质还包括解热碱、嘌呤、胆碱、活性蛋白和多种维生素（维生素 A、维生素 B、维生素 E）及钙、磷等微量元素。具体的营养水平可见表 5-20。

在动物的生长发育中使用蚯蚓，可以提高动物的生长性能、产品品质、免疫能力等。孙朋朋等综述了蚯蚓的营养成分，蚯蚓饲料的种类以及其在动物生产中的应用效果[38]。

1. 活体蚯蚓

活体的蚯蚓不需加工，省去了能源损耗和加工成本，取材容易，性价比高。活体蚯蚓能够散发出一股特殊气味，刺激鱼类及其他水产经济动物的食欲，提高水产动物的摄食强度和饵料利用率。

（1）作为水产动物的饲料　用活体蚯蚓喂鱼，以喂 25～100 g 的幼鱼效果为最好。在幼鱼阶段，各种鱼都可吞蚯蚓。如用蚯蚓喂黄鳝，可在鳝池内筑一个略高于水面的泥墩，傍晚时，将蚯蚓投放到泥墩上。天黑后，黄鳝就会游出水面觅食，自动集于泥墩四周吞食蚯蚓。用蚯蚓喂黄鳝，可以提高黄鳝的产卵率和成活率，并可加快生长速度。在常规饲料中添加蚯蚓，这对黄鳝有明显的诱食作用，蚯蚓体内所蕴含的物质还能改善黄鳝体内消化酶的组成，还能进一步补充消化酶的不足，提高黄鳝对饵料的利用率和消化率。又如用蚯蚓喂蛙，解决了蛙类非活动饵料不食的难题。养蚯蚓喂牛蛙，促进了牛蛙养殖业的发展。采用池内养龟、池旁养蚯蚓，满足了龟对动物性饲料的需要，降低了成本，经济效益明显。

（2）作为畜禽类动物的饲料　活体蚯蚓在畜禽类动物的饲养应用中多用于鸡

鸭的养殖，添加量一般为饲料总重的 10% 左右，不建议超过 20%。在饲粮中添加鲜蚯蚓，可提高优质肉鸡的日增重，降低饲料成本。由于猪牛羊的摄食特性，鲜蚯蚓对它们的吸引力不大，故不考虑活蚯蚓充当猪牛羊的饲料添加物。

除肉食性家畜外，草食家畜都拒绝吃生蚯蚓，所以可用蒸熟的蚯蚓或蚯蚓干粉。5 kg 的鲜蚯蚓可磨成大约 1 kg 的蚯蚓粉。哺乳期的母畜和仔畜喂蒸熟的蚯蚓效果更明显。奶牛和奶山羊辅以蚯蚓饲料，泌乳量可增加 10%～40%。虽然鲜蚯蚓的饲养效果较好，但蒸过的熟蚯蚓提高了适口性，还能杀死蚯蚓体内的寄生虫。

蚯蚓作为腐食性动物，生存环境成分十分复杂，在采收蚯蚓时可能因为养殖床的环境原因难免附着各种真菌、细菌、寄生虫及虫卵，为了防止这些物质的传播，在采收后当作饲料喂养动物前，需要对它们做大量的灭菌消毒处理。值得注意的是，关于鲜蚯蚓饲料的使用需要遵行现取现用的原则，原因是长时间暴露在地表的蚯蚓不能存活，蚯蚓一旦死亡一段时间后，尸体内会产生一种特殊的溶解酶，蚯蚓的尸体会逐渐溶化并发出一股恶心的臭味，这股气味十分刺鼻，而且蚯蚓溶化之后口感也会变差，多种因素综合，最终会影响到动物的采食量，降低鲜蚯蚓的饲用价值。鲜蚯蚓在饲料中的添加量不宜超过 5%，原因是蚯蚓体内含有一种特殊的蚁酸，添加量过多将会导致动物摄食后出现麻醉的症状，产生长时间休克甚至死亡的现象。

2. 蚯蚓粉

蚯蚓粉，顾名思义是将蚯蚓烘干之后，再经过脱脂等加工，然后研磨成粉状的产品。目前制作蚯蚓粉的主流方法主要分为两种：一种是将采收的新鲜蚯蚓平铺在干燥区域，使其自然风干，或者放入可用来机械风干的器械中将其风干，最后再使用粉碎器械将风干后的蚯蚓研磨成粉；另一种方法则会多一道工序，它会先将蚯蚓和温水煮沸，再将其风干然后进行研磨操作。不管是哪一种办法，平均研磨一只蚯蚓能得到相当于它自身体重 1/5 质量的蚯蚓粉。

蚯蚓粉作为一种新型的动物蛋白性饲料来源，相比研磨之前的鲜蚯蚓，用途更加广泛，除了照常能在水产养殖业作为优质的饲料以外，在畜禽养殖业中，除了那些本来就可以直接投喂鲜蚯蚓的鸡、鸭摄食之外，蚯蚓粉还可以添加入猪、牛、羊畜禽动物的饲料中，作为它们的蛋白质来源。程益民等研究得出，一些畜禽类动物在养殖过程中，常常会出现排泄时肠道受阻的便秘现象，如果长时间持续或经常发生这种现象，会对动物造成不可逆的伤害，而往饲料中添加一定数量的蚯蚓粉，可以改善它们的排泄机能，减少牛羊等反刍动物的便秘现象，进而降低其机体受到伤害的风险。蚯蚓粉虽然饲养效益较差，但使用和贮存都很方便，适于工厂化生产[39]。

蚯蚓粉制备流程大致如下：

活体蚯蚓洗净→排泥→干燥→研磨→筛分→密封保存

为了减缓蚯蚓粉变质的速度，也可以对蚯蚓粉进行脱脂处理。

与其他物质相比，蚯蚓粉的营养成分见表 5-20。

表 5-20　蚯蚓粉、蚯蚓粪、鱼粉和豆粕营养水平比较[40]

成分	营养成分含量/%			
	蚯蚓粉	蚯蚓粪	鱼粉	豆粕
粗蛋白	65.50	6.00	62.60	47.50
粗脂肪	12.68	0.49	10.11	0.90
粗纤维	1.66	4.59	0.70	7.87
钙	1.55	4.16	7.31	0.27
磷	2.75	0.36	3.81	0.62
天冬氨酸	10.68	0.40	5.08	2.18
苏氨酸	1.02	0.19	2.49	1.39
丝氨酸	4.03	0.20	2.12	1.18
谷氨酸	11.80	0.44	7.36	7.09
甘氨酸	0.85	0.28	2.71	3.05
丙氨酸	3.50	0.26	3.44	2.30
缬氨酸	4.00	0.38	3.02	2.22
蛋氨酸	0.82	0.12	1.68	0.67
赖氨酸	5.03	0.27	4.791	1.96

蚯蚓粉是蚯蚓除去水分后形成的干物质，所以蚯蚓粉所含的各种营养比都更高，蚯蚓粉中粗蛋白含量在 60％以上，比现在市面上用于养殖所使用的鱼粉和豆粕的蛋白含量更高。蚯蚓粉中氨基酸含量也很高且种类丰富，必需氨基酸占氨基酸总量的 1/3 左右，且必需氨基酸与非必需氨基酸的比值达到了 3：5，符合联合国粮食及农业组织所制定的优质蛋白质的要求。

蚯蚓粉中粗脂肪的含量约占总量的 5％～8％，多以亚油酸、油酸、花生三烯酸、花生四烯酸等不饱和脂肪酸为主。蚯蚓粉中还富含多种矿物元素，尤其是铁、锰、锌等微量元素含量极多，平均是鱼粉和豆粕的 3～10 倍，此外维生素 A、维生素 B 族、维生素 E 及多种微量元素、激素、酶类和糖类物质并没有因为风干和加工处理而丢失，仍然存在于蚯蚓粉中。以上数据都充分显示了蚯蚓粉在饲料的应用上有十分突出的优点[40]。

（1）作为蛋鸡饲料　在饲喂蛋鸡时的鱼粉中添加适量的蚯蚓粉，能提高鸡的产蛋量、饲料应用率以及蛋重。如选用 3％的蚯蚓粉替代部分鱼粉饲喂蛋鸡，发现添加蚯蚓粉后，可以促进鸡的新陈代谢，提高生产性能，可以明显提高鸡的各项生长指标，增大其经济价值，同时并不会对鸡的成活率造成负面影响；使用蚯蚓蛋白饲料喂蛋鸡，可提高 3％产蛋率[41]。

（2）作为猪饲料　将蚯蚓粉添加到猪饲料中，主要目的是提高猪的生长性能。研究结果表明，对育肥猪的饲料进行配比，其中用蚯蚓粉代替部分常规的蛋白质饲料来饲喂育肥猪，之后育肥猪的平均日增重能提高 13.1％左右，但料肉比下降了 0.9％[42]；在猪类的育肥时期，往它们饲料里添加蚯蚓粉，其他各养殖条件保持不变，用传统养殖的猪做对比实验，发现添加蚯蚓粉的试验组同比增重 43％，效果显著[43]。

（3）作为牛饲料　在奶牛每日的饲料中添加蚯蚓粉，能显著地提高奶牛的产奶量。而在肥育期的肉牛饲料中加蚯蚓粉，能有效提高肉牛的肉量[44]。

（4）作为兔饲料　对于肉兔的养殖，蚯蚓粉的特殊气味也能提高兔的摄食性。兔具有采食迅速，采食频率高的特点，提高其饲料的适口性之后，肉兔的进食量会进一步提高。试验结果显示，添加 2％的蚯蚓粉，兔子日增重会明显提高，除此之外，蚯蚓粉的加入也会让兔子的繁殖能力有一定的上升，兔增重快，肉质鲜美，还可避免滥用激素对人体造成危害[45]。

以母兔为研究对象，怀孕期间的母兔对周遭环境比较敏感，若有外物的突然打扰与惊吓都会产生较大的应激反应，这会导致母兔惊厥，从而引起腹中胎儿的流产甚至自身的死亡。蚯蚓粉中含有的某些微量元素有着一定的镇静作用，添加蚯蚓粉进入它们的食料之中，会对其怀孕期间的性情有一定的镇静作用，同时，蚯蚓粉还可能极大改善怀孕期胎盘绒毛血管的阻塞以及狭窄问题，加强胎儿的营养摄取量，预防腹中胎儿的营养不足现象，提高母兔的分娩率。

以公兔为实验对象，发现喂养蚯蚓粉会使公兔有更强健的体魄、更充足的精力，增强公兔的性欲和配种能力。此外，蚯蚓粉中的高蛋白质含量也可以提高公兔的精子质量，间接提高配种的成功率。夏天是一年四季温度最高的时期，如果在小的养殖场没有很好的环境条件，对温度的管控能力不强。在高温环境下，生物的精子会受到负面影响，这会直接影响到其精液的质量。高温下很容易引起兔子的热应激（热应激会使精子数量降低，畸形率上升）现象，但是蚯蚓粉中恰好含有蚯蚓解热碱，对各种原因的发热症状均有明显的退热作用。因此，蚯蚓粉的添加除了提升兔的各项生长指标，还能对兔的热应激现象有一定的预防作用，提高公兔精子的质量，稳定繁殖率[46]。

（5）作为水产动物饲料　相比于陆地动物，蚯蚓粉在水产养殖业中的作用更加突出，究其主要原因，是蚯蚓粉所散发的味道，对鱼类和水产动物有着强大的吸引力。在了解蚯蚓粉的巨大营养价值后，先后开展了蚯蚓粉对鳜鱼、鲟鱼、尼罗罗非鱼、虹鳟稚鱼、银鲫、改良鲫、大鳞副泥鳅、对虾、非洲鲇、罗氏沼虾和对宽体金线蛭等不同的水产动物的影响研究，按不同比例添加蚯蚓粉，或者用蚯蚓粉替代常规饲养用的鱼粉，发现添加了蚯蚓粉的实验组，水产动物的各项生长性能均得到了良好的提升效果。

将蚯蚓粉代替鱼粉饲喂泥鳅，泥鳅肌肉成分得到显著提升；使用蚯蚓喂鱼、龟等，可提高幼鱼存活率，提高抗病力。虽然蚯蚓粉对鱼虾生长存在很大的促进作用，但是也要注意蚯蚓粉与其他饲料的搭配比例，比如张伯文等人利用罗氏沼虾作实验研究就发现，随着蚯蚓粉添加比例的逐步增长，罗氏沼虾的采食量不断升高，但饲料利用率却在逐渐降低[47]。在利用蚯蚓饲喂罗非鱼以及大鳞副泥鳅的研究中也出现了类似的研究结果[48]。以上实验证实了蚯蚓粉的投放超过一定数量时，对水产动物的效果不增反降，原因很可能是蚯蚓粉替代鱼粉、豆粕之后，降低了饲料中氨基酸的含量。

在黄鳝养殖中，蚯蚓照样能刺激黄鳝的味蕾，增进它的摄食行为并且促进其生长，是一种效果极好的新型诱食剂。除了这些常见水产动物之外，还可以用来进行龟、鳖、蟹等水生动物的饲养，在河蟹养殖试验中，发现利用添加了蚯蚓粉的饲料进行投喂后，河蟹的生长效果明显高于常规饲养的河蟹，河蟹的摄食量也有所提高。

水产动物摄食蚯蚓后，蚯蚓体内原本所含有的抗逆因子可在动物体内发挥作用，增加水产动物的抵抗力，降低水产动物患病的风险，提高水生动物免疫力[49]。研究表明蚯蚓可以提高虾血清中的抗菌活力、酚氧化酶活力和血细胞数量，进而增强虾的各项免疫功能[50]。用蚯蚓粉的混合饲料投喂金鱼、锦鲤、幼虾，比用鱼粉加其他成分的混合饲料效果更好，并且能提高抗病力和抗逆性。

3. 蚯蚓液

蚯蚓液是从鲜蚯蚓中提取的体液、血液、外液或其他活性成分组成的一种复合物质。蚯蚓液含有丰富的抗菌肽、蛋白水解酶和纤溶酶等多种小分子活性物质，包括蚯蚓原液、蚯蚓提取液、蚯蚓体腔液、蚯蚓营养物液等。蚯蚓液拥有和活体蚯蚓、蚯蚓粉一样的丰富营养，动物机体一半可以直接吸收利用它们。而且蚯蚓液有着极好的促进免疫功能，只需饲喂少量的该物质，动物就可以产生明显的抗菌效果，同时还能促进其生长发育。在仔猪的饲料中添加一定的复合蚯蚓营养液，除生长指标和免疫力提高外，还发现蚯蚓液对仔猪会产生对水产动物那样的诱食作用[51]。

因为蚯蚓液和蚯蚓粉的来源主体都是蚯蚓，所含营养成分是差不多的，只不过因为蚯蚓液为液体，在水产养殖方面应用不方便，应用面远不如其他蚯蚓制品。但蚯蚓液在畜禽类动物饲养中的应用就得到了极大的延伸，特别是在鸭、猪的饲养上得到广泛应用。

日本某公司出售的一种含蚯蚓的浆液，可与干燥的配合饲料混匀制成颗粒，蚯蚓液黏性大，是天然黏合剂，制成的颗粒饵料能迅速冷冻保存，因此，能保留蚯蚓体液与体腔液中消化酶的活性。这种饵料在水中不易溶解、溃散，在淡水水面可以飘浮 20 min 左右，是很好的活性饵料。

4. 蚯蚓渣

蚯蚓渣是充分提取了鲜蚯蚓的活性物质之后，所残留的无法再收集的活性残留物质以及余下的蚯蚓形体，尽管它属于"残留物"，但仍具有丰富的营养，蛋白质含量甚至高于一般用作饲料的豆粕，效果虽不及蚯蚓粉和蚯蚓液，但作为蛋白饲料还是可以的。

蚯蚓渣的粗蛋白含量达 56% 左右，若添加进猪饲料中，饲料利用率高达 96%，且蚯蚓里含有猪需要的必需氨基酸，其中限制性氨基酸包括赖氨酸和蛋氨酸，这些氨基酸的含量也超过鱼粉和豆粕，可作为蛋白饲料原料使用[52]。

（二）蚯蚓粪

蚯蚓粪是蚯蚓摄食了畜禽粪便、腐烂果蔬、枯枝落叶等有机废弃物，经过体内各种酶、微生物共同作用之后排泄得出的粪便，富含有机质、矿物质以及各种有益微生物，能改善土壤的营养程度、提升土壤肥力、改良土壤结构以及增强土壤的蓄水能力。蚯蚓粪还富含各种活性酶和 N、P、K 等微量元素，能作为一种集生物肥、有机肥、微生物菌肥等一体的高端绿色有机肥使用，现在已经登上了农业生产领域的舞台。

蚯蚓粪不仅是一种极具绿色价值和经济价值的高级肥料，还能作为一种拥有高营养价值的饲料添加剂和诱食剂。蚯蚓粪富含的氨基酸种类高达 18 种，因为蚯蚓体内消化系统的原因，蚯蚓粪含水率不高，其干物质含量多达 86%，其中粗蛋白含量占比将近十分之一；钙的含量为 1.70%，均能达到饲料的标准。蚯蚓粪经发酵处理后可以添加到家禽饲料和水产动物的饵料中，和以蚯蚓为原料的其他相关饲料一脉相承。蚯蚓粪也可利用其诱食性，明显提高畜禽和水产动物的采食量，提高动物的消化吸收和生长发育程度；除此之外，蚯蚓粪因为孔隙大，具有较强的吸附性，加工得当还可充当除臭剂的原料。

1. 改良土壤结构

蚯蚓粪质地均一、表面积大、稳定性好，具有良好的排水性、通气性和保水性等优良特性，能增强土壤团粒结构，改善土壤物理性状，提高土壤持水性，蚯蚓粪覆盖对土壤蒸发具有显著的抑制作用，且随覆盖厚度和覆盖面积增加，对蒸发的抑制作用不断增强，它所包含的某些有益微生物能产生大量黏多糖，这些多糖能够与植物分泌的黏液及矿物胶体、有机胶体相结合，形成团粒结构，增进保水能力。蚯蚓粪的各种特性还可促使基质土壤空气流通，提升土壤团聚体数量和稳定性。

蚯蚓的粪便对提升土壤中的磷酸酶、脲酶、蛋白酶、蔗糖酶等物质的活性大有益处，现在许多农户都会通过增加土壤中蚯蚓数量的方式来改善土壤性质。主要原理是蚯蚓通过自身和蚯蚓粪的综合作用来提升土壤中微生物的数量。

蚯蚓粪还对土壤具有一些保持肥力的功效，添加到土壤中还可以变相地提高土壤有机质含量；在作物采收之后，蚯蚓粪能促进被采收之后的作物残体进行分解，降解为营养物质之后供再种植的农作物再次吸收利用；还能提高土壤酶活性、增加土壤肥力、加快土壤生化过程等优点。研究人员在盐碱土壤的改良研究中，发现蚯蚓粪能显著提高土壤吸收养分[53]。

2. 预防土传病害

土传病害是指病原菌生活在土壤中，遇到适宜条件从作物根茎部侵染而引起的病害，比如常见的纹枯病、全蚀病、软腐病等。面对这些病害，蚯蚓粪有其独到的用处。蚯蚓粪具有较高的比表面积，含有丰富的活性微生物，包括链霉菌、木霉和芽孢杆菌等，因此蚯蚓粪能提高土壤中有益微生物数量和微生物活性，使微生物群落发生改变，大大增强病土中与病原菌进行能源竞争的微生物的竞争能力，使得病原菌的活性降低，还会使土壤中的真菌与细菌比例会发生变化，使其数量控制在合理范围，有效改善土壤微生物区系，修复和抑制土壤连作障碍，因此蚯蚓粪可以广泛用于抑制土传病害。研究发现，蚯蚓粪对黄瓜的枯萎病、立枯病的抑制效果与蚯蚓粪添加的量有一定关系[54]。

在种植过程中，发现使用蚯蚓粪基质可提高有益菌数量与有害菌数量的比值，而且黄瓜根肿病、猝倒病、立枯病的概率和程度都有所下降和减缓，沤根烂根情况和化瓜现象也有所下降，黄瓜坐果率高，黄瓜的产量以及质量都有显著上升，造成这种正面影响的原因正是黄瓜根际微生物群落有所改变，使得有益菌一定程度上遏制了病原菌的发展[55]。

3. 增加作物的产量及质量

蚯蚓粪中的有机质含量超过 30%，富含 N、P、K 等营养元素，对于农作物生长、产量和品质的提升都能产生巨大的促进作用；蚯蚓粪里的微生物会促进植物分泌生长素、吲哚酸、细胞分裂素等多种植物激素和生长调节剂，蚯蚓粪每克含有益菌群上亿，更大程度地提高了对应土壤里作物的产量与品质。

通过蚯蚓粪在园艺和种植业中的应用以及大量研究表明，蚯蚓粪能不同程度地提高包括谷物、豆科植物、花卉、蔬菜及其他大田作物的种子发芽率，增大产量，具有良好的农业应用前景。

4.作为脱臭剂

蚯蚓粪本身含有自然泥土的清香味，再加之其自身为疏松、多孔的团粒性结构，赋予蚯蚓粪很好的通气性、排水性。蚯蚓粪高孔隙率、较大比表面积和胶体网状特性，使得微生物能在里面长期共存，这些独特的物理结构和胶体特性，使得蚯蚓粪对气体具有吸附作用。

根据以上特性，蚯蚓粪亦可作为养殖场的脱臭剂。与此同时，蚯蚓粪自身的泥土的清香气味，能在蚯蚓粪物理吸附臭气的基础上，掩盖部分残余的臭气。再以猪粪为例，猪的排泄物含有多种难闻、恶臭的气体化合物，而前文提到，蚯蚓粪里面的微生物恰好有大量的兼性厌氧性菌群，这类菌群可以高效率分解吲哚类臭气化合物（猪排泄物所散发的主要气体化合物之一），而其他微生物也能陆续降低猪排泄物中的甲酚和部分挥发性脂肪酸的浓度。

目前蚯蚓粪只需经简单加工即可作为生物除臭剂，在未来一段时间对养殖场排泄物的综合治理上都有着极高的发展前景。

5.作为动物饲料

蚯蚓粪便中，常会附有一些蚯蚓卵，甚至小蚯蚓，拥有着和鲜蚯蚓一样的功效；蚯蚓粪便本身富含铁、锰、锌、铜、镁等营养微量元素，能促进喂养动物的消化与吸收；蚯蚓粪粗灰分达到70％以上，粗蛋白含量高于禾本科秸秆，与豆科秸秆持平。蚯蚓粪中含有多种有益微生物，能增加动物肠道内部的消化能力，增强饲料利用率，故蚯蚓粪经杀菌后，可用于动物的饲料中，添加量10％以下为宜。如罗非鱼饲料中添加蚯蚓粪可在一定程度上改善罗非鱼的生长性能并提高其免疫能力，其中以添加蚯蚓粪5％较好[48]。又如蚯蚓粪能够提高鲤鱼的增重率和特定生长率，降低饲料系数[56]。蚯蚓粪除应用于饲喂罗非鱼、鲤鱼外，在田螺、鲫鱼和胡子鲶等水产动物的饲料中，添加蚯蚓粪也可提升其生长性能[40]。但蚯蚓粪在动物饲料中的研究和应用才刚起步，仍有大量的问题需要研究和解决。

（三）药用价值

1.传统药用方法

蚯蚓作药用的历史在我国源远流长，其可追溯到在中医四大经典著作之一的《神农本草经》，它在书中被列为67种药用动物之一，具有清热定惊、通络、平喘、利尿的功效。

明朝李时珍在《本草纲目》的记载中，蚯蚓就可以配制成四十多种药方，具有通经活络、活血化瘀、预防治疗心脑血管疾病作用。

蚯蚓粪也极具药用价值，蚯蚓粪在《本草纲目》也记载有 21 种药方，主治热疟、小儿吐乳、瘰疮、蛇犬咬伤等。

在世界的其他国家，关于蚯蚓也有一段很长的药用历史，比如古时的泰国、缅甸、老挝和越南等东南亚地区，因受到我国传统中医药文化的影响，蚯蚓也被他们作为一种药用动物。据当地文献记载，在当时天花泛滥的时期，将蚯蚓浸泡在水中之后一段时间，然后病人再进入水里面浸泡，同时把干蚯蚓碾成粉末与椰水混合后饮下，这种方法一定程度上减少了天花患者的死亡率，同时食用干燥后碾碎的蚯蚓粉还能治疗牙溃疡、口疮等疾病。在古代也用烘烤后的蚯蚓作为食物之一，采取食疗的方法来治疗膀胱结石，或充当药物解决许多慢性疾病。欧洲也有过使用蚯蚓治疗疾病的记录，用蚯蚓和蚓粪治疗疾病的例子也屡见不鲜。14世纪欧洲的百科全书曾记载用烤干的蚯蚓和面包一起吃，可治好胆结石等结石症状，还可用于孕妇催产或助产。此外，中世纪欧洲还盛行这样一种说法：将蚯蚓烧焦至灰渣，然后将玫瑰提炼成油，最后两者混合，可有效生发[57]。

2. 现代药用方法

随着提取技术的不断发展，人们依据古时各种文献的记载，开始探究究竟是哪些物质能起到治疗相应疾病的效果，这能有效地运用到现代医学上。蚯蚓体内的多种活性物质被提取出来，然后进行了药理药效研究，进一步证实这些物质的功效和药用价值，随着国内外学者对蚯蚓药理药效研究的不断深入，各种新的、古时没被记载的药理作用也不断地被发掘出来。

（1）镇静、抗惊厥作用　蚯蚓的部分提取溶液、热浸液能对实验用小白鼠和兔均能起到镇静、抗惊厥的作用。

（2）抗癌作用、抗肿瘤作用　通过检测发现，蚯蚓的提取液中含有的一些蛋白类物质、RNA、糖、DNA 和微量元素等成分都能有效抑制癌症的病变与肿瘤的生长[58]。蚯蚓的提取物对胃癌、咽喉癌、肺癌以及其他癌症形成的肿瘤均有明显的抑制作用，同时还对患者在放疗、化疗的过程中也有一定的保护作用，特别是在进行化疗时，蚯蚓的提取液能显著减轻放射治疗对人体健康部位所带来的痛苦与危害[59]。

（3）增强免疫力　前文已经述说了蚯蚓富含氨基酸、多种矿物质和微量元素，这些物质都对提高免疫机能有十分显著的作用。另外，蚯蚓能显著提高巨噬细胞的活化率和免疫活性，还能提高它的吞噬功能，促进淋巴细胞转化，且巨噬细胞的活性增加能进一步提高人体免疫力。

(4) 促进伤口愈合 蚯蚓的提取液能减少伤口渗出，加快伤口的愈合速度。在受到创伤的情况下，伤口局部的生长因子有效浓度相比正常情况下有所下降，影响伤口愈合的主要因素是生长因子的理化性质及创面局部的环境受到外界干扰，如若此时对受伤局部给予外源性的生长因子，则有利于损伤组织的修复。蚯蚓提取液的加入则能通过刺激机体，使得机体产生生长因子，并且起还会向伤口处提供所需的营养物质达到外源修复，多个动物伤口模型试验表明，蚯蚓提取液能促进肌纤维母细胞增多，使其分泌较多的肌动蛋白，有利于伤口的收缩恢复，促进伤口愈合的速度。

(5) 抗栓溶栓作用 使用现代生物技术，在赤子爱胜蚓体内可获得一种蚯蚓水提物——蚓激酶，这是一种蛋白水解酶，有直接溶解纤维蛋白的作用，还能抑制纤维蛋白的生成，溶解血栓，具有抑制血小板黏附等作用。临床研究表明，蚓激酶可延长体外血栓的形成时间，既对血液起到抗凝作用又不影响止血，对高血压引起的各种脑血栓、脑梗塞起到预防作用。目前市面上有不同规格的蚓激酶肠溶胶囊销售。

(6) 解热作用 我国古代把蚯蚓用作药材，主要是因为其具有抗炎解热的作用。中医认为蚯蚓性寒，能解热。通过现代的药理研究，发现它产生解热作用的原因是蚯蚓含有络氨酸衍生物的蚯蚓解热碱，这种物质对各种原因引起的发热均有明显的退热作用，本书中前文所提到的对公兔具有解热作用正是此原理。解热碱即使经过加热或酸解后，仍然始终保有解热作用，所以大部分科学家认为起到解热作用的最基本成分在于蚯蚓中所含的某些氨基酸及其衍生物。

(7) 降压作用 根据最新的实验演示，给小白鼠注射蚯蚓耐热蛋白能显著降低正常小白鼠的血压，而且起效速度快，作用强度大，但是缺点是持续时间较短。还有一些研究表明采用蚯蚓的干粉混悬液、蚯蚓热浸液、煎剂等注射给麻醉处理之后的犬、猫及还有患有慢性肾性高血压白鼠，最后的实验结果均表现出了缓慢而持久的降压作用，随着后续研究的深入或许能运用到人类身上，极具医学前景。

(8) 扩张平滑肌 根据现代的生物提取技术，能从蚯蚓中提取出一种淡黄色针状结晶，这类物质能对大白鼠、家兔肺灌注有显著的扩张支气管作用，并能对抗相应的支气管收缩作用。前文也介绍了给肉兔喂养蚯蚓粉，会对母兔的子宫平滑肌起到促进兴奋的作用，增加子宫平滑肌收缩张力、收缩波持续时间以及子宫的活动力。

（四）食用价值

蚯蚓营养价值高，除了可以被动物利用外，也可以被人类食用，蚯蚓的蛋白质含量特别高，人类必需氨基酸种类齐全，按照联合国粮食及农业组织（FAO）所指定的健康食品八种必需氨基酸标准，可以判断得出蚯蚓蛋白是一种优质蛋白。蚯蚓的饱和脂肪酸含量低、不饱和脂肪酸含量较高，人食用蚯蚓后，可以显著降低血脂，预防血脂过高引起的心脑血管疾病的，同时还有调节血糖、延缓衰老、抗癌等美容和保健功效。

通过对蚯蚓提取液的分析，蚯蚓中的各种微量元素的具体种类以及其具体的含量与生长环境以及蚯蚓的蚓种息息相关。以硒元素为例，在硒浓度高的生长环境中，蚯蚓体内的硒元素也特别高，这为人们寻找含硒量高、生物活性高、无毒的高蛋白营养制品提供了一种新的途径。

在此发现的基础上，若往喂养蚯蚓的饲料中添加一定分量的无机态硒盐，就有可能大幅度提高蚯蚓所含的硒元素含量，因此推测蚯蚓对硒元素有极好的富集作用，有望成为优异的硒元素载体，这一系列优点足以发现蚯蚓能相对应地成为补充不同微量元素保健品的载体。

在我国的膳食文化体系中，蚯蚓在两广、福建以及海南岛等地区，作为一种美味佳肴已经被食用了上千年。现在蚯蚓在一些特色饭店也有销售，如蚯蚓炖鸡、蚯蚓炒鸡蛋、蚯蚓猪肉馄饨。在其他国家特别是土著原住民的饮食文化中，也有将蚯蚓做成食物的例子。

（五）保健价值

除了用作一般的食物，蚯蚓类保健品也已陆续投放到市场，如地龙胶囊、地龙片、黄芪地龙汤等。蚯蚓类保健品对使用人群有缓解疲劳、降低血压、降低胆固醇、清凉减热的作用。随着人们的自我保健意识的提高，蚯蚓可能会成为未来流行的新型保健食品来源之一。

二、蚯蚓制品的最新研究进展

（一）多肽液的制备及应用示例

蚯蚓体内含有丰富的蛋白质，对其进行酶解制备成酶解液（多肽液），可作为高附加值产品的原料。笔者团队研究了复合酶酶解太平二号蚯蚓蛋白的最适水解条件，蚯蚓酶解液的抗氧化性分析、酶解液在蔬菜生长过程中的应用，考察其对蔬菜营养品质的影响。整个研究过程的技术路线如图 5-11。

蚯蚓蛋白经外源蛋白酶酶解，蛋白酶作用于蚯蚓蛋白，使得大分子蛋白质变为小分子多肽以及氨基酸类物质，蚯蚓蛋白酶解液的分子量也随之减小。在前期研究中发现蚯蚓体腔提取液中含有一定量的 PQQ（吡咯喹啉醌）类似物[60]，

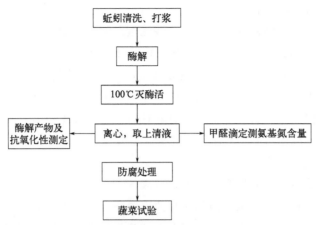

图 5-11　蚯蚓多肽液研究技术路线

PQQ 是一种新辅基，有利于种子萌发以及对营养成分的吸收[61]，促进动物代谢和发育[62]，在极端环境下对蚯蚓的生长具有促进作用[63]。蚯蚓蛋白水解液中不仅含有活性成分，而且水解液还具备抗氧化性[64]，在实际应用中，可达到增强免疫能力、抗菌等作用[65]。目前，国内外已有关于蚯蚓提取物抗氧化性的研究。Petra K 等[66]对蚯蚓中一种 G-90 糖脂蛋白混合物提取物进行研究，发现其具备抗氧化酶作用。徐麒麟等[67]在饲料中添加蚯蚓提取物对猪进行饲喂，可提高猪的抗氧化能力。丁晓等[68]使用添加蚯蚓肽的饲料饲喂肉鸡，肉鸡免疫能力与抗氧化性均得到提高。以上报道均是针对蚯蚓提取物的抗氧化性研究，而关于蚯蚓蛋白水解液的抗氧化性研究却少有报道。蚯蚓蛋白经复合外源蛋白酶解后，可得到富含氨基酸和小分子肽的蚯蚓蛋白水解液。研究表明，蛋白质水解物具备一定的抗氧化性[69]，例如水解液中的色氨酸、赖氨酸、半胱氨酸等[70]，因此，对蚯蚓蛋白酶解液体外抗氧化活性进行测定具备实际意义。

本试验对蚯蚓蛋白酶解液分子量、多肽含量、氨基酸含量、PQQ 类似物含量进行测定。以总还原能力、超氧阴离子清除率、DPPH 自由基清除率、羟自由基清除率为主要指标，考察添加外源蛋白酶和未添加外源蛋白酶的蚯蚓蛋白水解液体外抗氧化活性，为蚯蚓蛋白的综合利用提供理论依据。

1. 质量指标测定

酶解液相对分子质量测定采用凝胶渗透色谱方法；酶解液氨基酸含量测定采用高效液相色谱-质谱联用仪；酶解液多肽含量测定采用三氯乙酸（TCA）结合福林酚法测定；酶解液 PQQ 类似物含量测定采用 NBT-Gly 法。

2. 制备及工艺优化结果

（1）在单一外源酶酶解试验的基础上，以蛋白酶最适 pH 和温度为主要参考因素，结合水解效率、价格以及最终复合酶所需的参数一致性原则等因素考虑，确定酶解过程的复合酶由木瓜蛋白酶、酸性蛋白酶和菠萝蛋白酶 3 种组成。在对 3 种酶进行复合酶配方设计基础上，以蚯蚓蛋白水解度为指标，确定复合酶最佳配比为：木瓜蛋白酶 23.2%、酸性蛋白酶 53.7%、菠萝蛋白酶 23.1%。

（2）在单因素试验基础上，采用中心组合试验设计 Box-Benhnken 对复合酶酶解条件进行优化。在自然 pH 值、酶解时间 10 h、酶浓度 3% 条件下，最佳酶解工艺条件为：酶解温度 53℃、恒温振荡器转速 120 r/min、料液比 1∶1.15。该条件下，蚯蚓蛋白水解度为 66.25%±0.17%。

（3）将本试验与已有研究进行比较（表 5-21），外源蛋白酶的添加对蚯蚓蛋白水解度的提升有显著影响，但单一外源蛋白酶水解效果有限，采用复合酶进行酶解，能提高蚯蚓蛋白的水解度，而在本试验优化条件下进行酶解，蚯蚓蛋白水解度提高效果尤为显著。

表 5-21　不同酶水解蚯蚓蛋白的能力比较

酶	温度/℃	时间/h	pH	加酶量	底物浓度	水解度/%	文献
Alcalase 碱性蛋白酶	60	4	8.0	5%	6%	25.88±0.79	[71]
酸性蛋白酶	50	8	7.0	10 000U/g	1∶2	22	[72]
枯草蛋白酶（Asl. 398）	50	8	6.5	1%	1∶3	32.33	[73]
中性蛋白酶	50	5	7.0	5mg	—	36.39	[74]
弹性蛋白酶						30.61	
胰蛋白酶						17.96	
胃蛋白酶	37	4	8.0	2 000U/g	1∶30	9.42	[75]
胰凝乳蛋白酶						7.95	
木瓜蛋白酶						3.04	
弹性蛋白酶、胰蛋白酶复合	55	8	8.0	3 000U	1∶30	52.96	[76]
木瓜蛋白酶、酸性蛋白酶、菠萝蛋白酶复合	53	10	—	3%	1∶1.15	66.25±0.17	笔者团队

（4）酶解液分子量测定　结合表 5-22 可知，酶解产物主要为分子量在 1500 以下的多肽、小肽及氨基酸，其中分子量在 620 以下的占 62.77%，这表明，生成的多肽大部分为二肽至五肽，蚯蚓蛋白的水解效果较好。

表 5-22　蚯蚓蛋白酶解液相对分子量分布

保留时间/min	重均分子量 M_w	峰位分子量 M_p	峰面积/%
26.210	1 487	1 447	37.23
28.217	—	620	17.58
29.214	—	415	32.28
30.205	—	254	12.92

（5）酶解液氨基酸含量测定　由表 5-23 可知，蚯蚓蛋白酶解液中，谷氨酸、精氨酸、丙氨酸、赖氨酸、亮氨酸相对含量比较多，酶解液中总氨基酸含量为 37.47 mg/mL，18 种游离必需氨基酸含量达 36.03 mg/mL，占总氨基酸的 96.16％。由此可知，酶解液中氨基酸含量丰富且组成相对平衡，必需氨基酸含量高。

表 5-23　蚯蚓蛋白酶解液中游离氨基酸含量

氨基酸	含量 /(mg/mL)	占总氨基酸比 /%	氨基酸	含量 /(mg/mL)	占总氨基酸比 /%
天门冬酰胺 Asn	0.96	2.56	半胱氨酸 Cys	0.33	0.88
谷氨酰胺 Gln	0.48	1.28	赖氨酸 Lys	4.34	11.58
组氨酸 His	1.97	5.26	酪氨酸 Tyr	1.74	4.64
丝氨酸 Ser	1.12	2.99	甲硫氨酸 Met	0.99	2.64
谷氨酸 Glu	3.43	9.15	缬氨酸 Val	2.32	6.19
天门冬氨酸 Asp	1.96	5.23	异亮氨酸 Ile	2.13	5.66
甘氨酸 Gly	1.22	3.26	亮氨酸 Leu	3.74	9.98
苏氨酸 Thr	1.68	4.48	苯丙氨酸 Phe	2.13	5.68
精氨酸 Arg	2.42	6.46	色氨酸 Trp	0.66	1.76
丙氨酸 Ala	2.95	7.87	必需氨基酸	36.03	96.16
脯氨酸 Pro	0.91	2.43	总氨基酸	37.47	—

（6）酶解液多肽含量测定和 PQQ 类似物含量测定　由表 5-24 可知，5 次平行试验下蚯蚓蛋白酶解液多肽含量平均值为 24.03 mg/mL，标准偏差（S）为 0.37，酶解液中 PQQ 类似物含量平均值为 70.97 μg/mL，标准偏差（S）为 2.66，说明样品测定试验重复性较好。

表 5-24　蚯蚓蛋白酶解液多肽含量结果和 PQQ 类似物含量测定

项目	1	2	3	4	5	平均值
多肽含量/(mg/mL)	24.57	24.19	23.65	24.03	23.73	24.03
PQQ 类似物含量/(μg/mL)	69.34	71.38	67.31	73.42	73.42	70.97

3. 酶解液抗氧化性测定

对不同浓度 EPH（蚯蚓蛋白酶解液）抗氧化性进行测定，同时以未加酶进行水解的水解液作空白对比，考察添加外源蛋白酶对 EPH 体外抗氧化性的影响。

（1）总还原能力的测定　参考文献的方法并稍作改进[77]。取不同浓度 EPH 1.0 mL 分别置于试管中，分别加入 0.2 mol/L pH6.6 磷酸盐缓冲溶液 2.5 mL，

1%铁氰化钾溶液 2.5 mL，混匀后于 55 ℃水浴 20 min，水浴结束后冷却，并加入 10%三氯乙酸溶液 2.5 mL，混匀后经 3 500 r/min 离心 10 min，离心结束后取上清液 2.5 mL，加入蒸馏水 2.5 mL，0.1%三氯化铁溶液 0.5 mL，混匀后于室温下放置 10 min，在 700 nm 波长处测定其吸光度，吸光度越高，则总还原能力越强。

（2）超氧阴离子清除率的测定　参考文献的方法并稍作改进[78]。取不同浓度 EPH 2.0 mL 分别置于试管中，加入 4.5 mL 50 mmol/L Tris-HCl 缓冲溶液（pH8.2），快速混匀，并于 25 ℃下保温 20 min，保温结束后加入 3 mmol/L 邻苯三酚溶液（含 10 mmol/L HCl）0.5 mL。4 min 内，每 30 s 在 325 nm 处测定一次吸光度，其吸光度变化斜率 K 即为该样品自氧化速率。

超氧阴离子清除率（R_1）按式（5-9）计算：

$$R_1 = \frac{K_0 - K_1}{K_0} \times 100\%$$ （5-9）

式中，K_0 为蒸馏水代替样品后溶液自氧化速率；K_1 为样品与 Tris-HCl 缓冲溶液、邻苯三酚溶液反应后自氧化速率。

（3）DPPH 自由基清除率的测定　参考文献的方法并稍作改进[79]。取不同浓度 EPH 2.0 mL 分别置于试管中，分别加入 0.1 mol/L DPPH 95%乙醇溶液 2.0 mL，混匀后于室温下避光放置 30 min，在 517 nm 波长处测定其吸光度。

DPPH 自由基清除率（R_2）按式（5-10）计算：

$$R_2 = \frac{A_2 - (A_1 - A_0)}{A_2} \times 100\%$$ （5-10）

式中，A_0 为样品与 95%乙醇溶液反应后的吸光度；A_1 为样品与 DPPH 95%乙醇溶液反应后的吸光度；A_2 为 95%乙醇与 DPPH 95%乙醇溶液反应后的吸光度。

（4）羟自由基清除率的测定　参考文献的方法并稍作改进[80]。取不同浓度 EPH 2.0 mL 分别置于试管中，分别加入 9 mmol/L 水杨酸乙醇溶液 2.0 mL、9 mmol/L 硫酸亚铁溶液 2.0 mL，混匀后加入 8.8 mmol/L H_2O_2 溶液 0.05 mL 启动反应，并于 37 ℃水浴中保温 30 min，在 510 nm 波长处测定其吸光度。

羟自由基清除率（R_3）按式（5-11）计算：

$$R_3 = \frac{A_0 - A_1}{A_0} \times 100\%$$ （5-11）

式中，A_0 为蒸馏水代替样品后溶液反应后的吸光度；A_1 为样品与水杨酸乙醇溶液、硫酸亚铁溶液、H_2O_2 溶液反应后的吸光度。

4.酶解液抗氧化性测定结果

（1）总还原能力的测定结果 总还原能力与抗氧化性有一定关联，总还原能力越强，则抗氧化性越高。由图 5-12 可知，在一定浓度范围内，EPH 与空白组都具有一定的抗氧化性，且随着浓度的提高呈上升趋势，当浓度达到 75％时，抗氧化性上升趋势趋于平缓。在同一浓度下，添加外源蛋白酶进行酶解的 EPH，其抗氧化性显著高于（$P<0.05$，下同）空白组。

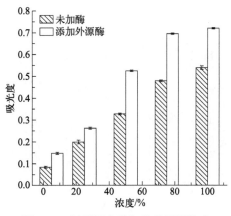

图 5-12 蚯蚓蛋白酶解液总还原能力

（2）超氧阴离子清除率的测定结果 由图 5-13 可知，在一定浓度范围内，EPH 与空白组对超氧阴离子都具有清除效果，且随着浓度的提高呈上升趋势。在同一浓度下，添加外源蛋白进行酶解的 EPH 超氧阴离子清除效果显著优于空白组。当浓度达到 10％时，添加外源蛋白酶进行酶解的 EPH 超氧阴离子清除达80.16％，比空白组清除率 57.63％高出 22.53％。

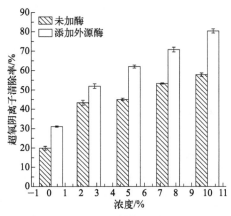

图 5-13 蚯蚓蛋白酶解液超氧阴离子清除能力

（3）DPPH 自由基清除率的测定结果　由图 5-14 可知，在一定浓度范围内，EPH 与空白组对 DPPH 自由基都具有清除效果，且随着浓度的提高呈上升趋势，在浓度达到 15％后上升趋势趋于平缓。在同一浓度下，添加外源蛋白进行酶解的 EPH，其 DPPH 自由基清除效果显著优于空白组。在低浓度下，EPH 与空白组 DPPH 自由基清除率都较低，无明显效果。在高浓度下，添加外源蛋白酶解的 EPH 可达到较高的 DPPH 自由基清除率（91.46％），而空白组清除率较低（38.12％）。

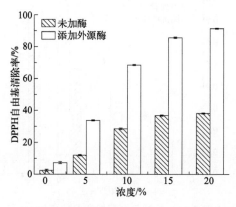

图 5-14　蚯蚓蛋白酶解液 DPPH 自由基清除能力

（4）羟自由基清除率的测定结果　由图 5-15 可知，在一定浓度范围内，EPH 与空白组对羟自由基都具有清除效果，且随着浓度的提高呈上升趋势，在浓度达到 5％后上升趋势趋于平缓。在同一浓度下，添加外源蛋白进行酶解的 EPH 羟自由基清除效果显著优于空白组。在低浓度下，EPH 与空白组对羟自由基都具有一定的清除效果，空白组羟自由基清除率为 17.18％，添加外源蛋白酶

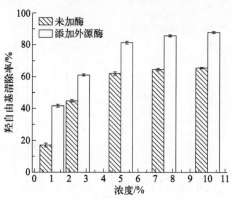

图 5-15　蚯蚓蛋白酶解液羟自由基清除能力

酶解的 EPH 羟自由基清除率为 41.64％。在浓度达到 10％时,添加外源蛋白酶酶解的 EPH 可达到较高的羟自由基清除率为 87.58％,而空白组羟自由基清除率为 65.45％。

EPH 与空白组抗氧化性随浓度的增加呈上升趋势,浓度越高,酶解液抗氧化能力越高,在同一浓度下,添加外源蛋白酶进行酶解的酶解液抗氧化性显著高于未加酶的,这是因为添加外源蛋白酶有助于蚯蚓蛋白水解,得到的酶解液水解度更高,肽链长度减小,疏水性氨基酸残基逐渐展开,易于发挥抗氧化作用,同时,酶解液中还含有较高的 Try(酪氨酸)、Lys(赖氨酸)等具有较强抗氧化性的氨基酸。

5. 蚯蚓蛋白酶解液对不同蔬菜品质的影响

广泛的研究表明,植物能够直接吸收以分子态存在的氨基酸[80],在使用含有氨基酸的肥料后,能有效增加作物产量,提高作物总糖、维生素 C 含量[81],改善口感[82]、缩短作物生长周期[83],同时还能提高土壤肥力[84],提高作物的抗逆性[85]。蚯蚓酶解液中富含 18 种必需游离氨基酸,具备生物活性,目前蚯蚓液肥已应用于农作物种植过程,大量研究表明,施用含蚯蚓液的肥料,能有效提高农作物的品质。王力超等[45]使用蚯蚓水解液对柑橘进行根外喷施,可显著提高果实品质和稳果率;贾云等[86]对葡萄施用蚯蚓液体肥,可促进葡萄生长,提高葡萄中可溶性固形物含量;雍海燕等[87]对番茄施用蚯蚓发酵液,可促进番茄营养生长;朱恩[116]等对蔬菜施用蚯蚓有机液,蔬菜产量得到显著提升。

(1)实验方案 试验设置 10 组处理,每组处理进行 3 次重复,10 组分别为:

G1,清水;

G2,0.4％化合肥(KH$_2$PO$_4$:尿素＝1:1,下同);

G3～G6,分别为 0.1％、0.2％、0.5％、1.0％的 EPH,每组均加 0.4％化合肥;

G7～G10,分别为 0.1％、0.2％、0.5％、1.0％的 EPH。

试验处理对象为黄瓜、木耳菜、黄秋葵、地豆,处理方法及采摘时间见表5-25。喷施酶解液后,定期测定叶片叶绿素含量变化。黄瓜、黄秋葵、地豆,均选择品质较好、果实较大者采摘;叶菜选择品质较好的第 2～4 对真叶进行采摘。

表 5-25 蔬菜喷施及采摘方案

作物	喷施时间	喷施量	采摘时间
黄瓜	定植 15 天后喷施,此后每间隔 10 天喷施 1 次,共喷施 3 次 开花后每间隔 7 天喷施 1 次,共喷施 2 次 挂果后每间隔 5 天喷施 1 次,共喷施 3 次	叶面有明显水珠滴落 100 mL 左右 200 mL 左右	挂果后 20 天左右

续表

作物	喷施时间	喷施量	采摘时间
叶菜	第 1 对真叶完全长出后开始喷施，此后每间隔 10 天喷施 1 次，共 3 次	第 1 次 50 mL，此后每次叶面有明显水珠滴落	播种后 50 天左右
黄秋葵	第 1 对真叶完全长出后开始喷施，此后每间隔 10 天喷施 1 次，共 3 次 开花后每间隔 5 天喷施 1 次，共 2 次 坐果后喷施 1 次	第 1 次 50 mL，此后每次叶面有明显水珠滴落 100 mL 左右 200 mL 左右	花落后 7 天左右
地豆	第 1 对真叶完全长出后开始喷施，此后每间隔 10 天喷施 1 次，共 3 次 开花后每间隔 7 天喷施 1 次，共 2 次 结荚后每间隔 7 天喷施 1 次，共 2 次	第 1 次 50 mL，此后每次叶面有明显水珠滴落 50 mL 左右 100 mL 左右	结荚后 20 天左右

（2）实验结论　在黄瓜、木耳菜、黄秋葵、地豆生长过程中喷施一定浓度的 EPH 或一定浓度 EPH＋0.4％化合肥，均可促进蔬菜生长发育，提高叶片叶绿素含量、延缓叶片衰老，同时还能降低果实中硝态氮、有机酸含量，提高糖酸比、可溶性糖含量、可溶性蛋白含量、维生素 C 含量以及总酚含量，总体上有利于蔬菜品质的提升。

由表 5-26 可知，4 种蔬菜的最适处理分别为：黄瓜喷施 0.2％ EPH＋0.4％ 化合肥（G4），木耳菜喷施 0.2％ EPH＋0.4％（G4）或 0.5％ EPH（G9），黄秋葵喷施 0.5％ EPH＋0.4％化合肥（G6）或 0.5％ EPH（G9），地豆喷施 0.5％ EPH（G9）。

表 5-26　各类蔬菜不同指标最适处理组

项目	黄瓜	木耳菜	黄秋葵	地豆
叶绿素(SPAD)	G9(69.38)[55.32]	G5(43.06)[40.78]	G9(56.50)[40.77]	G9(37.47)[26.33]
硝态氮/(mg/kg)	G4(40.35)[147.87]	G9(40.01)[84.69]	G9(70.50)[158.35]	G5(24.63)[64.64]
有机酸/％	G4(0.088)[0.129]	G4(0.133)[0.353]	G5(0.149)[0.255]	G9(0.183)[0.429]
可溶性糖/(mg/g)	G4(43.8)[42.2]	G9(14.38)[12.77]	G9(10.13)[7.72]	G5(18.18)[14.35]
糖酸比	G4(0.50)[0.32]	G4(0.098)[0.037]	G5(0.06)[0.032]	G9(0.098)[0.033]
可溶性蛋白/(mg/g)	G10(2.78)[2.51]	G4(10.55)[7.69]	G4(9.42)[7.51]	G5(15.86)[10.61]
维生素 C/(mg/100g)	G4(12.84)[7.93]	G4(195.77)[111.6]	G4(26.17)[14.46]	G4(35.80)[24.38]
总酚	—	—	G9(4.29)[2.62]	

注：[　]内数据为对照组最佳值。

目前，蚯蚓液用于农业，已经有商品销售，如笔者团队指导的重庆某公司生产的系列蚯蚓液产品，广泛用于茶叶、中药材等经济作物。

（二）抗菌肽

蚯蚓的生活居所一般都是潮湿阴冷的区域，在这种环境下各类细菌、真菌以及各类微生物也会显著多于其他环境，即使在这种情况下蚯蚓却极少得病，有人提出这或许和蚯蚓体内独特的免疫机制有关，而且抗菌肽更是在其中起到了极其重要的关键性作用。

孙振钧等[88]从蚯蚓的匀浆液中进行初步分离纯化出一种抗菌四十肽，表明这些肽类物质可能正是主要抗菌成分，其可以通过诱导获得，同时具有对细菌、病毒以及其他病原体非特异性的免疫作用。这种抗菌肽的理化性质比较稳定，pH 的变化对其活性的影响不大，而且热稳定性也较高，即使在室温条件下，不经任何处理放置 180 天后，仍对细菌具有抑制作用。

张希春等[89]研究发现蚯蚓拥有多种抗菌成分，这对于蚯蚓本身抵御外来细菌的侵入是十分有利的。通过硫酸铵沉淀、超滤和阳离子交换分离从蚯蚓匀浆液中得到了两种新的抗菌肽 F-1 与 F-2。两种抗菌肽高度同源且都具有较强的抗菌活性。

刘艳琴等[90]还从蚯蚓体腔液中分离纯化出一种全新的抗菌寡肽 ECP5-1，没有溶血特性。该抗菌肽都能一定程度上杀伤革兰氏阴性、阳性细菌、螺旋体、双歧杆菌、原虫等，并能中和某些胞膜病毒。

研究发现人工合成的 Lumbricin I（6-34）（蚯蚓 29 肽），具有广谱抗菌性，能够有效抑制大肠杆菌、金黄色葡萄球菌、酿酒酵母、露湿漆斑菌、总状毛霉等常见的细菌和真菌[91]。

（三）纤溶酶

纤溶酶是一种丝氨酸蛋白水解酶，具有直接溶解纤维蛋白的功能，也就是前文所说的具有抗血栓功效的蚓激酶，是能有效预防和治疗血栓类疾病有效药物的原料。随着对蚯蚓体内物质含量的研究深入，由此蚯蚓被发现体内富含大量的纤溶酶，在先进提取技术的支持下，研究人员从不同蚓种的蚯蚓体内提取分离出了不同种的纤溶酶，并对其的理化性质进行了不同程度的研究。

研究人员使用不同的方法从蚯蚓体内提取到了不同的纤溶酶[92]。如使用硫酸铵分段盐析、超滤膜分级分离、DEAE-纤素柱色谱和 Sephadex 凝胶过滤等多种方法联用，从蚯蚓体内成功分离出了 3 种纯的纤维蛋白溶解酶，而且发现蚯蚓所含的纤溶酶种类和含量会因为蚓种的不同而产生变化，但是总体上的性质基本相同。这些纤溶酶分子量约在 20k～70k 之间，当等电点保持在 3～5、pH 保持在 7～10、温度处在 20～55 ℃这个范围时，纤溶酶可保持长时间的稳定，这也就意味着整个提取分离的工作可在常温环境下进行操作[93]。

蚯蚓纤溶酶的理化性质综合起来就是：具有纤溶活性；结构十分稳定，在小肠中能被人体所吸收；氨基酸的组成里面占主体的氨基酸种类是酸性氨基酸；热稳定性高，作用的 pH 范围广；虽然多为单体酶，但也有少数的寡聚酶存在，也有含糖基的结合酶；不同组分的蚯蚓纤溶酶对不同种类的丝氨酸蛋白酶抑制剂的敏感性不同，说明蚯蚓的蚓种和不同提取方法分离的蚯蚓纤溶酶既有共同性，又有差异之处。导致蚯蚓纤溶酶多型性的原因尚不完全清楚，目前许多研究人员都在研究影响纤溶酶的分离提取方式及影响活性的因素。

蚯蚓纤溶酶在临床上将会有极为广泛的应用前景，最常见的是蚯蚓纤溶酶可抑制血小板聚集，促使血管内皮细胞水解凝血酶，有良好的抗凝溶血栓的作用；蚯蚓纤溶酶还能够诱导肿瘤细胞凋亡，虽然关于纤溶酶抗肿瘤的具体原理尚未完全了解，但其在抗肿瘤方面有极大的应用前景；除此之外，还发现蚯蚓纤溶酶具有明显的抗炎效果，对于带状疱疹和活动性类风湿关节炎等炎症疾病具有很好的疗效。

（四）抗氧化系成分

抗氧化活性肽（简称抗氧化肽）指的是能抑制自身生物大分子过氧化，并且还能清除体内自由基的一种生物活性肽。周亿金发现蚯蚓提取物含有抗氧化作用的物质，如过氧化氢酶（CAT）、超氧化物歧化酶（SOD），这些氧化酶均被临床证明具有良好的抗氧化、抗炎症的作用[94]。

武金霞等以邻苯三酚自氧化体系检测不同浓度蚯蚓冻干粉浸提物（EELP）对超氧阴离子的清除作用，证实一定浓度的 EELP 具有一定抗氧化作用[95]。

（五）蚯蚓血红蛋白

蚯蚓的营养价值高，使它能在多个领域发挥作用，特别是在饲料和食品方面。对于动物来说，蚯蚓能作为一种效果十分优异的诱食剂；但是对于人类来说，蚯蚓的外貌形态以及生活环境都不受人喜欢，而且蚯蚓食品的腥味大，这些因素都极大限制了蚯蚓直接作为食品使用。若使用提取技术将蚯蚓体中含量丰富的血红蛋白提取出来，就可加工制作成为具有补血功能的食品。如使用双水相萃取、等电点沉淀及离子交换色谱等多种方法，可分别对蚯蚓体中的血红蛋白进行提取、纯化[96]。总地来说，蚯蚓血红蛋白提取技术的操作并不算难，而且成本小，在食品加工行业上拥有较好的应用前景。

蚯蚓的血红蛋白与哺乳动物的血红蛋白都具有可逆载氧的作用，但蚯蚓的血红蛋白与来源于哺乳动物的血红蛋白性质有一些差异，最大的差别体现在双方的结构上[97]。

三、蚯蚓降低土壤污染程度

1. 重金属

蚯蚓对土壤中的重金属有一定的富集作用，从而降低土壤中的重金属含量或改变重金属形态。蚯蚓对具有不同种类及形态的重金属的生物积累作用也不同，不同重金属的生物有效性决定了蚯蚓对它们不同的吸收能力。

成杰民等[98]在使用黑麦草修复土壤重金属污染时，发现接种蚯蚓后，能明显提高 Cu、Cd 的有效活性，让植物能富集到更多的金属离子，说明蚯蚓在土壤的生命活动能提高植物修复重金属污染的能力。

另外，蚯蚓粪也会促进植物对重金属的处理，林淑芬通过黑麦草处理 Cu 的实验表明，添加蚯蚓粪能显著提高 Cu 的生物有效性，促进 Cu 从根系向黑麦草上方部位移动，进而增加了黑麦草对 Cu 的吸收量[99]。

2. 有机农药

蚯蚓能通过改变土壤的物理性质来间接处理土壤里面的农药残留物，比如通过增加土壤的通气性能促进多氯联苯的降解；通过取食作用富集多溴联苯醚；蚯蚓在生命活动时，还可以通过蚯蚓自身特殊的表面皮肤被动吸收土壤中的大量可溶态的多环芳烃。表 5-27 举例说明了蚯蚓处理几种有机农药（污染物）的效果。

表 5-27　蚯蚓处理土壤中的有机农药及效果[100]

污染物	浓度/（mg/kg）	暴露时间	对污染物的影响	消除效率
多环芳烃	3 965.86 μg/kg	5 周	16 种 PAHs 在蚯蚓体内富集	85.75%
蒽	500	70 天	蚯蚓通过刺激微生物活性和生长，促进土壤中的蒽消除	93%
苯并[a]芘（BaP）	100	112 天	在灭菌土壤中孵育 112 d 后，蚯蚓消除了 26.6 mg BaP/kg	36.1%
毒死蜱	768	90 天	蚯蚓主要通过刺激具降解功能微生物和改善真菌群落结构从而促进污染物降解	93%
异丙甲草胺	5、20	15 天	蚯蚓主要通过刺激具降解功能微生物和改善真菌群落结构从而促进污染物降解	分别为 30%、63%
莠去津	10	28 天	蚯蚓调节了土壤 pH 值，增加土壤有机质含量和莠去津的降解	39.5%～95.7%

续表

污染物	浓度/(mg/kg)	暴露时间	对污染物的影响	消除效率
毒死蜱、三氟氯氰菊酯、腈菌唑	0.168、0.021、1.613、0.195、0.050	34天	蚯蚓促进了农药的分解及污染物的富集	分别为96%、85%、83%
五氯苯酚（PCP）	40	42天	蚯蚓＋堆肥处理释放腐殖质土中吸附的PCP，中和土壤pH值、刺激PCP降解微生物的活性并增加生物量	86%（蚯蚓堆肥＋非灭菌土）肥＋69.6%（蚯蚓堆灭菌土）
氟代甲苯	0.144 nmol/g	30天	10:2氟调醇（FTOH）可以在小麦和蚯蚓体内生物累积并转化为高稳定性的全氟烷基羧酸（PFCAs）	93%
石油	5 mL	12周	蚯蚓吸收降解石油烃、苯、甲苯、乙苯、二甲苯	38.91%～90.38%
石油	20～100 g/kg	22周	采用蚯蚓＋光合细菌＋固氮细菌＋真苗联合修复法，污染物消除效率高达99.9%	99.9%

参考文献

[1] 王冲，孙振钧，郑冬梅，等. 大肠杆菌对赤子爱胜蚓体表超微结构的影响[J]. 应用与环境生物学报，2007(02)：215-219.

[2] Bilej M，Brys L，Beschin A，et al. ldentification of a cytolyt-ic protein in the coelomic fluid of Eisenia foetida earthworms[J]. Immunol Lett，1995，45：123.

[3] 成钢，龙晓晴，王宗宝，等. 太平三号蚯蚓对家畜粪便利用效果比较研究[J]. 家畜生态学报，2015，36(05)：77-80.

[4] 马志琪，孙继鹏，谢家乐，等. 蚯蚓处理禽畜粪便的效果初探[J]. 天津农林科技，2020(06)：1-2.

[5] 甘洋洋. 不同有机物料养分特征对蚯蚓生长繁殖的影响[D]. 广州：华南农业大学，2016.

[6] 陆钰，张正旺，闫晓明，等. 蚯蚓对牛粪中碳、氮及其他营养物质转化的影响[J]. 安徽农业大学学报，2016，43(03)：467-473.

[7] 李辉信，胡锋，仓龙，等. 蚯蚓堆制处理对牛粪性状的影响[J]. 农业环境科学学报，2004(03)：588-593.

[8] 董炜华，殷秀琴，辛树权. 赤子爱胜蚓对不同猪粪和秸秆的分解作用[J]. 生态学杂志，2012，31(12)：3109-3115.

[9] 宋高杰，李涵，刘兴友. 猪粪堆肥处理及用于蚯蚓养殖的研究[J]. 黑龙江畜牧兽医，2017(19)：124-127＋136.

[10] 刘瀚扬，杨雪，孙越鸿，等. 羊粪无害化处理技术研究进展[J]. 当代畜牧，2018(33)：47-49.

[11] 朱海生，左福元，董红敏，等. 锯末添加比例对牛粪贮存过程中氨气和温室气体排放的影响[J]. 西南大学学报(自然科学版)，2017，39(03)：34-40.

[12] 肥料中硝态氮含量的测定. 紫外分光光度法：NY/T 1116—2006[S]. 2006.

[13] 余杰，赵淑霞，孙长虹，等. 畜禽粪污生物好氧发酵固氮研究现状及其影响因素研究[J]. 环境科学与管理，2017，42(08)：83-88.

[14] 刘忠华，赵帅翔，刘会芳，等. 条垛堆肥-蚯蚓堆肥联合处理对堆肥产品性状的影响[J]. 中国土壤与肥料，2019(04)：200-207.

[15] 杨世关，刘亚纳，张百良. 赤子爱胜蚓处理鸡粪的试验研究[J]. 中国生态农业学报，2007(01)：55-57.

[16] Sutherland R A. Bed sediment-associated trace metals in an urban stream，Oahu，Hawaii[J]. Environmental Geology，2000，39(6)：611-627.

[17] Irvine G W，Summers K L，Stillman M J. Cysteine accessibility during As^{3+}，metalation of the α- and β-domains of recombinant human Mtla. Biochem[J]. Biophys Res Commun，2013，433，477-483.

[18] 黄炜，刁晓平，李森楠，等. 蚯蚓处理对猪粪重金属富集的影响[J]. 热带生物学报，2019，10(02)：151-158.

[19] 张泳桢. 蚯蚓对猪粪中重金属的富集作用及对动物的促生长和安全性研究[D]. 南昌：江西农业大学，2016.

[20] Peng J F，Song Y H，Yuan P，et al. The remediation of heavy metals contaminated sediment[J]. Journal of Hazardous Materials，2009，161(2-3)：633-640.

[21] 魏叶敏. GIS技术支持下的重庆土壤重金属元素污染评价[D]. 成都：成都理工大学，2009.

[22] 曹瑞琪. 蚯蚓堆肥对餐厨垃圾的肥料化处理和生态综合利用评估[J]. 实验技术与管理，2013，30(11)：83-86.

[23] 武泽璇. 蚯蚓处理家庭餐厨垃圾试验研究[D]. 上海：上海交通大学，2020.

[24] 薛梓涛，储雪飞，邢丽波，等. 蚯蚓堆肥处理校园有机垃圾的热解特性及物质转化特征[J/OL]. 环境工程：1-16[2023-03-24]. http://kns.cnki.net/kcms/detail/11.2097.X.20221109.1807.026.html.

[25] Kaviraj，Satyawati S. Municipal solid waste management through vermicomposting employing exotic and local species of earthworms[J]. Bioresource Technology，2003，90(2)：169-173.

[26] 杨天友，杜静，黄俊坦，等. 2种蚯蚓对餐厨垃圾的分解能力及其生长繁殖速率比较研究[J]. 现代农业科技，2015(22)：189-190.

[27] 王聪，叶小梅，奚永兰，等. 蚯蚓梯级利用餐厨垃圾及黑水虻虫粪研究[J]. 江苏农业科学，2021，49(20)：242-247.

[28] 黄春明，伍佰鑫. 牛粪养殖蚯蚓的现状与展望[J]. 畜牧兽医科技信息，2020(08)：33.

[29] 张志敏. 蚯蚓处理对污水污泥性质的影响研究[D]. 重庆：重庆交通大学，2016.

[30] Elvira C, Sampedro L, Benítez E, et al. Vermicomposting of sludges from paper mill and dairy industries with Eisenia andrei: A pilot-scale study[J]. Bioresource Technology, 1998, 63(3): 205-211.

[31] 张佐忠, 高燕云, 刘念, 等. 粪污循环利用模式构建[J]. 内蒙古农业大学学报(自然科学版), 2021, 42(03): 32-34.

[32] 张修顺, 呼世斌, 高德明, 等. 蔬菜废弃物蚯蚓肥料化处理[J]. 河北大学学报(自然科学版), 2020, 40(02): 184-192.

[33] 张荟杰, 张润泽, 王睿, 等. 家庭果蔬废弃物蚯蚓处理箱性能研究[J]. 科技创新与应用, 2019(34): 40-42+45.

[34] 龚小强, 李素艳, 魏乐, 等. 牛粪添加对园林绿化废弃物蚯蚓堆肥的影响研究[J]. 应用基础与工程科学学报, 2018, 26(02): 285-294.

[35] 马舒乐, 丁天元, 张永鹏. 蚯蚓在不同固体废弃物堆肥中的研究进展[J]. 农业与技术, 2022, 42(15): 1-3.

[36] 蔡琳琳, 潘天骐, 戴昕, 等. 生活垃圾填埋场治理技术研究[J]. 河南科技, 2018(32): 148-150.

[37] 李艳华, 罗杰, 胡佳, 等. 猪粪、牛粪搭配平菇废菌渣饲喂蚯蚓效果的研究[J]. 生物学杂志, 2021, 38(04): 77-81.

[38] 孙朋朋, 宋春阳. 蚯蚓饲料在动物生产中的应用[J]. 中国饲料, 2014(04): 38-40+43.

[39] 程益民, 为民, 程芳. 蚯蚓在兽医临床上的应用[J]. 动物科学与动物医学, 2002(03): 60-61.

[40] 成温玉, 王珍珍, 王朝, 等. 蚯蚓及蚯蚓粪在水产动物养殖中的应用研究进展[J]. 饲料研究, 2021, 44(22): 145-148.

[41] 顾永芬, 刘镜. 蚯蚓粉替代鱼粉对蛋鸡生产性能及鸡蛋品质的影响[J]. 黑龙江畜牧兽医, 2011(10): 111-112.

[42] 傅规玉. 蚯蚓粉代替鱼粉饲喂育肥猪的试验[J]. 湖南畜牧兽医, 2006(03): 11-12.

[43] 孙朋朋, 宋春阳. 蚯蚓在养猪中的综合利用[J]. 猪业科学, 2013, 30(12): 126-127.

[44] 裴庆海. 蚯蚓喂牛好处多[J]. 河南农业, 2002(05): 23.

[45] 马雪云. 蚯蚓粉对肉兔生产性能的影响[J]. 中国草食动物, 2003(03): 19-20.

[46] 杨远延, 董小英, 唐胜球. 饲粮中添加蚯蚓粉影响獭兔繁殖性能的初步研究[J]. 广东饲料, 2018, 27(04): 27-29.

[47] 张伯文, 孙龙生, 姜亮, 等. 蚯蚓粉替代鱼粉对罗氏沼虾生长性能的影响[J]. 中国饲料, 2011(15): 38-40.

[48] 李荣妮, 唐瑞波, 朱莉飞, 等. 饲料中添加蚯蚓粉和蚯蚓粪对罗非鱼生长及血清抗氧化指标的影响[J]. 大连海洋大学学报, 2018, 33(02): 233-238.

[49] 赵朝阳, 周鑫. 新型高效水产饲料诱食剂——蚯蚓粉[J]. 饲料博览(技术版), 2008(12): 33-34.

[50] 刘石林, 刘鹰, 杨红生, 等. 双齿围沙蚕与赤子爱胜蚓对凡纳滨对虾生长和免疫指标的影

响[J]. 中国水产科学，2006(04)：561-565.

[51] 宋春阳，单虎，王述柏，等. 复合蚯蚓营养液应用于仔猪补料的研究[J]. 饲料研究，1998 (01)：27-28.

[52] 罗艺，彭祥伟，王阳铭，等. 蚯蚓添加剂在家禽生产中的研究进展[J]. 家禽科学，2011 (09)：46-48.

[53] 张荣涛，周东兴，申雪庆. 蚯蚓粪对盐碱土壤速效养分和碱化指标的影响[J]. 国土与自然资源研究，2013(04)：83-86.

[54] 胡艳霞，孙振钧，周法永，等. 蚯蚓粪对黄瓜苗期土传病害的抑制作用[J]. 生态学报，2002(07)：1106-1115.

[55] 吴珏，李建勇，刘娜. 蚯蚓粪有机肥对番茄产量、品质和土壤化学性质的影响[J]. 上海农业学报，2018，34(04)：16-19.

[56] 李荣妮，唐瑞波，张欣，等. 不同水平蚯蚓虫沙对鲤生长、消化和抗氧化指标影响[J]. 大连海洋大学学报，2019，34(05)：636-642.

[57] 王东，杨欢，王瑞辉. 蚯蚓的药用价值研究进展[J]. 生物资源，2018，40(05)：471-475.

[58] 赵锐，纪建国，童元鹏，等. 赤子爱胜蚓(*Eisenia foetida*)中抗肿瘤与纤溶酶原激酶活性蛋白质的分离与鉴定[J]. 生物化学与生物物理学报，2002(05)：576-582.

[59] 张绍章，田琼，王克为，等. 中药地龙胶囊对食管癌和肺癌的辐射增效作用[J]. 第四军医大学学报，1992(03)：165-168.

[60] 邵承斌，王星敏，李宁，等. 蚯蚓提取物、其制备方法及护肤品：CN110025559A[P]. 2019.

[61] Kim K Y, Lee J H, Kim Y C, et al. Inactivation of pqq genes of Enterobacter intermedium 60-2G reduces antifungal activity and induction of systemic resistance [J]. FEMS Microbiology Letters, 2008, 282(1): 140-146.

[62] Yin X, Ming D, Bai L, et al. Effects of pyrroloquinoline quinone supplementation on growth performance and small intestine characteristics in weaned pigs[J]. Journal of Animal Science, 2018, 97(1): 246-256.

[63] Noji N, Nakamura T, Kitahata N, et al. Simple and sensitive method for pyrroloquinoline quinone (PQQ) analysis in various foods using liquid chromatography/electrospray-ionization tandem mass spectrometry[J]. Journal of Agricultural and Food Chemistry, 2007, 55(18): 7258-7263.

[64] 周亿金，李文平. 蚯蚓抗氧化提取液抗氧化作用研究[J]. 动物医学进展，2009，30(06)：58-62.

[65] 傅炜昕，董占双，李铁英，等. 免疫活性地龙肽的制备及其对小鼠 NK 细胞活性的影响[J]. 中国医科大学学报，2007(06)：650-652.

[66] Petra K, Alain B, Marcela Š, et al. Effect of experimental microbial challenge on the expression of defense molecules in Eisenia foetida earthworm [J]. Developmental & Comparative Immunology, 2004, 28(7): 701-711.

[67] 徐麒麟，吴永胜，朱佳文，等. 蚯蚓提取物对成华猪生长性能、血清生化指标、抗氧化能力及免疫功能的影响[J]. 中国饲料，2019(13)：42-46.

[68] 丁晓，杨在宾，任小杰. 饲用抗生素替代品对肉鸡生产性能、抗氧化性能、免疫性能和肠道菌群的影响[J]. 中国家禽，2018，40(10)：21-26.

[69] 陈洁，胡晓赟. 蛋白水解物的抗氧化性研究与展望[J]. 中国食品学报，2011，11(09)：111-119.

[70] 王婷婷. 蛋白质的水解与抗氧化性的关系研究[D]. 广州：暨南大学，2016.

[71] 覃麟，施晓丽，夏先林. Alcalase 碱性蛋白酶制备蚯蚓肽的酶解参数研究[J]. 贵州农业科学，2010，38(08)：160-163.

[72] 王彬彬，聂俊华，李志强，等. 外源蛋白酶对蚯蚓蛋白酶解的影响[J]. 中国农学通报，2009，25(01)：224-228.

[73] 刘波，谢骏，郑小平，等. 蚯蚓蛋白酶解工艺及其产物分析[J]. 上海水产大学学报，2006(01)：78-83.

[74] 柴岚岚，李婧，万芳，等. 无机离子对蚯蚓蛋白酶解的影响[J]. 水利渔业，2006(02)：8-9+21.

[75] 吕迎兰，刘颖，王彦多，等. 地龙粉酶解用酶初步筛选[J]. 山东化工，2018，47(05)：20-22+25.

[76] 吕迎兰，田玉婷，毛会秀，等. 正交实验法优化地龙粉混合酶酶解工艺[J]. 当代化工，2019，48(06)：1174-1177.

[77] Fereidoon S, Hideki K, Soottawat B, et al. Functionalities and antioxidant properties of protein hydrolysates from the muscle of ornate threadfin bream treated with pepsin from skipjack tuna[J]. Food Chemistry, 2011, 124(4): 1354-1362.

[78] 何小庆，曹文红，章超桦，等. 波纹巴非蛤蛋白酶解产物的抗氧化活性及分子量分布研究[J]. 现代食品科技，2014，30(01)：74-80.

[79] Bei-Wei Z, Da-Yong Z, Tao L, et al. Chemical composition and free radical scavenging activities of a sulphated polysaccharide extracted from abalone gonad (Haliotis Discus Hannai Ino)[J]. Food Chemistry, 2010, 121(3): 712-718.

[80] 方菲，颜阿娜，汪少芸. 鲷鱼鳞多肽的酶法制备及抗氧化活性研究[J]. 福州大学学报(自然科学版)，2018，46(01)：128-135.

[81] 孙梅，孙耿，马颢榴，等. 氨基酸叶面肥对不同蔬菜产量和品质的影响[J]. 湖南农业科学，2018(02)：34-37.

[82] 操君喜，彭智平，黄继川，等. 叶面施用氨基酸对菜心产量和品质的影响[J]. 中国农学通报，2010，26(04)：162-165.

[83] 刘丽红，寇春会，张翠梅. 植物氨基酸液肥在温室黄瓜上的应用效果研究[J]. 现代农业科技，2012(09)：116+120.

[84] Zongzhuan S, Shutang Z, Yangong W, et al. Induced soil microbial suppression of banana fusarium wilt disease using compost and biofertilizers to improve yield and quality[J].

European Journal of Soil Biology，2013，57：1-8.

［85］Mwadzingeni L，Shimelis H，Tesfay S，et al. Screening of bread w heat genotypes for drought tolerance using pheno-typic and proline analyses［J］. Frongtiers in Plant Science，2016，7：1276.

［86］贾云，雍艳霞，曹云娥. 蚯蚓堆肥和蚯蚓液体肥对设施葡萄生长及土壤特性的影响［J］. 中国南方果树，2017，46(05)：1-8.

［87］雍海燕，张燕，曹云娥. 蚯蚓发酵液对番茄品质、产量及土壤养分的影响［J］. 江苏农业科学，2019，47(01)：134-138.

［88］宋春阳，单虎，孙振钧，等. 复合蚯蚓液营养成分的分析［J］. 饲料研究，1997(03)：22-23.

［89］张希春，孙振钧，禤如朋，等. 蚯蚓两种抗菌肽的分离纯化及部分性质［J］. 生物化学与生物物理进展，2002(06)：955-960.

［90］刘艳琴，王东辉，孙振钧. 蚯蚓体腔液及粗组分体外抗菌特性［J］. 家畜生态，2004(04)：51-54.

［91］赵晓瑜，李国建，倪志华，等. 人工合成蚯蚓29肽的特性［J］. 河北大学学报（自然科学版），2009，29(01)：76-80＋84.

［92］陈美凤，李军国. 蚯蚓纤维蛋白溶解酶的提取分离纯化［J］. 黑龙江医药，2001(04)：253-254.

［93］郑国平，程牛亮，张祖，等. 双胸蚓纤溶酶Ⅲ的分离纯化及其性质研究［J］. 山西医学院学报，1996(02)：4-6.

［94］周亿金. 蚯蚓提取物抗氧化作用的研究［D］. 长沙：湖南农业大学，2009.

［95］单彪，武金霞，张瑞英，等. 地龙的药理作用研究进展［J］. 医学研究与教育，2009，26(06)：77-80.

［96］李任强，徐思光，莫伍兴，等. 以蚯蚓为原料制备生物态含铁蛋白质纯品［I］. 食品科学，2005(08)：170-173.

［97］崔宝秋，赵东霞，杨忠志. 蚯蚓血红蛋白载氧功能的Fukui函数［J］. 吉林大学学报（理学版），2012，50(01)：129-133.

［98］俞协治，成杰民. 蚯蚓对土壤中铜、镉生物有效性的影响［J］. 生态学报，2003(05)：922-928.

［99］林淑芬，李辉信，胡锋. 蚓粪对黑麦草吸收污染土壤重金属铜的影响［J］. 土壤学报，2006(06)：911-918.

［100］顾浩天，袁永达，张天澍，等. 蚯蚓修复污染土壤的作用与机理研究进展［J］. 江苏农业科学，2021，49(20)：30-39.

后　记

　　本书以目前研究和应用较为广泛的黄粉虫、黑水虻、蚯蚓为例，重点阐述了这三类动物在有机固体废物处理方面的能力和潜力，并举例说明了这三类动物的可利用价值。以这三类动物为处理废物的生物媒介（也可称生物反应器），不仅可以有效处理有机固体废物，自身还具有很好的使用价值和经济价值，故利用昆虫或寡毛动物，对有机固体废物进行生物处理，是一种新型的、环保的、绿色的、可循环的和可持续的有机固体废物处理方式。

　　书中列出的数据和例子，是基于特定的实验条件下得出的结果，具有一定的局限性。众所周知，生物体的生长发育受到的影响因素非常多，同时，有机固体废物的种类、组成、性质也千差万别，故这些客观原因，会导致不同的实验环境、不同的处理条件、不同生物种类的处理效果会出现明显不同，这是客观存在的，也是无法避免的。故读者在使用这些数据时，更应重点看数据背后体现的观点和结论，而不能将不同来源的数据，作简单的比较。

　　笔者认为，昆虫或寡毛动物处理有机固体废物虽有较好的前景。但是，要得到极为广泛的应用，还必须在人员、技术、资金、政策、上下游产业的形成等条件全面具备的情况下，才能将其作用发挥到极致。

　　无论技术如何先进，减少污染物的源头排放，才是环境问题的治本之策。故需要大家积极行动，共同参与，才能守护我们美丽的地球村。